可持续设计译丛

建成环境可持续性评价
——理论、方法与实例
（原著第二版）

[英] 彼得·S·布兰登　　　　著
　　帕特里齐亚·隆巴尔迪

　　薛小龙　　　　　　　译
[澳] 杨静（Rebecca Yang）

中国建筑工业出版社

著作权合同登记图字：01-2011-5508号

图书在版编目（CIP）数据

建成环境可持续性评价——理论、方法与实例（原著第二版）/（英）彼得·S·布兰登，（英）帕特里齐亚·隆巴尔迪著；薛小龙，（澳）杨静（Rebecca Yang）译.—北京：中国建筑工业出版社，2016.12

ISBN 978-7-112-20047-4

Ⅰ.①建…　Ⅱ.①彼…②帕…③薛…④杨…　Ⅲ.①建筑学–环境理论–研究　Ⅳ.①TU–023

中国版本图书馆 CIP 数据核字（2016）第 273094 号

本书经英国John Wiley & Sons Ltd出版公司正式授权翻译、出版

责任编辑：董苏华　李成成
责任校对：王宇枢　焦　乐

可持续设计译丛

建成环境可持续性评价
——理论、方法与实例（原著第二版）

[英] 彼得·S·布兰登　帕特里齐亚·隆巴尔迪　著
薛小龙　[澳] 杨静（Rebecca Yang）　译

＊

中国建筑工业出版社出版、发行（北京海淀三里河路9号）
各地新华书店、建筑书店经销
北京嘉泰利德公司制版
北京建筑工业印刷厂印刷

＊

开本：787×1092毫米　1/16　印张：13¼　字数：265千字
2017年3月第一版　2017年3月第一次印刷
定价：45.00元
ISBN 978-7-112-20047-4
（29391）

版权所有　翻印必究
如有印装质量问题，可寄本社退换
（邮政编码 100037）

这是一本具有引领性的书，该书讨论了人类社会面临的巨大挑战。可持续发展影响每一个人，我们每人都需要了解其概念并参与其中。北海道和都灵八国集团峰会认为大学正积极参与可持续发展的过程中。对于学生和老师来说，这本书可以作为可持续发展研究领域的重要参考资料。该书清晰论述了可持续发展的评价方法和决策框架。这本书被分发给参加八国集团都灵大学峰会的 150 多位参会代表作为参考。

弗朗西斯·普罗夫莫（Francesco Profumo） 教授

都灵理工大学　校长

2009 年八国集团大学峰会主席

这本书描述了可持续发展的一个重要议题。书中构建了一种可以回答"我们在可持续发展方面取得进展了么？"这类问题的整体框架，给出了用于评估可持续发展过程的机制和方法。本书的第一版受到一致好评，此次修订版本考虑了如何将理论有效应用于实践。可持续发展是一个重要的议题，作者清晰地介绍了这个复杂问题。这本书很快会成为此领域的标准文本并获得更多国际读者。业界、学者、学生和大学将会发现，这本对于开拓思维具有十分重要的意义。

马丁·霍尔（Martin Hall） 教授

英国索尔福德大学　副校长

目 录

彼得·S·布兰登（Peter S. Brandon）
教授

索尔福德（Salford）大学主管科研和研究生的副校长，Think Lab 实验室主任，建成环境学院荣誉教授。他在英国和国际上对研究发展作出重要贡献，其任职萨尔福德大学建成环境学院院长时，该学院获得在英国的最高科研排名并一直保持下去。他对一系列话题有广泛的研究，包括建筑经济、建设管理、建设信息技术和可持续发展。作为作者、合著者和主编，已出版 30 余部书籍，在超过 30 个国家发表了 150 余篇论文。

帕特里齐亚·隆巴尔迪（Patrizia Lombardi）教授

来自都灵理工大学的城市与住房系，是活跃在环境评价方法和可持续发展评价领域超过 20 年的权威专家。她在有关可持续城市发展的几个泛欧项目上作为合作伙伴，包括 BEQUEST 网络、INTELCITY 地图、INTELCITIES 联合项目、SURPrISE 欧洲南部可持续 Interreg Ⅲ C、ISAAC（文化旅游历史遗产高级集成化电子服务）项目和 PERFECTION（室内环境，健康，舒适安全性能指标）。作为编辑与合著者，她出版了 10 本有关可持续评价的专著，并在专业书籍和国际科学期刊上发表了文章 100 余篇。

前　言

五年对于新生事物的发展是漫长的，尤其是在全世界看起来都对其内容感兴趣的时候。自第一次出版以来，可持续发展的概念就在人类意识中形成并开始改变全球行为。这一概念是由气候变化和对人类聚居地影响的担心驱使的。个人、政府、机构、专业代理都致力于改变全球变暖或者缓解其影响。目前的状况十分严峻，每一项前瞻性的举措都将可持续发展放在其议程的首位。2008年，美国工程师协会定义了13项工程领域的重大挑战，其中5项与气候变化直接相关，其余几项也都关乎人类生存。

事实上，人类生存是可持续发展整个议题的根基。地球实际上已经自我维护了数百万年并将持续下去。由地球养育的生命体承受着地球表面因地球和宇宙系统的自然演变而发生改变。据估计，曾在地球上生存过的97%的物种已经灭绝。然而，人类是地球上相对的新来者，而且成为第一个开始有意识地调节地球子系统。在之前的一千年，大自然控制着人类发展及其生存机会。正如Derickson所说：我们没有愚蠢到无法生存，但是我们足够聪明吗？换句话说，如果顺其自然，那么会出现优胜劣汰，地球上的人类就可能消减。当前最为关心的议题，即人类面临的最重要的议题——因相当数量人口造成威胁的气候变化，人类是否适应。这个问题仍有待解决。

尽管气候很重要，但不是可持续发展的唯一特征。当代和后代享有的生活质量也在议题范围内。生存是最重要的因素，但即使抛开它，今天我们也有道德、有义务去做破坏后代生活的行为。一旦我们进入生活质量领域，这一议题就无一例外变得复杂。这是为什么可持续发展有这么多定义的原因之一。生命的所有方面都有内在联系，一个方面的决定经常在我们不知道的情况下会影响其他方面。这也是为什么我们必须要面对气候问题的原因之一。我们的决定，尤其与支持经济发展的技术有关，已经导致了无法预见的后果。这一议题变得十分复杂，简单的定义显得不充分（见第1章）。观念、需求、技术基础设施、科学知识和未来人类后代需求的改变无法去预测。然而，我们相信我们能够创建一个未来后代有能力积极应对改变的环境；否则，这一议题是无意义的。

过去30年见证了过多试图评定地球状况以及人类行为的测量、指标和评价。这本书的出发点在于把握可持续发展的意义。作者在研究中认为，如果能够测量它，就会试图定义它，不然我们如何知道测量什么？此外，这一测量将让我们发现我们是否在进步。然而，问题的复杂性使得测量无法穷尽。无论我们做什么，都是不充分的。这并不是说我们所做的没有用，而是会提供潜在的新视角。我们的工具和智慧是有用的，但只是认识的一部分，因而大多数评论者定义的任务是不充分的。

因此，我们怎样解决这个问题？这一问题的中心是事件、活动和过程之间的相互依存性。为了解决它，问问这些事件为什么会发生、它们的行为联系在哪儿是很重要的。这会带来对于问题更加基本的探讨并涉及哲学。哲学是有关自然、重要或平凡以及科学信念的学术科目，通过有关前提、含义和内在联系的合理探讨方式来探究概念的可理解度。哲学阐明了关键问题以及它们怎样逐步产生和演变的。虽然认识到工作的不全面性，哲学还是朝着合理的解决方向发展，包括我们对未来事件的反应来指导我们的思想。

像所有新生研究议题一样，需要一个由从原始概念到建立知识结构的转变期。这一结构需要强有力但灵活的支撑新思想。在第6章，我们提出了哲学家 Herman Dooyeweerd 的一个通俗观点，作为这一结构的基础。Dooyeweerd 工作的背景是复杂而丰富的，并且在应用层面上，这一观点是直观的，尤其启蒙了影响可持续发展的所有方面的内在联系。

本书着重讨论两个主要问题。一是我们如何形成一个让我们能够在可持续发展过程中人人都拥有并可作出贡献的知识结构。二是我们如何评价可持续发展的过程。第一个很重要，因为它能使所有参与者以发现、梳理和沟通问题复杂性以获取自信的方式展开对话。第二个也很重要，因为除非我们评估可持续性的原因，是否能够创建可持续环境是很难明了的。

这些都是基本的重要问题。结构下潜在的不仅是许多人参与的认识，而是他们来自不同的背景、学科，这都对看待问题的个人或团队进行不同的过滤。为了达成一致，需要有一种大家都理解的和能够应用特定观点的结构，同时也需要相互尊重和折中解决的意愿。这需要教育，因为大家都需要了解别人的处境，还需要语言，但这并不是唯一的，只要将所有参与者都包括在内即可。技术方面，需要相信评价技术是公平、公开的，这样输入和输出不会偏向某一个特定的观点，或者即便是这样，所有人也都能意识到这种局限性。很少有技术在决策时是完全中立的。

本书对一些概念作出解释，尝试提供接下来能够建立和演变的方法。可持续性科学是一门快速发展的学科，被哈佛大学国际发展中心定义为人—环境系统动态的先进基本理解；促进在特定场合和背景下提高可持续性的实际干预的设计、实施和评估；促进相关研究和创新团体、相关政策和管理团队之间的联系。其他人更多地关注实际应用，将它定义为激发使用的基础研究，了解人类之间的相互作用（包括文化、政治、经济和人口特性）、技术和环境。人类／技术交界面的动态是重点。单独一个人无法获得对问题的圆满解答。

这个学科随着学科问题逐渐成为一个成熟的研究领域而发展演变。我们对这一名词的理解以及看待它的角度会发生变化，但是这本书会尝试提出一个维持这些概念和过程的结构和方法，以及让这一学科以连续一致的方式去发展为成熟的平台。

致　谢

作者对为本书作出重要贡献的个人表示感谢，包括：

BEQUEST 欧洲网络的成员，在过去 12 年间讨论了许多议题。他们的工作为本书的许多方面都提供了有用的信息来源，我们很重视他们对一些观点的评论。特别地，我们要感谢 Steve Curwell 和 Mark Deakin，对第 5 章评价方法的结果进行分析。

Hanneke van Dijk，为本书的出版作出重要贡献。她的耐心，尤其在后期，是值得学习的。我们感激她在满足出版社要求时所做的工作。

Andrew Basden 博士，为 Herman Dooyeweerd 的工作提供了指导，帮助我们创建了第 6 章的框架。

我们各自的家庭，尽管受到时间限制的困扰，一直给予支持。

第 3 章中资本方法的部分内容、驱动力—状态—响应模式、基于问题或主题的框架、财会框架以及第 4 章的聚合指标部分内容经过同意，出自 2007 年出版的《可持续发展指标：指导原则和方法》一书。

第1章
可持续发展评价背景

1.1 环境视角

可持续发展这一话题是伴随着人类进入 21 世纪初的重要研究课题和政策的议题之一。本书采取了广义的观点，但是在写此书的同时，笔者发现人们似乎把注意力放在了天气变化和威胁人类生存的污染程度上面。此种关注的重要性可以通过全球共同体对待上述问题的高度关注看出来。在 1992 年里约峰会上，100 位国家元首参加了会议，代表 179 个政府签署了保证处理目前已经意识到的问题的议程。2002 年，109 位政府代表出席了在约翰内斯堡举行的里约 +10 峰会，并且郑重承诺继续关注他们认为重要的领域。最近，关于碳排放的京都议定书已经被世界上大多数国家认可，并且在关于天气变化的哥本哈根世界峰会上，各国已经达成一致，限制全球气温上升不超过 2℃（即使这项协议不是受法律约束的）。专家认为，尽管有一些恶劣的影响，但这是世界在没有重大灾难的情况下能够适应的最大限度。在过去的 5 年中，欧盟研究将开发资金中很大一部分用于可持续问题，拥有国家研究项目的大部分国家也都对这项事业投入了资金。那么，为什么这项政策及利益是全球研究与开发政策中近乎最重要的呢？

所有新的思路，在被采纳为政策或者确定为研究人员的重要问题来处理之前，都需要长时间来酝酿。毫无疑问，当前对可持续发展的关注来源于团体压力，特别是参与绿色运动的人，他们目睹了不可再生资源[特别是能源储备（energy stock）]的消耗，空气、水的污染以及全球化所导致的人类灭亡和自然（生态系统）失衡造成的社会良知的瓦解，目前正是这个过程维持着生命。他们认为，从道德角度来看，必须采取长远的眼光，并且考虑现在作出的决定对后几代人的影响。可以肯定地说，在这种普遍推动力下，随着环境的破坏程度，关于对当前状况所担负的责任以及环境修复的方式，已经有或者将来会产生各种各样的看法。

然而，人们在有些东西是错误的以及人类有义务采取行动方面越来越达成共识。人类社会由一些非常有地位的政府人物、学会和压力组织领导，几乎每个地区的人越来越关注此事。他们都是新的先知，预测着一场灾难，呼吁世界从堕落的方式中得有转变。近些年来，几乎所有事件，他们的预测都表现得保守，特别是关于全球变暖方面。看起来，世界变暖的速度超

1

过了我们的预期，人类的行为使状况变得恶化，人类在修复此种状况的行动中正面临着失败。因此，对适应力（例如逆境中保持功能的能力）的关注有助于对问题的遏制。领先的思想家和政治家们例如戈尔（2006），洛弗洛克（2009），里斯（2004），杰克逊（2009）以及其他人已经就地球上人类可能面临的困境引起了世界的注意。

　　了解如何去做当然是另外一回事情，人们对此也有很多观点（见图1.1）。一类极端的人建议我们应该不惜一切代价保护环境，改变我们的生活方式，并且通过寻求降低经济增长的方式来减少消耗。另一类极端的人认为，必需品是发明创造的源泉，我们能够找到一种技术修复手段，来降低需要采取大量措施的需求。他们认为通过市场机制会提高不可再生资源的价格，因此鼓励创新者提供合理的替代品。反对这种意见的人认为，在市场意识到所发生的事情时，不可挽回的损失已经发生，将来我们的后代将会为此付出全部代价。

　　以上两种极端的建议在约翰内斯堡主题峰会都得以体现。峰会上主要有两派思想。一派认为，人类通过技术的进步可以控制和支配地球。另一派认为，人类必须把自己当作自然的一部分，寻求与自然循环及地球的和谐和共鸣。这种观点的两极分化通常被视为对进步是有害的，并且大部分在欣赏、尊重、识别第二种观点的同时，可以通过技术进步得以实现。在这次对话中，有一种似是而非的观点，即如果我们不能干预，那么自然也许会找到限制人口增长的方式（正如自然对很多物种那样）并且避免不可再生资源的过度使用。人口增长是问题的核心——我们目前可利用的资源已无法维持当前数量的人口。

　　尽管如此，这次讨论的大部分内容停留在地球的范畴。拯救我们赖以生存的地球是此次峰会的强烈号召，我们必须积极投身于保护地球和它脆弱的生态系统中。这种态度同时也受到了质疑，许多人会指出，自从地球形成以来，它一直处于动荡之中，地球上的物种不断产生、消失，气候的

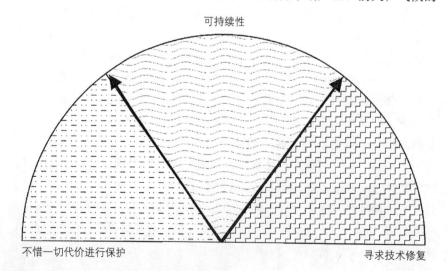

图 1.1
可持续性观点谱图

变化远远超过人类的破坏，另外在长期的过程中，地球本身也会消失，并可能被黑洞或其他恒星灾难吞噬。对此，我们认为我们是第一个能够创造自己的衰败，也是第一个至少能够延长其在地球上逗留时间的物种，那么我们为什么不迎接挑战，并尽量延长生命物种呢？然而重点是环境，人类的活动通过这个过滤器而得到判断。这种想法看起来并不是不合理的，正如我们判断先辈们的行为影响我们现在的生活一样，后来人同样会以相同的方式来评判我们。

时间问题是一个重要的因素，本书会在适当的时候谈到它。在什么时期我们认为是可持续发展？我们用来衡量进步的系统和技术即为一个关键的问题。如果我们从长远角度看，地球注定要毁灭。从短期角度来讲，我们或许会蒙混过关地克服由我们引起的问题。我们能够预测多远呢？一代、二代、几代抑或是几百代人？大多数评论家认为，我们的能力所做出的干预只能影响到将来的两三代人。除此之外，我们可能需要先知或者施行巫术才知道怎么做。根据时间推断，200 年前做出的预测，从今天看来显得非常愚蠢。例如，有人认为，随着马拉运输工具的情况的增长，伦敦在 19 和 20 世纪交替之际，会处于堆积到腰部的马粪之中。难道要求 300 年前的欧洲人民牺牲他们的稀粥使我们当代获益于计算机技术是明智的吗？当然不是。

也许有一个领域，我们可以预测潜在的问题，那就是不可再生资源的消亡。谁知道这些资源对后来人说意味着什么？我们不知道这些资源将能为健康、生活质量和有用的产品供应带来什么样的利益，因为我们对资源潜在价值的认识仍然是有限的。我们不知道它们如何被用于与其他知识的不同的复杂的结合，例如，基因的性质会造福我们的后代甚至更大的范围。如果其中的一些资源消失，我们会留下了什么遗产？我们往往根据资源现在的价值而不是资源未来潜在的价值来认识资源。我们的认识取决于资源对我们的影响和目前的科学技术水平所能提供的视野上，然而通常这些都受到人生命期限的限制。

20 世纪 70 年代中期以来，这些辩论愈演愈烈，并且已经被提到国际会议的议程上，使得政府领导们自发聚集起来解决这个问题。在一定程度上，这是一种认识，即它是一个全球性的问题。大多数的环境问题并不只限于本国境内，比如臭氧层空洞和核能厂的泄露，不尊重人类指定的任意领域的限制。一部分是因为这个问题被认为是一个道德问题，如果采取改变环境健康的行动，大家都必须配合。没有人愿意看到对于如此重要的问题缺少承诺。另一部分是因为在每个国家有一个政党必须解决这些问题，因为问题的性质已经渗透到了公众的良心。事实上，关于如何处理这件事情，还有很多不同的意见，但是它确实是国际会议上的一个重要话题，这个问题不会平白无故地消失，我们需要一些时间来处理它。例如，美国总统布什在他的第一任期内，因为美国在此行业的既得利益，拒绝签署关于温室气体（GHG）排放的《京都议定书》。直到奥巴马总统上台，他创建了新的叙事方式，美国才加入到限制天气变化速度的讨论中来。有时快速发展的发展中国家，如中国和印度，因为遵循发达国家的发展路线而受到批评，但是有迹象表明，它们在鼓励经济发展的同时，对环境问题更加敏感，并在着手处理。它们在面对促进人民经济繁荣和避免过去经济发展缺陷之间进退两难。欧美等发达国家同样在维持高水平生活和为后代创造良好环境、解决当前世界问题的选择之间难以作出判断。它们可能不得不牺牲现在去保护未来，但这不是一件简单的事情。

1.2　国际政策讨论

表 1.1 列出了一些全球解决可持续发展问题过程中的关键事件。从 20 世纪 70 年代开始，每一次事件都作出了它相应的贡献，正是此时全球治理的呼声达到了非常高的水平，开始改变政府的行为及对可持续发展研究的投资。许多国际会议和出版物的背景都限定于哪个讨论应该在哪里举行的话题，这个背景包括不可再生资源减少和陆、海、空明显污染的讨论。然而，在 1992 年的里约峰会（UNCED，1992）上发生了明显的改变。世界上 179 个国家的政府商议并签订了一项新的改革议程（Agenda21）。他们不仅签署了协议，同时也以新的方式定义了可持续，拓宽了之前仅仅包括环境问题的范围。

《21 世纪议程》的全面执行、进一步全面施行《21 世纪议程》的规划和对里约原则的承诺，在 2002 年 8 月 26 日到 9 月 4 日期间于南非约翰内斯堡举行的可持续发展（WSSD）的世界峰会上再度被重申。峰会肯定了在全球共识及全人类合作方面取得的重大进步。约翰内斯堡可持续发展宣言强调了各级政府为有效执行《21 世纪议程》、千年发展目标及峰会执行计划所承担的重要角色。联合国的领导作用被再次重申，作为世界上最普遍最有代表性的组织，联合国能够促进可持续发展及定期监督其目标在"使他发生"（http://www.un.org）这一口号下的实现进度。最后，峰会也承认了教育在可持续发展改革、增加人们转变对社会真实性认识的能力方面所扮演的重要角色。认识到了在可持续及责任发展方面教育所起到的重要作用，联合国大会宣布了 2005~2014 年十年可持续发展教育的计划，同时要求联合国教科文组织（UNESCO）领导和发展全球十年实施计划。

这些不同协议的签署国都接受环境问题是由于人类的行为所导致的说法。当人类倾倒有毒化学品或不节约能源，或造成社会动荡，导致误用或破坏现有资源时，其行为已对环境造成影响。当政府所采用的法律制度无法以环境友好型的方式实施时，人类的有关组织则对环境造成了坏的影响。当人类为了追求经济增长导致滥用地球资源时，人类的行为及政策会导致环境的进一步退化。当贫富差距过大时，社会将会动荡，危害巨大。恐怖分子获取核炸弹的威胁现在被公开谈论，并且他们从那些经济上或者政治上处于弱势的人身上得到大部分帮助。

一个错综复杂的问题会最终导致对环境的影响。当我们把所有拼图拼凑起来，我们生活的方式在影响着全世界。约翰·邓恩说，"没有人是完全独立的"（邓恩，1623）。考虑到那些对某一代影响不明显但随着时间的推移，事件个体对环境的影响在某种层面上是相当复杂的。在另一个层面上，它可以作为一个非常敏感的实体，通过人的互动，很容易颠覆整个上层建筑和为如今的生命体生存和繁荣提供平衡的相互关系。正是我们今天的生存、生物多样性、气候条件、水资源供应等，为可持续的讨论提供了基础。看起来没有人会赞成以其他一些生命形式来代替人类灭亡的自然选择。

表明可持续发展重要性的重要国际会议　　　　　　　　　　　表 1.1

日期	活动	成果
1972 年 6 月 6 日 ~16 日	斯德哥尔摩联合国人类环境会议	需要一个公认的结论来指导全世界的人们保护人类环境 （a）提供人类环境的行动方案 （b）不得不面对的环境问题的教育、信息、社会和文化方面 （c）建立环境行动的框架 （d）在国际层面上提出行动建议 （e）识别和控制具有广泛的国际意义的污染 （f）联合国的宣言
1992 年 6 月 3 日 ~6 月 4 日	里约热内卢联合国气候变化会议的约定于 1992 年 5 月 9 日被采用，并于一个月后在里约热内卢的联合国环境与发展会议公开签署（巴西）	作为后续机制，又创立了 21 世纪议程、里约环境与发展宣言、森林原则声明、联合国气候变化框架公约和联合国生物多样性公约 （a）可持续发展的共识 （b）有关可持续发展的跨部门会议 （c）有关可持续发展的高级顾问委员会
1994 年 5 月 7 日	第一届欧洲可持续城市和村镇会议，奥尔堡（丹麦）	宪章是由欧洲城市和城镇"面向可持续"签署，提供当地可持续发展的交付框架，并呼吁地方当局参与地方 21 世纪议程（http://ec.europa.eu/environment/urban/pdf/aalborg_charter.pdf）
1995 年 4 月 7 日	联合国气候变化框架公约第 1 次缔约方大会（COP1），柏林	1995 年 4 月 7 日，在第一届会议上通过了"柏林授权书"，规定 2000 年发达国家应将其影响气候变化的温室气体排放量降至 1990 年的水平以达到公约的目的。授权书的主要目的是加强对发达国家缔约方承诺，在 2000 年不引入对发展中国家的任何新的承诺，同时重申所有各方中包含的第 4.1 条的现有承诺并继续促进其实施
1996 年 6 月 3 日 ~6 月 14 日	第二次联合国人类住区会议，伊斯坦布尔	这是为栖息地问题组织的第二次会议（第一次会议于 1976 年在温哥华召开）。会上特别关注全球重大变化（如人口增长、跨国人口迁移、旅游、城市重建）
1997 年 7 月 8 日 ~7 月 19 日	联合国气候变化框架公约第二次缔约方大会（COP2），日内瓦	在第二次缔约方会议上，许多部长同意在日内瓦举行部长级宣言。这为"柏林授权书"提供了政治支持
1997 年 12 月 1 日 ~12 月 10 日	联合国气候变化框架公约第三次缔约方大会（COP3），京都议定书（日本）	京都议定书确定了减少温室气体排放的目标，京都议定书最初于 1997 年在日本京都市通过，并在 2005 年 2 月 16 日正式生效。自从《联合国气候变化框架公约》生效后，各方每年都召开缔约方大会（COP）评估处理气候变化的进程。自 20 世纪 90 年代中期，京都议定书制定了针对发达国家减少温室气体排放义务的法律约束。自 2005 年以来，会议不仅使定书的各方能够以观察员的身份参加议定书相关的会议。37 个工业化国家（附件一国家）承诺自身减少氢氟碳化物和全氟化碳中四种温室气体的排放。所有成员国也作出一致承诺。各国温室气体排放量要在 1990 年的基础上平均减少 5.2%。议定书剩余几个问题在日后的缔约方大会中进行讨论

日期	活动	成果
1998 年 11 月 2 日~11 月 14 日	联合国气候变化框架公约第四次缔约方大会，布宜诺斯艾利斯	在第四次缔约方大会上通过了《布宜诺斯艾利斯行动计划》www.unfccc.int/resource/docs/cop4/16a01.pdf，制定了促进公约实施的工作方案并充实了京都议定书的操作细节。该工作方案在附属机构进行并在第五次缔约方会议（波恩，1999 年 10 月和 11 月），最迟第六次缔约方会议（海牙，2000 年 11 月）实施。然而，各方未能在该次会议上对《布宜诺斯艾利斯行动计划》所有问题达成一系列决定，但是他们决定在第六次缔约方大会再次尝试来解决他们的分歧
1999 年 10 月 25 日~11 月 5 日	联合国气候变化框架公约第五次缔约方大会，波恩	来自 166 国政府的部长和官员为加强在第六次缔约方会议上对所有问题的协商过程，一致同意通过了在 2000 年 11 月完成 1997 年京都议定书的主要细节的时间表
2000 年 11 月 13 日~11 月 24 日；2001 年 7 月 16 日~7 月 27 日	联合国气候变化框架公约第六次缔约方大会，海牙和波恩	承诺在 2005 年之前每年贡献 4.5 亿欧元帮助发展中国家进行排放管理并适应气候变化。气候变化公约已经由 37 国批准
2001 年 10 月 29 日~11 月 9 日	联合国气候变化框架公约第七次缔约方大会，马拉喀什	各方在为实施《布宜诺斯艾利斯行动计划》最终成功采纳了波恩协议。www.Unfccc.int/resource/docs/cop6secpart//05.pdf，在《布宜诺斯艾利斯行动计划》下的主要问题达成政治协议。设立了最终的精度规则手册。国家必须减少 80% 的排放。马拉喀什部长宣言强调应对气候变化的行动贡献可以应用在可持续发展上，呼吁建设技术能力、创新以及与生物多样性和沙漠化公约的合作。截至马拉喀什会议，已有 40 个国家批准了《京都议定书》
2002 年 8 月 26 日~9 月 4 日	约翰内斯堡可持续发展世界首脑会议	需要达到的关键目标 （a）振兴和整合可持续发展的联合国系统 （b）一项有关金融的决议——促进有关可持续发展的决议 （c）整合贸易和可持续发展 （d）更清晰地认识到各国政府如何在全国范围内推进《21 世纪议程》 （e）能够为各国表达自己可持续发展政策打下基础的新章程 （f）现行有关里约公约的工作回顾，着眼于差距和障碍 （g）一组新的区域的甚至全球的公约 （h）一组面向全球环境安全问题的政策建议 （i）一套明确的能够实施联合国、政府和主要集团同意的行动的承诺
2002 年 10 月 23 日~11 月 1 日	联合国气候变化框架公约第八次缔约方大会，新德里	第八次缔约方大会在许多问题上，发达国家和发展中国家的地位通常划分是很明显的。由于《布宜诺斯艾利斯行动计划》的协商紧迫，各方对之前议程遗留的问题以小组的形式进行讨论。《德里宣言》重申发展和消除贫困是发展中国家压倒一切的优先任务，按照"共同但是有区别的责任"、发展优先和环境角度贯彻《联合国气候变化框架公约》，但是并不呼吁一个扩大承诺的对话
2003 年 12 月 1 日~12 月 12 日	联合国气候变化框架公约第十次缔约方大会，米兰	按照《京都议定书》约定，仅当签署的 55% 以上国家批准时，议定书才会生效。这些签署人必须占到 1990 年特定日期的二氧化碳排放量的 55% 以上。已有 121 个国家批准了《京都议定书》，第一个条件并没有问题。但是美国（温室气体排放量位居最前的国家）认为俄国如果不批准《京都议定书》，将很难达到 55% 的最低值
2004 年 6 月 8 日~6 月 11 日	"奥尔堡 +10"会议，奥尔堡（丹麦）	"奥尔堡 +10"会议的一个目的是评价《奥尔堡宪章》和欧洲可持续城镇设立 10 年以来的经验。900 位与会者分享了他们的经验并公开讨论和对话。目前宪章已有 2764 个城市签署（http://www.aalborgplus10.dk/media/short_list_18-02-2009_1_.pdf）
2005 年 11 月 28 日~12 月 9 日	《京都议定书》生效后的第一次缔约国会议（MoP1），"联合国气候变化框架公约"第十一次缔约方大会，蒙特利尔	这是最大的就气候变化问题的政府间会议之一。该活动标志着《京都议定书》的生效。包括 1000 多名代表，是加拿大有史以来最大的国际会议之一，也是自 1967 蒙特利尔世博会以来在蒙特利尔最大的聚会之一。蒙特利尔行动计划作为一项共识，在会议最后敲定了《京都议定书》2012 年第一阶段结束后，全球应对气候变化的长期解决方案（维基百科）
2005 年 12 月 6 日~12 月 7 日	欧盟部长有关"创建欧洲可持续社区"会议，布里斯托尔（英国）	2005 年，"布里斯托尔协议"指出可持续社区是一个更大欧洲的想法。它提供了一个创造繁荣、成功之地的机会，欧洲人民将会有更安全和更繁荣的未来。该协议建立在之前该地区的工作之上，比如 2004 年鹿特丹城市法典（共同成功的城市政策原则）、修订后的里斯本议程有关工作、竞争力和增长部分、2001 年哥德堡达成的环境可持续目标、里尔程序（2000）（在欧盟范围内的可持续发展长期合作）和在 2005 年 5 月华沙首脑会议上达成的有效的民主治理意见（http://www.eukn.org/binaries/eukn/eukn/policy/2006/5/bristol-accord.pdf）

日期	活动	成果
2007 年 5 月 24 日 ~5 月 25 日	非正式部长级有关城市发展和地域团结会议，莱比锡（德国）	"可持续欧洲城市"之"莱比锡宪章"中提到，加强欧洲城市及其周边区域 - 提高竞争力、欧洲社会和属地亲密度，并在欧洲城市和周边区域主要政策问题上，影响欧洲理事会有关可持续发展的决议，相关条款适用于具体的城市社区、城市和地区的空间发展上（http://www.energie-cites.eu/IMG/pdf/leipzig_charter.pdf）
2007 年 12 月 15 日	联合国气候变化框架公约第十三次缔约方大会，巴厘岛，印度尼西亚	随着巴厘岛路线图（决议 1/CP.13）的采纳，对 2012 年后框架（继承京都议定书）的时间轴和结构化谈判达成一致，成立了在条约下的长期合作的特别行动工作部会（AWG-LCA），作为新的附属机构，旨在组织急需加强公约实施的谈判。谈判将于 2008 年（在波兰波兹南市举行的第 14 次缔约方大会）和 2009 年（在丹麦哥本哈根举行的第 15 次缔约方大会）间开展
2009 年 12 月 7 日 ~12 月 18 日	联合国气候变化框架公约第十五次缔约方大 会（COP5/MOP5），哥本哈根（丹麦）	总体目标是在 2012 年《京都议定书》第一承诺期到期后确立积极的全球气候协议。来自 192 个国家的部长和官员参加了哥本哈根会议。此外，大量非政府组织也出席了有关会议。COP15 承担了大部分的奠定了"后京都"基础的外交工作。在会议结束时，发表了在本阶段不具有法律约束力的协议。然而，这说明这将是一项长期的目标

因此，有一个保守的元素在上面大多数的讨论中都比较突出，即维持现状。没有发展中国家愿意打乱或者降低他们的经济竞争力。然而，必须承认，世界是不断变化的，我们也必须不断适应世界的变化。进化被认为是这种变化的主要原因，当然人类的活动也在改进或者破坏着这种改变，不仅表现在科学技术方面，也表现在人类所认同的文化及人口增长方面。迄今为止，改变的步伐已经发生变化，人类变得更有影响。对子孙后代的需求应负的责任在讨论中尤为重要。

里约峰会（UNCED，1992）的报告中确认了这些问题并确定了一些主要的主题。米歇尔等人（1995 年）从里约热内卢的文献和其他报告中提取了四个原则，这四个原则强调了已经给予我们的指导和建议，呈现给我们的不仅仅是单纯的环境议程，还有对环境条件变化的原因有了更好的理解。这四个原则是：

（1）公平：关注当今的贫穷和弱势群体；

（2）未来性：关注子孙后代；

（3）环境：关注生态系统的完整性；

（4）公众参与：关注公众对影响他们的决定的参与。

其中只有一个原则是与环境直接相关的，其他则是道义责任或文化许可或通过问题的共同拥有引起的改变所影响的机制。然而，它们都对可持续发展有影响并且通过对环境问题的讨论被确定为主要的主题。它们出现在对现在和将来"什么是最好的"的意见之中。它们代表了当前我们对这些问题的立场，但是，未来人们不一定仍然会赞同这些原则的说法，尽管现在我们大多数人都支持这些原则。

1.3　讨论的扩展

因此，我们探讨的范围或者焦点被延伸到了社会、法律、经济、政治和技术如何影响我们的生活等新的领域（通常以 social，legal，economic， political 和 technical 的首字母"SLEPT"表示）。这种转变对我们目前生活中各方面所信守的价值观，我们如何对待他人以及处理问题时对于一个国家或组织来说什么级别的干预是合适的方面都提供了更大范围的探讨。因此，我们转向了值得关注的另一个议程——可持续。因为"可持续"这个词被作为常用词来使用，许多评论家对这个词是否有其他任何含义产生了质疑，尽管他们知道这个词已经创造了一个重要的议程。一个含义积极且作为重大研究基金、政府和行业提案基础的词仍然被许多人认为非常模糊是相当奇怪的。有时构成这个词的概念不被考虑的原因是这个词本身定义的不够完整，使得人们不会相信它。对于一些人来说，"可持续发展"一词更有意义，因为它表明了可以就人类对环境的干预进行分析，并判断人类的干预对我们所关注的环境问题是否有积极或消极的作用。

注意"可持续发展"的词根或许对我们会有帮助。"持续"意味着不减少的继续、促进，允许蓬勃发展。"发展"意味着提高或者达到一个更高的状态。因此，可持续发展是在不危害已经存在的事物的前提下的促进改善。可持续并不意味着迟迟没有变化，也不意味着像乌托邦似的任何坏的事物都不会发生。它不是维持现状或达到完美。发展并不意味着不断地强大，而应该是质的提升。另外，可持续并不意味着持续增长。某种意义上来讲，一个社区停止扩张，但它持续改善其居民的生活质量就是可持续。

这本书因为上述原因在标题中使用了可持续发展。这本书主要关注了建成环境，其定义是与人类在为自身创造住房和住宿过程中的活动有关的，某种程度上不可避免地改变环境的行为。特别是城市的发展及城市发展过程中所建立的潜在社会凝聚力和文化对于资源的使用、人们的行为方式、人们与自然的互动和这种生活方式带来的废旧产品都有很大的影响。

1.4　建成环境的影响

不幸的是，大多数由为居民提供居住或工作场所所引起的干预都对环境有负面的影响。例如，英国政府指出（DETR，1998 年）与建成环境相关的消费如下：

（1）在英国每人每年平均消耗的 6 吨材料中，其中新基础设施（公路、铁路等）1.5 吨，新建筑 1.5 吨，建筑的修缮和维护 3 吨；

（2）每年使用的 3 亿吨材料中只有 10%~15% 被回收；

（3）每年有超过 7000 万吨的建筑垃圾产生，占英国废弃物总量的 17%；

（4）约 70% 的能源使用可直接或间接归因于建筑和基础设施。

以上这些惊人的数据揭示了建成环境对环境可持续的政策和评价而言是多么的重要。

当考虑到建筑因素对于世界能源消耗的贡献时，情况会更糟糕。只在商业建筑和民用建筑范围的能源消耗就占到了世界总能源消耗的 20%~56%（图 1.2）。

　　所以，建成环境从哪里融入大局呢？如图 1.3 所示，随着我们的个人行为向团体和国家行为以及与全球环境之间相互作用的转变，情况变得日益复杂。参与的人越多，更多的相互作用及更多的决定则受到政策的驱使。政策之间可能会因为不能相互协调而发生冲突。如果再加上大自然的变化莫测，一个非常复杂的交互作用系统就产生了。这使得对环境和可持续的整体研究成了一个非常困难的问题。

　　建成环境只是复杂性中发展的一条链，这种复杂性还有更多的相关因素。然而，施工和建筑物的使用是整个环节中的一个重要因素。房屋及建筑物使用的原材料中的一部分是不可再生的。人们提取材料及制造组件的过程中都会消耗能源，这些原材料一旦用在结构中，则会对住宿空间的供暖和通风要求产生影响。人们使用空间的方式也同样会影响能源的需求。例如，一个家庭中有一条宠物狗，一旦打开后门，放狗出去的频率会大大增加，这反过来会加剧能源的消耗，产生了可能来自不可再生资源的更多的能源需求。这些都是影响环境可持续的因素，但是我们应该认识到，尽管目前来说这是最大的影响因素，但也只是问题的一部分。

　　图 1.3 展示了建成环境不同部分之间的关系，包括社区和全球环境的议程。从建筑业和供应商开始，到维持人类活动需要的建成环境和基础设施，

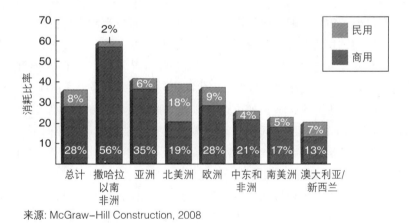

图 1.2
全球总能源消耗的建筑部门份额 (By Permission of Earth Trends. Taken from *Global Green Building Trends*, SmartMarket Report, McGraw-Hill Construction, 2008. Used with permission.)

来源：McGraw-Hill Construction, 2008

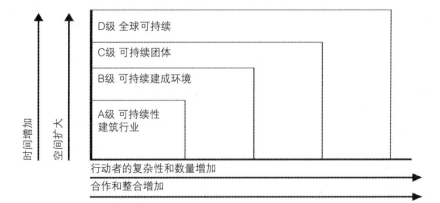

图 1.3
可持续发展的响应层级 (Source: Construction Research and Innovation Panel Report, *Sustainable Construction: Future R & I Requirements: Analysis of Current Position*, 23 March 1999.)

再上升到社区本身。当从建成环境的角度来分析时，这种结构对于处理可持续时所面对的广泛领域的分类是非常有帮助的。它显示了元素的连续性，但也提供了特定决策者们所关注的部分。从广义上讲，级别"A"可以由建筑承包商、咨询工程师和客户个体来解决。级别"B"主要是决策领域，由规划者和当地政府来解决，级别"C"将由中央政府来解决。

这一系列的表述当然是很简单的。例如，随着公众参与的增加，市民代表也会参与进来。理想的情况下，我们希望能够有一个共同的结构，这个结构能使信息在不同的层级之间自由流动，我们希望有一种共同的语言，使得不同学科和不同层级的人之间能够进行充分的沟通。

这本书试图为这种语言和结构提供出发点，在本章的后一部分和后续章节将会提供更多。当然，在所有问题之间都存在互相依赖的关系。环境决定了我们对特定住宿方式的需求，建成环境又在很大程度上由居住在其中的团体决定，建筑同样反映了个人及团体的需求、文化和建筑物的位置。因此，在建成环境中，什么才是推动绿色建筑朝着实践方向做出改变的动力呢？

1.5　建成环境社区的反应

在复杂的市场，如建成环境中，有的时候很难发现确定可持续发展问题回应的关键里程碑事件。毫无疑问，"绿色"的议程已经渗透到许多新建设的发展政策之中。这为今后的发展提供了一个基础，但不能处理眼前的问题。政府似乎是在朝着减少二氧化碳排放量的方向努力，预计到2050年达到现在排放量的50%。如果这是真的，那么建成环境的贡献将是一个问题。Mike Kelly教授（英国社区部门和当地政府的首席科学顾问）认为，87%的现有建筑物到2050年仍然会存在，这意味着为了达到预期的目标，需要对现有建筑物进行重大的整修和翻新。

然而，政府的工业咨询部门正在努力创建立法框架和工具，以解决所涉及的问题。图1.4出自一个很好的"智能市场"的报告，题为"全球绿色建筑趋势"（Bernstein和Bowerbank，2008）。其为同一出版社出版的几篇报告之一，该报告体现了全球对于绿色议程反对更广泛的国际协定与行动议程的反应。

在这些报告中有大量的信息，但是下面的内容提供了一个特别的角度。图1.5展示了从全球的角度看绿色建筑对利益相关者的重要性。非常有趣的是，引领方向的设计者追随着政府政策。

然而，当客户要求提供这种服务时，真正的变化就会发生。图1.6中展示了商务原因对绿色建筑（全球）的影响：市场需求、变革和客户的需求占据了前四名中的三个。但是，道德的驱使被认为是最重要的影响因素。市场遵循民意。诚然，不同地区之间是不同的，但是这个排名甚至在十年

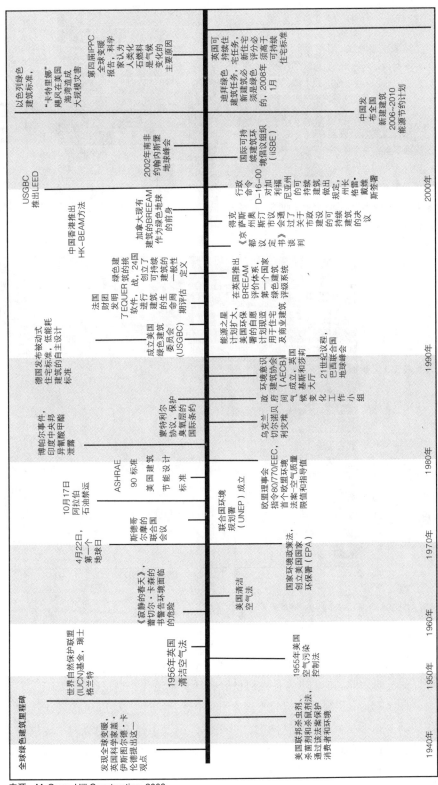

来源：McGraw-Hill Construction, 2008

图 1.4 全球绿色建筑里程碑 (Taken from *Global Green Building Trends*, SmartMarket Report, McGraw-Hill Construction, 2008. Used with permission.)

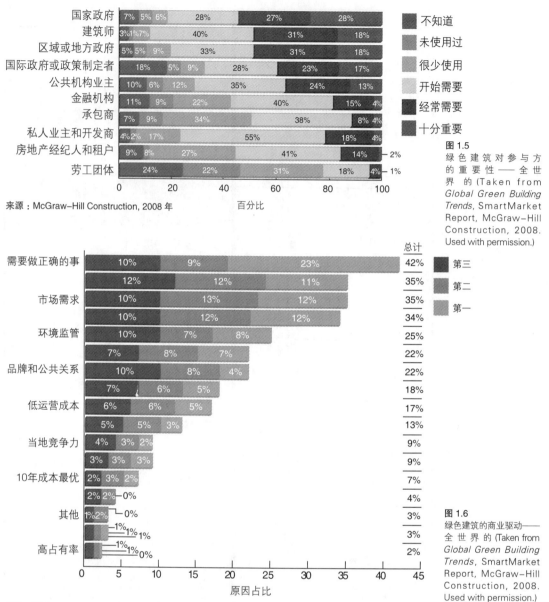

来源：McGraw-Hill Construction, 2008 年

百分比

图 1.5
绿色建筑对参与方的重要性——全世界的 (Taken from *Global Green Building Trends*, SmartMarket Report, McGraw-Hill Construction, 2008. Used with permission.)

不知道
未使用过
很少使用
开始需要
经常需要
十分重要

第三
第二
第一

原因占比

来源：McGraw-Hill Construction, 2008 年

图 1.6
绿色建筑的商业驱动——全世界的 (Taken from *Global Green Building Trends*, SmartMarket Report, McGraw-Hill Construction, 2008. Used with permission.)

之前是不能确定的。

　　然而，许多客户不是以商业为本的，他们有社会目标。他们的理由有些许的不同，但是他们非常关注对世界和社会来说什么是正确的。

　　图 1.7 展示了绿色建筑的主要社会原因。很明显，鼓励可持续建筑实践实际上几乎是被所有人认同的，但是也许第二个最重要的原因"提供更好的健康和幸福环境"有一些出人意料。但是，随着人们逐渐认识到科技给健康带来的好处，这个因素将会变得越来越重要。

　　最后，图 1.8 展示了绿色建筑的主要环境原因，并附带了关于气候变化和环境可持续发展的公众讨论模式。

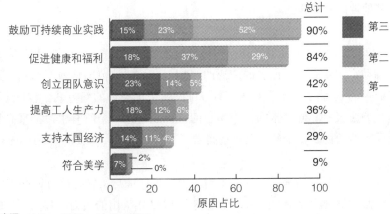

图 1.7
绿色建筑最重要的全球社会因素 (Taken from *Global Green Building Trends*, SmartMarket Report, McGraw-Hill Construction, 2008. Used with permission.)

来源：McGraw-Hill Construction, 2008

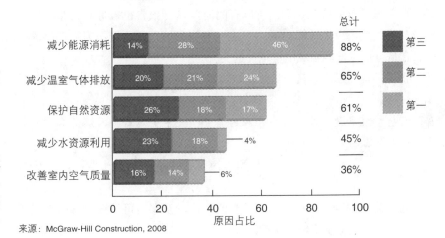

图 1.8
绿色建筑最重要的环境因素 (Taken from *Global Green Building Trends*, SmartMarket Report, McGraw-Hill Construction, 2008. Used with permission.)

来源：McGraw-Hill Construction, 2008

1.6　可持续性的定义

迄今为止，关于可持续性的讨论正从传统环境讨论向更加广泛论述的范畴转变，这些论述包括影响环境的具体因素，这有助于实现可持续性和理解建成环境的重要角色。

1992 年召开的里约峰会上，提出了一种关于地球环境与诸如经济环境以及社会公平等要素之间的紧密联系的新认识。新认识表明，为了在长期中实现可持续的产出，就必须使得社会、环境以及经济之间保持平衡才可以。如果人民贫困，国家财政疲软，那么环境就一定会遭受损害；反过来，如果环境被滥用，资源过度开发，那么居民必定要遭受损害，经济也会衰退。会议还指出，即使是最小的地区活动或者决策，不管是好还是坏，都有一种潜在的世界性的反响。里约热内卢地球峰会概述了这样一种方式，那就是：各种各样的社会、经济以及环境因素是相互依赖并且共同改变的。它确定了改变的主要因素，表明随着时间的发展，一个地区要成功实现持续发展

13

需要其他地区的配合。

里约峰会的一个主要的成就就是著名的《21世纪议程》的发布，这是为了在21世纪中我们能够实现全球可持续发展而制定的一个关于我们未来投资行动需求新方式的彻底的广泛的规划。它的建议范围从教育的新方式到关心自然资源的新方式，以及参与可持续经济设计的新方式。《21世纪议程》的愿景是非同寻常的，因为它的目标是建造一个所有生命都是高贵的并受到赞美的、安全的、公平的世界（见 http://www. johannesburgsummit. org）。

作为整个规划的基础，峰会采用了由世界环境与发展委员会（WCED）关于可持续发展所提出的定义，以及它在1987年提出的名为《我们共同的未来》的报告（WCED，1987）。世界环境与发展委员会的主席是挪威的格罗·哈雷姆·布伦特兰女士，所以有的时候这一报告也被称之为布伦特兰报告。里约热内卢地球峰会采用了这一报告中的大量论据作为它自己的建议。它是可持续发展领域中最重要的文件之一。

世界环境与发展委员会给出的定义是这样的：

可持续发展是既能满足当代人的需要，又不会对后代人满足其需要的能力构成危害的发展。

（WCED，布伦特兰委员会，1987）

这一简单的论述就已经为大多数的争论以及参与可持续发展的人们所选择跟随的行动提供了一个基础。

然而，布伦特兰还指出：

可持续发展的本质是资源开发、投资方向以及技术发展方向改变的过程，这些制度上的改变全都是和谐的，并且提高现在以及将来人们潜在的需求和渴望。（注意：作者的斜体字部分。）

本书接下来的内容中有很多都是从这些论述中得到的。首先，定义本身是受争议的，因为即使是在今天，要决定人们的需求仍然被认为是很难的。想要尝试预测人们将来的需求是什么，这几乎是不可能完成的任务。这太难了——所以我们就不要管了！

然而，上面所提到的更深层次的论述则为我们可以做的工作提供了一个很好的了解。可持续发展是一个过程而不是一个目标或结果。因此，进一步学习和适应以及知识过程的演变都是开放的。它是关于建立一个所有参与者都在努力提高我们当下或者将来的需求条件的学习环境。它承认抱负以及需求，因此可以吸引现在所有社会中的进步驱动力。我们不需要保守，但是我们必须进行一些方式上的转变，这是改变议程当中更广泛的可持续目标的一部分。除此之外，这是关于经常发生冲突的渴望和需求之间的和谐与平衡。因此，偶尔也需要妥协与谈判而不是强加于人。当然有一点也是毫无疑问的，例如，如果我们不马上采取措施，环境就会遭受不可挽回的损害的时候，我们就有必要强制执行了。然而，在寻找共识的时候，在相对缓和的社会问题中，当地的民主方法可能会提供一种合适的解决方案。

如果我们能够添加定义列表，那么这个定义就可能会变成这个样子：

可持续发展是一个过程，旨在提供一个物理、社会和心理的环境，以提高而不是损害当代和后代的生活。其中，人们的行为以和谐的方式来整合自然，并依靠自然。

这个定义再一次出现了局限性，因为它可能需要当代人做出一个不利于自己生活质量的决定来为后代人提供一个安全的生活环境。本书其余部分所包含的方法可能会包含对这一定义的进一步证明，但是对停留在一般水平的进一步演化的争论还将继续。

（请注意：可持续发展定义有一个专用网站，见：http://www.gdrc.org/sustdev/definitions. html）。

1.7　寻求共同的价值观

如果我们支持民主，无论是实施规范行为的法律，还是在当地的辩论与协调中，都需要有能够允许大家进行讨论的一套共同价值观。在一个层面上可以说，保护人类和人类的地球是我们共同拥有的动机。这可能是真实的，但也有一些东方哲学，可能不会认为人类物种保存是可持续发展的最主要的动力。然而，大多数人类会隐晦地把它放在议程中的较高位置。尽管有人会有所不同，其强调物种间的平衡，但是他们都同意保护地球和地球的生态系统是非常重要的。

如果我们想要争取和谐，那么一套价值观的建立是很重要的。事实上，一个哲学的定义可以是"其中的事物所遵循的价值体系"。这个系统由逻辑推理支持，但是支持结论的是价值观念。当然，问题是我们有很多共同的价值体系。图 1.9 是一个城市的典型景观，可以看出有许多运行的系统。

图片上识别出了很多系统，下面的只是其中一部分：

（1）围绕教会的宗教系统。过去或许是当地的主导价值观。

（2）基于发生的活动和要求和（或）使用它们的社区之间相互依赖的社区系统。

（3）使用交通工具、汽车及的士在当地及周围载人及运输货物的运输系统。

（4）能够维持人类生活及维持人类及其他生命形式所欣赏的风景的生物系统。

15

图 1.9
城市环境中的价值系统

（5）满足人们住宿需求的住宅系统。

（6）提供财富及经济活动的商务系统，以支持当地居民及他人。

（7）允许当地居民及工作的人购买新产品来维持生活及提高生活质量的零售系统。

不难看出，在这个系统列表背后还有很多不同的利益相关者。利益相关者是那些对政治、社会、经济或法律领域有权益的人。他们都有不同的利害关系，但是这些都对这个地区的幸福有影响，大多数人都通过利害关系的提高或者下降得以体现。他们包括市民、律师、开发商、店主、牧师、公交车司机、出租车司机、地方政权、政客等。同样不难看出，由不同的利益相关者所代表的系统之间潜在的冲突。例如，商业的需求或许会排挤当地的居民，或者建立一套与当地居民所期望的不同的或对人类和植物都有害的交通系统。噪声会增长到影响市民的生活质量或人们在教堂做礼拜的能力。然而，没有商业中心或许就不能为人们提供维持生活的工作和提高生活的财富。如果这个地区是成功的，土地费用会提高，或许会产生新的发展模式，打破原有居住在这个地区的人所欣赏的社区感，并且吸引不同的人或者对当前环境有害的活动。

所有系统都有着非常复杂的相关性。希望在如此的环境中拥有和谐是天上掉馅饼吗？许多人会说是，然而，我们目前的法律体系和政府试图建立一个框架，这个框架至少为许多要求提供了最小的保护。一些情况下，法律体系能够相互抑制并实施对可持续发展无害的计划和活动。另外一个重要的因素，就是考虑决策时的时标。在一代人或者更短的时间里当前看起来正确合适的事情会变得完全不合理。有时，甚至经常，影响一个地区的改变往往来自毗邻地区，而当地的决策者无能为力。确实，有时是由国家或国际政策所决定的。

我们所追求的和谐有时是很难实现的，并是我们一直追求的。但清楚的是，无论我们做什么，都不可能完美，无论我们建立什么系统来解决问题，都应使这些系统保持高度的灵活性，在不同的时间框架内能够被改变并保持适应性。

1.8　谋求共同框架和分类体系

如果我们可以接受一些利益相关者参与建成环境有关的决策，那么考虑需要什么样的框架或结构来开始对话，同样是非常重要的。如果对话将会有帮助，那它需要面向各个阶层，这取决于参与人。例如，与一个不懂得评估中所需技术的市民开展技术性很高的讨论是没有帮助的。然而，每部分的文稿都应该被整合到一个可以理解的结构中，这个结构能识别出评论或报道的针对点以及是怎样帮助可持续中的元素。这个领域有很多的模型、报道以及一些片面、松散的意见。对于任何人来说，想要以系统的方式来整合它们，从而从各种各样的文稿中推导出一致性并允许与其他的评估做出对比都是非常困难的。这跟一群人聚集起来试图交流，但他们只掌握部分语言并且每个人的语言都是不同的是非常类似的。混乱将会占统治地位，最终懂得比别人多一点点的人会成为主要参与人，他（她）的意见也会被别人采纳，或者因为这个人看起来更优秀或者他（她）的沟通能力比别人好一点点。"在盲人的国度拥有一只眼睛的人就是国王！"

本书的主要部分就是试图解决结构问题，在第 3 章和第 6 章中会涉及。然而，在此初级阶段，以下部分如此分类是没有意义的：

（1）这个框架对于所考虑的任何形式的可持续发展问题都是共同的；

（2）这个框架随着时间进程允许可持续知识的演变；

（3）这个框架不应包括强制的解决方案，而应促进对于这个问题的思考和讨论；

（4）这个框架能够被所有参与人理解；

（5）这个框架允许不同层次的知识融合进来以达到共同理解；

（6）这个框架能够促进提出全球可持续更广泛的问题；

（7）这个框架应该有理论基础使得实际决策得以执行；

（8）这个框架应鼓励有助于交流的词汇和思考过程；

（9）这个框架能够在需要时清楚地解释可持续发展问题中复杂的关系和依赖性；

（10）这个框架应该提供一种机制，使得获取的知识能够转变为一种清楚的可以理解的方式，帮助社会的整体教育特别是参与人的教育；

（11）这个框架应该是全局的，包括所有可能对可持续发展有影响的问题。

以上不是一个琐碎的、无关紧要的列表。许多问题是基本的，适用于许多复杂问题的解决。尽管结构自身仍需要根据新的知识做出改进，但它足够坚固来保证自身根本原则的完整性。

1.9 评估的特征及可持续发展的衡量

一旦一个结构确定，就应该发展一种方法来表明可持续发展是否取得了进展。这很难，但对研究的领域来说，却是至关重要的。如果不能证实我们是否在可持续发展的方向上取得的提高，就不能证明我们现在和将来所作出的决定是否正确。没有评估，我们如何监督进展？另外，如果发生了评估，了解评估是否因为所采取的技术而受到限制也是很重要的。局限于那些容易衡量的方面会是一件很危险的事情。这不像是夜间的一个酒鬼被问到为什么在灯杆下面找他丢的一个硬币，他回答道"这里有光啊！"，简单的方法不一定能得出正确的结论。

在此阶段，区分衡量和评估或许会有帮助。衡量（Measurement）包括与可持续发展有关变量的确定和技术上适当的数据收集及数据分析方法的利用。评估包括一个或多个标准绩效的评价。绩效和标准都只能通过基于价值的判断来定义。它们不能通过经验来证实。诚然，绩效必须参照一个以目标为导向的行为，即一个目标实现时根据特定的存在的标准表现为有意义的行为。所以只有以绩效和标准下潜在的价值体系由专家和大众共享时才能得到一个公开的有意义的评估方法（Francescato，1991）。后面的陈述加强了对前面必须有共同语言和结构使其可理解的讨论。

评估中所使用的方法和其适用领域见第 5 章。所有的评价方法都有很多的限制条件（Bentivegna，1997），但是应该尽量对这些方法表述清楚，以使参与过程的人合理使用，否则将会被权力滥用。

如果想要可持续的评价发挥最大效能的话，则应该有一定的原则作为基础，它们是：

（1）整体的：包括所有表明可持续发展的关键因素。

（2）和谐的：致力于平衡或者被用来平衡评价可持续发展的标准。

（3）习惯养成的：自然而然地成为相关的工具并鼓励好习惯。

（4）有帮助的：它们可以辅助评价的过程并不会被复杂性和冲突所迷惑。

（5）毫无麻烦的：可以容易地被不同的人使用，不需要大量的训练，甚至可以很轻松地解释其结果和局限性。

（6）有希望的：可以指出可能的解决方案而不是让使用者处于无法得出答案的处境。

（7）人道的：透过本质寻求帮助人类发展的方案，不应该有痛苦、煎熬或过度的焦虑。

再次重申，这是令人望而却步的列表，从目前阶段我们的知识来看，无法全面地实现。然而，在我们发展评价系统的过程中，我们明确了应该怎样做。它使得我们在发展此类技术时产生了共鸣。

对评估技术的文献回顾后可以显示出许多可持续发展的指示器。在某种程度上，事物并不总是像现实中我们衡量和呈现出的绝对价值。为物理实体如二氧化碳的排放和土壤中的辐射程度提供确定的测量方法是可以实现的，但是，对社会问题和人类行为，我们却无法得出精确的答案。在这些领域，我们可以使用方法说明正在发生什么，但是我们无法必然地衡量对环境可持续的直接影响。例如，因为市中心的物品变得非常贵，随着市中心的人们迁移到一个市内区域，这个区域会突然变得时尚起来，这样导致城市衰退的经济活动的持续下降情况也会突然改变。不能肯定一定会发生，但是描绘出发生可能性趋势却是有可能的。这可以作为城市环境再生和随后的可持续性的指示器。另一方面，如果一个城市没有水供应，这则是可衡量的并导致将来的不可持续，正如世界上已经发生的几座城市一样。这些问题将在本书的后面继续探讨。

另一个和这个讨论相关的问题就是此类信息使用者或利益相关者的分类。他们必须是处于不同的知识层次的，技能也必须用在最合适的地方。建立一个这些人的复杂列表是非常简单的，但反过来会增加解决可持续发展的复杂性。实际上，法国人（ATEQUE，1994）已经提出了建成环境中一个参与方的综合的分类方法。以下的列表就是由 Intelcity Roadmap 根据影响建成环境的参与者的 ATEQUE 分类方法发展而来《Intelcity roadmap》——第 4 版，2003 年 6 月。

公民服务提供商：集体利益的集（10 个参与者）：

（1）民意代表

（2）城市管理者

（3）政府机构

（4）区域当局

（5）地方当局

（6）研究机构和技术中心

（7）职业培训机构

（8）消费者协会

（9）环境保护和其他相关利益的非政府机构

（10）信息和通信技术（ICT）标准组织

私人服务提供商 1：经营决策的集（七个参与者）：

（1）房地产开发公司

（2）非管理的建筑和基础设施的所有者

（3）管理的建筑和基础设施的所有者

（4）银行或其他出资方

（5）信息和通信技术（ICT）发展公司

（6）非管理的信息和通信技术基础设施，广播节目和内容所有者

（7）管理的信息和通信技术基础设施，广播节目和内容所有者

私人服务提供商 2：设计集（十个参与者）：

（1）建筑师，工程师等

（2）房地产和施工技术顾问

（3）城市规划师

（4）风景园林师

（5）建设经济学家

（6）设计师——软件工程师

（7）ICT 技术顾问

（8）ICT 系统设计师

（9）网络开发者

（10）信息和社会技术（IST）/ICT 经济学家

私人服务提供商 3：生产集（六个参与者）：

（1）施工材料制造商和经销商

（2）施工承包商和管理者

（3）开发管理人员

（4）ICT 元件生产商和经销商

（5）网络和 ICT 设备制造商和管理者

（6）网络开发管理人员

混合式公众 / 私人服务提供商：使用集（五个参与者）：

（1）交通和公用事业服务提供商

（2）设备管理者

（3）保险公司

（4）网络和网络服务提供商

（5）网络和 ICT 设备管理者

市民：使用集（六个参与者）：

（1）建筑用户

（2）公众休憩用地用户

（3）交通和公用事业服务用户

（4）城市 ICT 服务用户

（5）ICTs 用户

（6）网络和网络服务用户

然而，一个更简单的分组方法同样能够定义这项技巧的本质，这项技巧应用如下：

（1）市民：这个一般性的群体包括没有受过专业评估培训的非专业人员，但是却应该包含在决策的过程中。

（2）客户：这个群体主要是建成环境中直接参与发展的人。他们对个人的或者企业的目标所产生的影响感兴趣。在私人的发展中，这可以是客户自身顺应或推测为住户或用户的需求。在公共部门，他们的兴趣则是为社会创造价值。

（3）顾问：这个群体包括被聘用来创造改变和完成采购过程的专家和学者。他们的主要目标是满足客户群提出的或者是付费人定义的需求并收取合理的费用。

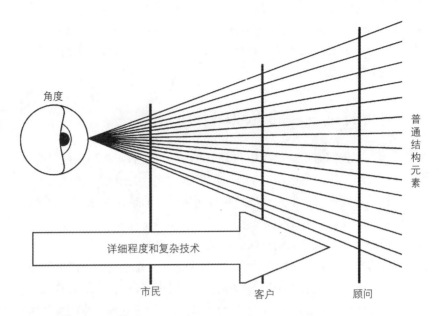

图 1.10
可持续发展进程所有参与方的连续一致观点

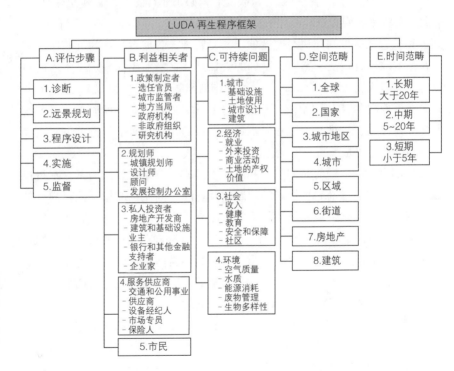

图 1.11
LUDA（大城市贫困地区）——再生程序框架 (Taken from http://www.luda-europe.net/hb5/evaluation.php. Used with Permission.)

　　每种人群可能要求不同的技术，但要隶属于一个标准的结构和相应的从技术中提取信息的连贯性（图 1.10）。这个方法目前还处于萌芽阶段，将在第 5 章进一步讨论。关键问题是所采用的技术是否能够促进利益相关群体内部的讨论，是否能指导决策者们得到一个更加可持续的方案和 / 或者这个方案随着时间的推移在可持续方面能够适应新的环境。

　　一个更有帮助的方法或许是由图 1.11 所示的再生程序框架中的 LUDA

（大城市贫困地区）（http://www.luda-project.net/）所定义的。这会把许多理解可持续发展评估的问题和个人聚集起来，在接下来的章节中我们也能够找到关于这个结构的反响。

1.10 对可持续发展的管理和干预

目前为止，我们的讨论都集中在关于可持续潜在的问题和我们对可持续性自身的理解。我们已经引进了评估的概念，并且关于衡量和评估中的一些问题也得到解决，但是这些结构和测量的目的是什么呢？它们自身没有价值，除非我们使用它们来改变一些事情。因此，人类必须进行干预以确保积极的结果。具有讽刺意味的是，人类过去的许多干预酿成了今天我们所面对的严重的后果。现在我们对地球和地球生态系统的了解的增加，使我们得出了区别于过去的不同的假设集，同时也认识到，我们的知识即便在今天也是远远不完整的。另外，我们认识到，我们所处理系统的复杂性。这意味着，当我们提出建议以寻求改变时，必须非常谨慎，必须允许改变，以此应对将来我们有更好的理解。

担负着任务控制和执行改变的学科是管理。管理者被认为拥有做出有效及高效改变的技能。然而，管理的责任是什么？韦氏词典定义管理的角色为"引起或设法达到"或"指导或安排处理某事"，这会引起一系列的问题。在可持续发展的案例中，"引起"了什么"管理"是不明确的。正如我们之前讨论的，它是一个过程而不是一个目的，并且对于可持续世界所描述的最终目标也是不断发生变化的。

影响可持续问题的时间量程和复杂性同样是非常重要的因素。在可持续发展中，我们讨论的是长期的问题以及与随时间变化的相互依存问题的复杂网络共同发挥影响的整体的事物。没有一个管理者能够控制所有的因素，另外，时间量程的意思是，即使他或她能够控制，近乎可以肯定的是，管理也会随着时间变化。这又提出了谁为我们当前正在设计的可持续发展绘制蓝图的问题。实际上，很可能是大量的经历过几次相对短期的变革组织和人。谁能够认清所有权并识别整个过程的责任？

管理的部分作用一定是将各个利益相关者聚集起来并使他们寻求一定程度的和谐，也一定是关于过程的时间安排和决定并且使组成可持续发展的要素达到最优平衡的。但对谁来说是最优的？毫无疑问，每个利益相关者都有不同的观点！管理者应该为人们和组织之间的交互作用、咨询和行动的时间负责。很明显，这是一个非常复杂的问题，不能通过常规的管理观念来审视。实际上，这更多的是关于在一个社区内改变文化并建立学习环境，随着时间推移这种学习环境要不断对之前所作决策进行回顾。

管理者在可持续的过程中扮演了重要的角色，新的管理系统应该能处理长期的复杂的问题。它与传统管理操作的目标导向不完全相同，至少在战略层面是不一样的。在策略层，管理者必须作出决策，除了关系的复杂性及问题所有权不断发生变化之外，他们会遵循常规的管理实践。系统的选择对于所遵循的规则来说是非常重要的。控制规范性系统的方式与持续进步所要求的学习环境成负相关关系已成为趋势。当管理者认识了那些能引起自身行为的系统后，这些问题就能被有效地处理了。这些问题将会在第 8 章进一步探讨。

1.11　执行管理决定

在任何一个过程中的任何一个阶段，遇到事件变更的时候都要作出决定。这个事情并不像它听起来那么简单。我们可以不断定义可持续发展的问题；我们也可以列出数据说明环境的恶化；我们也可以开发一个能够在其提供的框架内工作的系统；但是如果我们不能找到我们应该在什么地方作出决定，所有的工作都会是徒劳。为了能够作出决定，我们需要清楚，要作出什么决定以及由谁作，问题是"靠运气还是需要在过程中添加一些规则？"

如果是靠运气的话，那么肯定会有一些东西被遗漏。如果我们使得过程太过规范化，也会使问题间的平衡变得扭曲，或者我们将处于由我们所遵从的系统所要求的特定方向。上述两种情况都是我们不情愿的。我们需要创造一个灵活的能够考虑到所有因素的决策环境，在此决策环境下，可以采取一个有规则但是没有严格控制的结构化方法。我们需要确认，我们已经包括了所有方面，知道所有参与方知晓进度，以及参与方"可行"或者"不可行"的重要立场，确保我们在一起和谐工作。

最好是有某种类型的协议能够说明我们在规划、设计和建设过程中达到目标，或许其中最有价值的一个方案就是库珀等人所发展的关于建造发展过程的进程协议（见第 8 章）。一个协议就是用来实现或者执行某项行动时所遵守的规则、行为准则或礼仪规范。因此，一个协议可以是正式的或者非正式的，但是大多数的协议都包含一些确定的方案或标准。在库珀的进程协议中，有很多在作出决策时要考虑的刚性的和柔性的要素。柔性的要素允许所有的决定非一成不变，相反，刚性要素则要求过程不能继续除非所有参与人都作出了确定的决定。目前已经表明，这个步骤适合于可持续发展，并且库珀的研究团队正在致力于可持续建造的协议，这个协议可以作为已有的所有协议的附加，并在已有协议的基础上进一步发展和融合。这个协议目前已经用于灾害管理（见第 8 章），灾害管理用来解决社区构造内受到威胁的不可持续的极端形式。

所以肯定需要一个通用的模型能够为可持续发展过程中评估和执行不同层次的可持续发展提供模板。在一个有着大量的潜在利益相关者的复杂安排中，如果所有参与者知道怎么做、什么时候做，那么一些标准化的格式则是必需的，这样他们就可以参与进来。这样可以提供的一定程度的透明度来帮助参与人参与，并允许所有参与人理解参与的过程和可以使用的技巧。如果这个格式变得太过官僚化，则会出现危险并减缓过程的进行，只是因为管理费用所占的权重。这是在我们能够尽量找到正确的解决办法和随之所需的时间精力之间的平衡。

1.12 小结

本章试图呈现一个建成环境下的可持续发展问题。本章主要介绍了一些论点，同时设置了将要遵循的场景。为了同时反映知识的不断产生与发展，可持续发展被定义为一个不断形成和发展的过程。可持续发展评估的模型和进程主要围绕以下六方面展开：

（1）工作定位：WCED 给出的概念被广泛使用，虽然也不是很完善。

（2）价值共享系统：我们需要建立一个一致的价值体系，以便所有的利益相关者都能参与其中。

（3）稳定的分类系统：这个系统应该能够提供一个知识构建的结构。

（4）一套评估 / 测量工具：在这些过程中，需要评估是否已取得相关进展。

（5）管理框架：若人们想在这个过程中给予相应的干预，就必定要先了解和懂得这个系统，因为所涉及的时间范围，他们必须发展一个非常灵活的系统，并提供一个能够自我提升的积极的学习环境。

（6）过程协议：这是为了确保与可持续发展有关的所有知识都能在正确的时间、通过正确的技术或方法处理，否则有的利益相关者的利益就有可能受到侵害。

我们需要发掘更深层次的问题，即任何决策要应用的时间角度问题。这将是一项十分庞大的工作，但是对于我们理解可持续发展过程却是十分重要的，并且是任何团体决策者都可实现的。这项工作是整个评估过程的基础。许多现代计划都被认为是一种短期的、没有考虑子孙后代的计划，经济指标目前占据主导地位，而不是真正的可持续发展所需要的长远眼光。这一点我们将在第 2 章进行阐述。

第2章
时间与可持续性

可持续性发展的核心是关于发展的持续性时间长短假设的问题。在什么时期考虑这个问题的呢？一个答案可能是"永远"，另一个答案可能是"人的一生"，再一个答案可能是"直到更好的事情产生或者试图维持发展的原因发生了改变"。所有可持续发展评价的基础必须出于我们作出评价的时间段的考虑。有些人可能会争论说，可持续发展是一个动态过程，所以没有必要花费太多的注意力考虑时间段的问题。这是让所有利益相关者用某种方式思考未来以避免留给下一代比现在更糟糕处境的一部分。因此，关于文化以及学习环境的建设，应与计算以及预测一样多。

然而，实际情况可能是，在一些阶段性决定中就已经决定了要建什么，怎么建以及如何利用建成环境。金融公司、委托方、地方政府以及所有其他在项目中有权或者需要问责的参与者都会希望知道所做的评定是针对哪个时间段的。任何一个决定都是根据假定时间段的前后关系作出的。它影响材料的选择、发展的速度、市场力的反应、设计布局以及构成复杂建成环境的其他所有因素。虽然我们的眼界必须放得长远些，但是我们却必须在当下作出决定。

奇怪的是，这些问题好像并没有成为这一课题文献研究中的主要内容。这一问题并没有被看到，但却是一个在许多应用技术中的固有假设。简单浏览现有的一些关于建成环境可持续发展的教科书，发现它们很少在索引中涉及"时间"。这可能是一种自然的反应以及由学科的年轻性决定的。它可能反映了对于可持续发展术语定义的不精确，或者也可能由于缺少对学科的结构支撑而导致我们在一般的讨论中得到这一水平细节受到阻碍。毕竟，利益相关者在作决定时所关注的时间段是各不相同的。例如：

一个地区对于发展的政治支持可能受到当局政府或者执政党的政府机关条款的限制。

金融公司可能更注重他们所投入资金的回收期上的发展。

零售委托方更看重他们所确信的在市场转移到其他地方之前他们所拥有的时间的发展或者是市场是否达到了一个需要新分店或者专业延伸的要求。

大部分的市民可能更加看重他们的或者他们孩子的人生的发展。

规划者可能关注他们的"总体规划"或者是其他战略文件的发展。

开发人员可能不仅从财务的角度而且依据邻近地点、地区甚至是其他国家正在发生的事情看发展，因此作为创造发展时间段上对市场条件（他们工作的市场）的反应。

人口专家可能会对在特定区间内或者是在政府视野范围内人口年龄结构的变化更感兴趣。

在一个层次上，律师可能对签订一项合同所花费的时间的发展感兴趣，在另一个层次上，可能对将存在新的法律业务的时间长度感兴趣，再一个层次上，在很长一段时期内都将存在法律的含义改变。

估价测量师可能对财产以及土地价值增值所耗费的时间长短感兴趣。

建筑师可能不仅对他们责任期感兴趣，而且对在这栋楼里面设计所要表达的长期影响感兴趣。

我们可以从上面这些简单的列表中的潜在利益相关者可以看出，时间维度有很多种。如果我们的目的是建立一个所有项目参与者和谐共处的环境，那么在这些不同时间段的不同层次的利益就应该作为可持续发展过程中一个基本方面来辨别。当然，这就引出了许多的问题，例如：

谁的观点应该在争论中优先采纳？有没有哪个人或者组织，会在发展中保持一种长时间的兴趣？

是不是承担主要的财务风险的投资者拥有决策过程中的优先权？如果不是的话，那么是否能够获得足够的资金支持来支持发展？

当市场导向发生改变的时候，市场是否能及时适应它所面临的新处境？然而，时间的滞后太大以至于无法避免环境难以弥补的破坏：这是不是可接受的呢？

可持续发展的目标是为了防止给环境造成负面影响还是为了促进我们能有一个更加美好的未来生活呢？

我们评价技术能否充分灵敏反映社会对于可持续发展的看法？

为了追求可持续发展，我们是否应该更加明显地辨别潜在的关键失误点，而不是更多地注重关键的成功因素？

这些问题都包含了在这一主题阶段必须被回答的研究问题的本质。所以本章研究的目的并不是回答这些问题，而是探索它们的本质，并且为接下来的技术方法和结构埋下伏笔。

2.1　创新与稳定

斯图尔特·布兰德在他自己的励志书籍《永久时钟》（Brand，2000）中已经提出了在一个强大和适应性强的文化中工作结构的六个重要的速度和大小水平。从快到慢，按照时尚、技术创新、其他激励改变的快速改变项目以及提供平衡力的较低自然和文化水平这几个方面划分为以下几个水平，如图2.1所示。斯图尔特·布兰德指出，在一个健康的社会中，每一

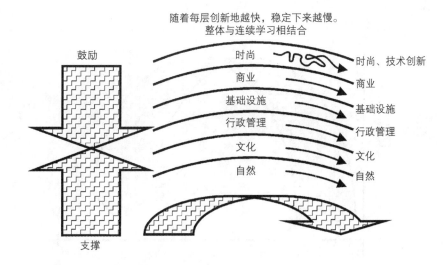

图 2.1
文明的顺序 (Reproduced with permission from Brand, S.(2000) *The Clock of the Long Now: Time and Responsibility: The Ideas Behind the World's Slowest Computer*. Basic Books, New York.)

个水平层次都可以按照它自己的步速运行，以使后面更慢的水平层次能够安全可持续地发展，使前面更有活力的水平保持精力充沛发展。

举例说明，在一些国家以及苏联瓦解后的共和国中，如果贸易被允许可以提前开放或者不能够被警惕的政府或者文化所支持，那么它很容易就会演变成犯罪。同样，贸易可以指导但是却不能将其控制在一个低水平上，因为贸易是十分目光短浅的。布兰德还指出：我们的时间所面临的压力之一就是由于市场全球化和数字化以及互联网革命所引起的贸易加速。

贸易的正确职责应该是开发以及吸引这些冲击（shocks），将部分速度以及力量转移到基础设施的发展上来，并且同时能够尊重政府管理以及文化的深层节奏。

对于我们编写这本书的目的，这个非常有用的隐喻为我们提供了一个时标，指示在其中文明及其创新推动力和稳定力量变化和作用。当这些张力不和谐时，就会发生崩溃。自然被看作是最主要的稳定力量，但是这个层面也是会受威胁的，因为其他几个方面会用一种消极的方式作用在自然层面上。这可能是《未来震荡》（Toffler，1985）一书中的例子，未来到来得太快了，以至于自然进化过程跟不上它的脚步。

建成环境在基础设施建设以及贸易中扮演着重要角色，并且以下几方面的影响是比较大的。它可以辨别政府管理的实体位置，表述已经建立起来的文化以及从不同的方面对自然界施加影响。

2.2 可持续发展的角度

可持续发展的认知在人们心中存在一个潜在的封闭系统，例如宇宙中的关于世界和未来的模型。随着时间的推移，我们能够获取利用的能源将越来越少，整个系统开始衰退。萎缩似乎将是大多数系统的命运。这个模型普遍

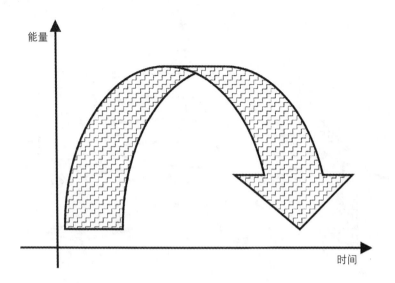

图 2.2
封闭系统的衰退——我们对于可持续发展的精神模型是这样吗？

能量

时间

存在于我们的思想中，并且我们认为当事物被建立的时候，它们必然存在于一个有限的时间段内，并且能量在这段时间里不断增长，直到达到一个峰值，随后开始下降。图 2.2 就采用了非常形象的图表，展示了这个问题。

对于可持续发展的传统认知似乎就隐藏在这个模型里。一个发展被建立起来，那么就会在物质以及社会发展方面都引起增长，然后达到一个顶峰。在接下来的一段时间内，将会维持在这个水平上，随后，由于各种各样的原因开始衰退，直到最终作为一个被认可的发展阶段归于消失。这个过程可能要花费几千年的时间，但是，如果说这个发展最终遭受了什么主要的大灾难的话，那这一过程可能只需要在几十年甚至更短的时间中就可以被评估。可持续发展的目的，是为了使系统向下衰退的趋势停止，有可能的话，同时提高可利用资源量，这些能源通常表现为社会凝聚力、物质存在性、生物多样性、栖息地扩张等，并且向外发展，共同组成一个可持续的群落，这个群落反过来建立了一个居民居住地可持续的物质环境。

从我们周围的城市中我们可以发现，很多关于这些事件发展模式的证据。这些城市都是以一个小定居点开始，慢慢发展成一个具有很强的社会活动性的大型集合城市，然后开始衰退，通常由于国民经济衰退或者是他们发现自己的来龙去脉。当犯罪和贫穷开始出现，这种模式就会在郊区开始衰退，并以低于城市的水平反复。但是另外一些地方则变得时尚，并且一直不断发展，有时可能建立一些财政的阻碍，阻止那些贫穷地区所带来的不受欢迎的负面影响。最终，这两种社会是以一种相互拉锯的形式并列存在的，但是在一些情况中，这种拉锯力量太强大，以至于造成了完全的社会退化，最终导致两者全部归于死亡。在它们发展到曲线图中的衰退阶段前，这些事件几乎是不能被预测的。虽然衰退的可能性是十分清晰的，但是我们却很难知道它们发生的确切时间。

如果我们按照布伦特兰（见第 1 章）对于可持续发展的定义（WCED，

1987）来看，那我们就有义务至少让我们的子孙后代能够拥有与我们相同的环境，并且如果有可能的话，我们应为其创造一个更加良好的环境。就算要以暂时牺牲我们拥有的权利，我们也不能够危害我们子孙后代决定他们自己未来的权利。我们现在面临的问题是，当人们自己不是受益人时很难让其接受自我牺牲的概念。即使是在短期内，我们也知道这个问题是真实存在的，例如用征收税收来提供更好的生活设施或者是为了重新分配社会财富，但是这种政府通常是不受欢迎的或者在政府投票中出局的。这方面，教育和公众参与需要扮演主要角色，教育需要发展出能够反映可持续发展的一系列价值的不同文化，公众参与则确保了能够在采用这些价值的计划过程中，告知和参与进尽可能多的利益相关者。

在许多情况中都会存在很多惯性现象。制定计划、设定预算、建立政策指令以及一系列的确定事情和例行公事，这些都会阻碍我们改变现状。直到社会凝聚力、安全性以及环境质量崩溃真的发生的时候，人们才会心甘情愿地改变方向或者是采取一种可持续的投资方式。通常这样做的风险就是有些崩溃是不可逆的，有些重要的破坏可能会导致整个团体的毁坏，利益相关者可能会因此对所有的事情都失去兴趣。在地球自然资源这一更加广泛的维度中，由于某些自然资源的不可替代性即不可再生资源，在任何时间框架下都不可能有任何办法。在另外一种情形中，例如对热带雨林以及其他栖息地的破坏都有可能是逆转现有发展趋势的，但是这一定要有政策支持才行。我们很难在一个建成环境中想象一个城市基础设施的全部损失，因为即便是这种破坏发生了几个世纪之后，这些基础设施仍然能够再次建设，且通常是重叠的。实体存在造成的非可再生资源的缺乏，使得自然开始集中注意在改变上，但它再次出现的能力依然存在。通常消失的都是建成环境中不太物质的方面，比如说它的历史和文化价值、它作为社会整合器的作用以及它作为重要宗教焦点的作用。城市的可持续发展模型可见图 2.3。

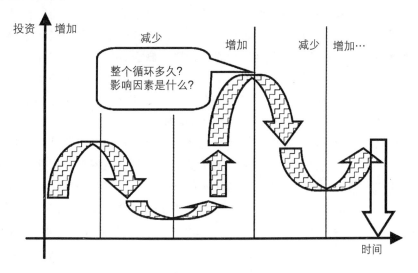

图 2.3
建成环境的时间——投
资假设循环模型

当然了，投资并不需要这么突然或者说衰退也不会如我们前面所想象的那么迅速，但是不管怎么说，这个模型也是被大家所认可的，并且在我们家庭中的个人投资上也可以显现出来。通常当我们以前的洗衣机还能用的时候，我们不会去投资购买一台新的。然后，如果我们的财政状况允许的话，我们可能会购买一台性能更好的洗衣机，或者是当以前的洗衣机已经完全不能用了并且不值得去修理的时候，我们会被迫决定买一台新的。

决定一座城市发展的情况也跟这个类似，但是他们的影响肯定要比买洗衣机大且复杂得多。世界上许多由于集装箱运输或者是其他形式的转变（技术改变）而导致码头的衰退，都造成了很多城市景观的枯萎。更近一些，临近这些港口的土地所有权迅速被开发商看作新的商机，并且很快就作为新的集合城市或者旧城复兴、发展起来。在英国，伦敦的道克兰、曼彻斯特的索尔福德码头以及利物浦的阿尔伯特码头都是典型的例子。毕尔巴鄂古根海姆博物馆给整个城市带来了复兴，澳大利亚悉尼歌剧院改变了整个国家的面貌。通常这些转变都是政策意愿实施这些事情的结果。索尔福德码头发展的前身，是最初的旧曼彻斯特港，当地的居民试图将这个港口位置出售，却一直没能成功。没有开发商愿意投资，实际上根本就没有开发商愿意前来询问到底多少钱可以将这个所有权买下。最终受一小部分志同道合的个人团体的影响才使事情出现新的契机，政府改变了它的政策计划，开始投资城市基础设施建设，最终给这座城市带来了崭新且成功的生命。现在这是一个主要的发展位置并且拥有一些非常优秀的新的文化建筑，每一次新的发展都会强化其他方面的成功（图2.4）。3000万英镑左右的初始费用就能产生10亿英镑的内部投资。随着英国媒体城——奥林匹克公园之后的第二大建筑地标的发展，这一现象还在不断深化。原来的码头在发展时根本不可能想象在未来会发生这种变化。

对于所有这些发展来说，最大的问题就是在衰退前它们能维持多长时间。当然了，实际上没人能知道答案。经济的严重衰退可能会导致居住者的减少，紧接着出现维护和安全保障的缺乏，然后很快就能看到发展终结的开始。如果爆发大规模的战争的话，那就将更难预测接下来会发生什么了。可持续发展只有当所有支撑发展的外部因素相互和谐的时候才能够成立。任何一个主要因素的缺失都可能将整个发展带入危险中。可持续发展的作用是确保对于一个地区的整个投资模型能够持续不断地向上发展，即使会存在我们不得不接受的那些正常投资循环引起的在上升曲线中的波动现象。这里值得注意的一点是，这里我们所提到的投资是一个广义的概念，它包括了所有的任何形式的投入，不管是劳动力、财政费用、基础设施、艺术、社会福利还是用来支持或提高建成环境，都属于投资的范畴。

图 2.4
重建的索尔福德码头

2.3　关键失败点

通常在大多数制定与建成环境有关的战略决策的过程中，决策者都会受到"关键成功因素"（CSFs）的影响。他们注重的是投资回报以及影响发展成功与否的关键要素。这几方面可能成为一些可持续性指标的基础。在可持续发展中，这些积极因素应该保持住，但同时我们也应该给予关键失败点以同样的关注。关键失败因素是指那些缺失或者不存在时就会导致整个发展的可持续性迅速衰退或者可能使得整个计划失败、地区没落的因素。这一类型的因素包括：

（1）关键资源的缺失比如水。靠近泰姬陵的印度城市法塔赫布尔－西格里古城仅仅存在了 15 年的时间，就是因为水源枯竭。

（2）主要工人的缺失。一个地区主要工人的缺失可能会破坏当地的经济、社会能力以及维持生存的基础设施。这类的例子包括那些建在煤矿周围的城市由于缺少工人而关闭，或者使得钢铁业成为其他产业集中的一部分。

（3）空气、土壤以及水污染。如果一个地区长时间地遭受空气、土壤以及水体的污染，那可能就意味着这个地区不再适合居住。例如土壤的化学中毒，海水的污染剥夺了渔民在他们家乡生存的权利；酸雨造成森林的破坏。

（4）法律和制度的瓦解。这就意味着财产价值下降，居民开始陷入一种衰退的循环中；或者是，如果他们财政承受能力许可的话，他们可能会搬迁至另外一个地方，但是却没有人会愿意搬到他们所腾出来的地方去。

（5）社区承诺的瓦解。这一问题可能会对熟悉这些社区的人造成一种信仰挑战。当社区受到挑战时，被南斯拉夫用来区分穆斯林和基督教的城镇，或者在有宗教需求地区周边建立的城镇可能会发现他们受到了威胁。

我们可以看出，上面所提到的大多数问题都是与福利或者人的生活质量有关的。其中一些问题，比如各种污染以及关键资源的缺失对于生活质量都是次要的。尽管被这样定义，然而不管怎样，最终这些问题都会影响生活的乐趣。虽然我们有可能克服这些问题，但是要做到这一点，可能需要大量的资源或者是一种我们现在社会无法达到的技术水平。所以，最好的办法就是将社区搬迁至别的地方来避免这些问题的发生。人们希望可以通过搬迁使得自己的生活水平得到提高。20 世纪最大的迁移大概就是从大量人口依靠耕地的农村向城市社会的迁移，这可能是因为，人们认为在城市中无论如何都可以获得比农村更高的报酬。在很多情况下，这并没有像发展中国家主要城市周围棚户区的情况那样出现在现实中。但是无论如何，到 2050 年，世界上 80% 的人口都将居住在城市中。

这些因素会使得我们对于上文中所讨论的对于可持续发展的"时间"问题更加恶化。我们不知道这些转变会在什么时间发生，并且在许多事件的案例中，我们无法确切地知道，是哪个原因导致这一问题的发生。因此很难建立一个可持续发展模型来预判关键失败点在什么时候显现。就我们目前所掌握的知识而言，我们所能做的就是确保在发展过程中导致这种结果的情况被避免或缓解。这使得我们开始使用"风险管理"中的方法。

多数"失败"都不是这方面的主要问题。因为它们并不是突然瓦解造成的。通常，它们会好像陷入了一个下降的漩涡之中，一个恶性循环中。这个循环缺少投资、现在的或者是潜在的利益相关者对其失去兴趣，尤其

图 2.5
城市再生的解走廊
(Reproduced with the kind permission of Niklaus Kohler from his 2003 Presentation: Cycles of transformation for the city and its culture. *Intelcity Workshop, Siena* (under the auspices of the University of Salford).)

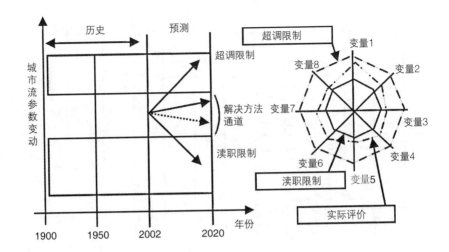

是缺少经济福祉，会导致发展渐渐衰退。最终，最可能的结果就是，建立一个能够再建社区和可持续方案的道德漩涡是不可行的。同样，对于这一过程的时标我们也是不知道的。因为我们无法确切预测这个过程会耗费多长时间，也无法知道不可再生环节会在什么时候出现。因此，我们就有了很大的精神动力来建立一个可持续的发展，但是我们无法预测产生这种衰退环境的事件，我们也无法预测这种衰退发生的时标。这两个问题是相互联系的。

Kohler（图 2.5）在他基于城市生命周期循环的分析工作中给出了这样一个表格（Kohler，2003）。他表示，一定存在一个需要被决策者意识和考虑的需要在时间上被检查和评价的解走廊。超出量可能和未达到量一样多，而决策者的工作就是保持所有的贡献因素的平衡。因此，在这个框架中，关键成功点与关键失败点都被考虑在内了。当然，即使是被抛弃了，也仍然有机会可以再建，但是经济、社会或者其他成本也必然会增加。

对于这一问题的另一观点就是关心城市形成以及进化过程中的可再生需要的时标。这些原因使得作决定的时候会显得复杂，并且在一个像城市这类复杂的有机体中，解决其可持续发展问题的任务就会变得更加困难。

图 2.6 就显示了一些建成环境中的物理以及其他方面的假定循环。在一些方法上与上面丰富层次以及图 2.1 中的对于文明需求的可持续发展方面很相似。

这些不同的转化表明，我们不得不转换研究"时间"的方式，我们不能再只将其作为一个衡量的尺度，而是应将其放在我们所研究或者想要提高的连续体中进行整体研究。这可能与前面倡导商业学习型组织概念所提出的观点有所不同。圣吉（Senge）（1990）是这样定义学习型组织的：一个可以使得人们能持续扩展其能力的、以达到他们真正追求的结果的组织，一个培养创新和扩展思考模式的组织，一个释放集体抱负的组织，一个人们不断学习如何互相学习的组织。从这个定义我们可以看出，似乎是学习

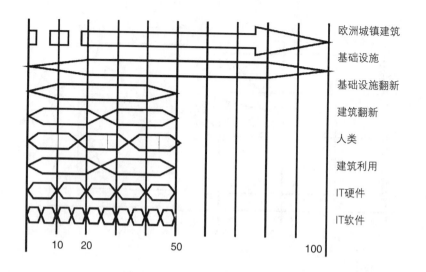

图 2.6
城市及其文明的转化循环 (Reproduced with the kind permission of Niklaus Kohler from his 2003 Presentation: Cycles of transformation for the city and its culture. *Intelcity Workshop*, Siena (under the auspices of the University of Salford).)

行动以及对于学习结果的分享导致了对于问题的全局性观点、更加富有创造性的解决办法以及为了达到组织目标的积极态度。圣吉还指出：对于孩子来说，学习无能是非常不幸的，但是对于一个组织而言，学习无能却将是致命的。因为这些不利因素，一些公司通常只能存在人一半寿命的时间，通常在他们达到四十岁以前就破产了。可能这还与公司为可持续发展采取的行动有关。

这种方法需要用到我们接下来要讨论的系统的思考。就现在而言，值得注意的是，专注于工作或者一起学习对于组织是非常有利的，并且建成环境作为一种组织，也应该为实现可持续发展来学习某个课程。如果我们不这样做，所描述的循环会继续下去，我们可以预见到在常规基础上的失败了。

2.4 评估的时间性

即使我们学习了组织方法并且集中注意力于整个发展过程，我们也仍旧不可能忽略时间在我们的评估和评定中所起的作用。就像我们前面所叙述的，大多数的财政当局或者政策权力机关都希望可以有一个合乎情理的提议，可以劝说委员会、利益相关者、董事会或者其他任何他们对其负有责任的团体或组织。这就意味着，我们不可避免地要进行风险评估，并且不得不承认的是，我们不可能预测这些风险，也不可能控制所有未来事件的发生。

在经济评估中，贴现概念指的是投资者站在现在的角度上，考虑时间给投资带来的影响。举个简单的例子来说，未来的支付或者收入的价值要比现在小，因为，在支付的例子中，只要留出较小的一笔资金就可以在规定的时间内随着时间的不断增长而满足的支付需要。在收入的例子中，对于接受者而言，现在的价值比较少，因为现在的少量的投资就可能在未来的复利中产生一大笔利润。这一现象在图 2.7 中进行了概略性的描述。

图 2.7 表示的是，如果你打算在 25 年时间内获得 100 欧元的话，那么当你预期的投资收益率是 5% 的时候，这 100 欧元的现值就是 29.5 欧元；当你预期的投资收益率是 10% 的时候，这 100 欧元的现值就是 9.2 欧元。换句话说，如果你现在在银行或者其他金融机构中投资 9.2 欧元，并且可以保证 10% 的回报率，那么随着利息增长，这 9.2 欧元就会不断地增值，在 25 年的时间内达到 100 欧元。我们应该注意到，为了未来达到同样的收益，利率越高，你现在所拥有的价值就越低或者说所需要投入的资金就越少。在时间保持不变的情况下，基于不同利率的假设值就会产生很大的不同。如果我们在计算中选用了一个较高的投资利率，那么可能就会比选用低利率时对未来交易的折现产生更大的影响。如果在可持续发展过程中，我们能够用一种长远的眼光来看待事物，并且能够在计算中也这样做，那么我们就应采用一个较低的投资利率进行计算，因为这样可以使得未来行动在财务事务中显得更加重要一些。

因此，对于投资利率的选择是具有决定性作用的，并且比开始时显现出来的更加复杂。虽然我们在计算中并没有考虑通货膨胀的影响，但是它对于计算却是有着实质性的影响。例如，它可能会吞噬投资的实际利润。有些人可能会说，所谓的"实际"投资利率应该是假设利率而不是通胀利率。另外一些人也会说，通货膨胀是可以忽略的，因为它给收入以及支出所带来的影响是均衡的，但是由于差别通货膨胀是十分常见的，所以这一观点可能正确，也可能不正确。无论如何，有一点是十分肯定的，那就是在建成环境的时间量程中，长时间的稳定的投资利率以及通胀利率是几乎不存在的。

时间仍然是一个需要主要考虑的因素。净现值的计算公式是基于复利

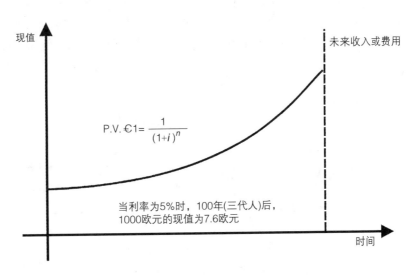

$$P.V. \text{€}1 = \frac{1}{(1+i)^n}$$

现值

未来收入或费用

当利率为5%时，100年(三代人)后，1000欧元的现值为7.6欧元

时间

图 2.7
未来支出或收入的总额的净现值

的公式，表示如下：

$$1\text{欧元净现值} = \frac{1}{(1+i)^n}$$

其中：i= 投资利率除以 100；n= 投资年数。

这是一个指数曲线，随着时间的增长，未来价值将迅速减少。这个结果是一个世界范围的模型，可以基于它进行一些决策。这个模型基于这样一种观点：未来是被打了折扣的，会明显比现在价值少。同时这个模型是比较机械的，并且会使用一些全局变量。但是无论如何，很多的金融投资都是采用这个模型进行计算的。它已经取代了诸如"投资回收"这一类的模型，在投资回收模型中，回收全部初始投资耗费的时间是评价的标准，因为这一时间长度被认为可以更加准确地反映金融市场的逻辑性。然而，即使是这个假设，也不能反映投资者在决策过程中采用的真实价值。

2.5 未来厌恶

需要指出的是，当时间因素被考虑在计算过程中时，大多数人相比较于未来收益可能更加喜欢现在收益（这一现象可以被定义为"未来厌恶"——我们想要限制我们未来收益的风险），大多数人重视未来损失胜过现在损失（这一现象可以被定义为"未来获取"——我们必须准备承受更大的风险以求使得损失减到最少）。但是，这两个现象之间可能并不是平衡的，这里存在一个似乎是合理的直觉：损失延期比同样数目的收入延期更能获得人们的好感（Kahnemann & Tversky，1984）。这一点见图 2.8。在可持续发展中，通常是强调减少未来的损失，这种不对称性在反映决策者技术决策时的心理状态方面，可能就显得更加重要了。

如果说在决策者的心中，在工作时有这样一种认识，那么肯定是与可持续发展有关的并且影响那些鼓励可持续发展的人支持其他强调长期视角模型的方式。这表明了一种明显重视未来价值的常见的经济模型需要转变。在一些案例中，这一转变可能是通过立法以及维持各种规则的最低标准实

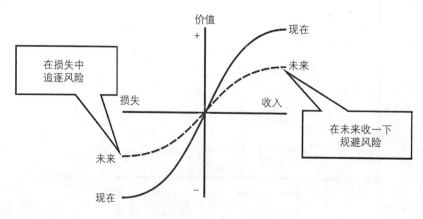

图 2.8
与未来相关的风险厌恶

现的，也就是说，减少主要污染物，或者说，通过采取一种长远的策略可以使我们获得一些商业利益。

在银行业务中已经有很多这种案例了，银行在他们投资过程中采取一种道德伦理的姿态，这实现了他们实质收益的提高。然而，这可能是由于那些对于这一问题较敏感的投资者全神贯注于缝隙市场而导致的。但是不管怎样，这都只是一个开始，未来随着人们对于这一问题的教育和学习，这些少数的缝隙市场一定可以变成主流市场。那些被《21 世纪议程》中所包含的以及被全世界许多官方采用的指令，将加速长期评估方法的采用。毋庸置疑的是，我们需要各种各样的方法来确保接受可持续发展这一概念作为建成环境决策中的规范。

2.6　聪明或明智？

我们注意到，帕特里夏·布朗在《威尼斯古代遗产》（Brown, 1996）一书中提到，在古希腊存在这样两种时间：一个是恩典时刻，意思是充满机会的顺利时刻；另一个是克罗诺斯，意思是永恒的、不间断的时间。"前一类时间给人们以希望，后一类时间则给人们以警示"。恩典时刻是聪明的时间，克罗诺斯则是明智的时间。我们的死亡以及未来都是在克罗诺斯时间范围内的，如果我们从投机取巧的时机中向上看，那么克罗诺斯时间就可能会给我们一些警告。现如今，我们就正处在恩典时刻的黄金时期，到处都充斥着机会，个人崇拜成为一种至高无上的信仰，并且让我们花费时间来合作的意识也难以遇到了。这种情况在公司股东规定短期目标政策和评价方法大大消减未来价值时，达到其经济评价的顶峰。

在 2008 年至 2009 年这段时间内，这一预测受到了一些挑战。人们都渴望能够一夜暴富，所以许多的金融谨慎规则都被抛弃或者暂停了，这一现象最终也导致了整个金融系统的信心受到了打击。在大多数发达国家中，他们自己不得不维持着现有的脆弱的金融状况，因为如果他们不这么做的话，整个经济和社会组织就会渐渐被破坏。产生这种灾害的系统一定不是可持续发展的，并且可能会导致未来更多的非可持续的状况的发生。信贷危机使国家、政府和企业认识到，达到可持续发展的相互关系和这些关系的脆弱性。

2.7　"时间"的实践评估

前面所作的各种讨论已经很清楚地显示出了"时间"与决策之间的关系问题。然而，为什么我们却仍然没有提出一个好的提议，用于解决日常生活中这方面的问题？这是因为这样的一种方法是根本不存在的。实际上，当我们对事情进行了一个全方位的分析之后会发现，对于像建成环境这种多样且复杂的研究来说，是很难适用我们关于时间量程的一般性观点的。鲍尔丁（1978）断定我们对于时间的问题为"暂时耗尽"，他指出："如果一个人精神上在处理现在时一直被扼制住呼吸，那么他也将没有能力再处理未来的事情了。"鲍尔丁就此提出一个简单的解决方法，即将我们现在的想法扩展 200 年：往前 100 年，往后 100 年。一个个人体验的、基于世代的时间，可以从我们的爷爷到我们的孙子，这些都是我们自认为要对其承担责任的人，所以利用这种人的天性，就会使得我们可以采取一种长远的眼光来考虑问题。从我们的爷爷、父母那里我们会提炼自我价值，通过我们的孩子、孙子，我们可以与未来联系，因为他们是我们在未来的延续。这一点在图 2.9 中进行了直观描述。

不管我们选择哪种模型，人生观看起来似乎都比一系列的技术要更适当。因为更多时候，它是一种有利于目标实现的框架行为。对于人生观的规划的尝试方式简单，并且能够为大众所理解的就是，亚历克斯·戈登的"3Ls"概念：在建筑设计过程中做到"长寿命、松配合、低能耗"（Low energy）（Gordon，1974）。它没有提出什么定量的解决方法，但是却提供了一种参考框架，在这种框架指导下我们意识到，我们可以开始收集定量证据然后进行提高。这又回到了学习型组织的范围中，"需要提高"变成了组织的空喊口号，于是紧接着就又提出了一些新的问题：

（1）这个建筑发展可以持续较长时间吗？或者说这个建筑会比之前的建筑持续时间长吗？

（2）我们能够轻易地适应未来改变，以避免那些正在开采或者正在使用的非可再生资源枯竭问题出现吗？

（3）我们可以比那些相似类型的建筑在开采、生产以及经营过程中减少能源消耗吗？

一旦我们进入这样一种思考的方式，我们就会开始设计发明一些适应

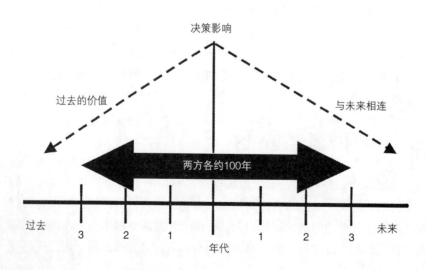

图 2.9
时间对于决策的影响

这种世界观的技术和方法。它提供了一种信仰系统，坚持这种信仰的人可以对于他们的行为作出反应并且判断其行为。如果大多数人都接受了这种信仰，那么从政治上来讲就很难接受一种不同的途径了，并且这个途径还必须适应当地的文化才行。在"3Ls"概念中，两个驱动程序都是将时间作为关键特征考虑的，所以就开始渗透大多数人的思想了。那些看起来对于建筑物适当的想法很快就变成了计划者以及地方权力机构的考虑因素之一，然后就会对本地区和城市产生重大的影响。由此，一个良性循环就开始了。

可能对于怎样解决时间问题的最新的观点就是在第 8 章中应用的方法论。曾经举办过一次制定未来一百年的可持续发展计划的比赛，最终赢得比赛的是温哥华市。参加这项比赛承担任务的团队必须以一种非常积极、正面的方式来解决时间的相关问题。团队制定出未来目标，然后就必须发掘一个实现这些目标的过程，包括整个一百年时间的里程碑。这样，他们就不得不用非常实际的方式来解决本章中提出的许多问题。这些行动的积极作用是鼓励利益相关者们能够将目光放得长远一些，开始不再只限于当前，而是能够将现在的"包袱"放下，以便更自由地思考未来。如果是这样的话，那么我们就需要更多这种类型的研究。因为这些研究可以使我们不受未来的限制而不断提高，同时，可以在实现城市环境可持续发展所面临的问题上达成一种更加广泛的共识。

2.8 奢侈的"时间"视野

本章在这一问题的讨论上，比发达国家在更长的时间段内考虑了可持续发展。短期的资金筹措以及利益相关者短期需求的满足，通常被作为为什么我们不能扩大视野的引证。资本家以及投资者都希望能够以最快的速度回收成本，但是可持续发展却需要一定的时间来进行系统自身的一些建设。所以，即使我们能够劝说人们考虑得长远一点，使其能够为未来发达世界中的子孙后代考虑一下，并且也已经有一些迹象显示这一情况正在发生，但是，在发展中国家，可持续发展可能仍然会认为是一种奢侈的财富。

如果一个人是处在基本的生存层面上，那么他所面临的最大问题之一，就是他或者她自己能否生存下去，这样看来，让他们去考虑子孙后代的未来显然是不切实际的，因为他们自己这一代很可能都无法生存下去，也就更谈不上下一代了。所以，为未来做打算成为一种只有富人才可以拥有的奢侈品。

南非是一个由大量的发达国家和发展中国家的人们混合成的国家，根据获得的各种各样的数据我们可以预测，到 2010 年的时候，由于艾滋病而导致的死亡会使得 200 万的儿童成为孤儿。如果说这些数据属实的话，那么这对于整个国家来说都将引起非常大的影响。这将不仅仅是如何帮助、照顾这些孤儿的问题，而且还要考虑如此大数量的孤儿对于整个社会的影响，因为他们中有许多人会生活在街上，为了生存而开始走上邪路，最终形成扰乱社会的问题。除此之外，这一数据还隐含了另外一层意思，那就是大量的为国家、社会工作和创造社会财富的人（这些孤儿的父母）已经死亡了或者变得没有劳动能力了。据说，在南非有近17%的人艾滋病病毒（HIV）检测为阳性。这对于整个社会经济以及对于这些孤儿的社会抚养问题的影响都是毁灭性的，并且这个问题可能在未来十年内就产生影响，而不是整个时代后。所以决策的时间量程必须相当的短了，采取长远的眼光仍是一件好事情，但几乎是不可能的了。生存将成为我们生活的最基本的需求。

我们处于一个许多群体都能够世世代代稳定生活的国家，然而，外在文化的集成以及这些文化所带来的财富已经导致大家都希望能够摆脱农村生活，都希望可以在一个发展中国家的环境下，重复按照西方经济那样的错误，可以在一个相当短的时期内建立一个非可持续的社会。

对于财富的渴望导致后发展的国家不断重复发达国家在那一时期所犯的错误，而且是在发达国家已经认识到这些错误并且正在积极采取行动进行补救的时候仍然这样做。是发达国家退回到更原始却稳定的生活方式而和发展中国家在半路相遇了，还是发展中国家能有其他方式获得已经被发达国家意识到的渴望呢？这是一个非常关键的问题，并且一项对于经济高速发展的国家进行的调查显示，这些发达国家犯的错误经常被重复。

当西方发达国家指责时，发展中国家就会哭得很伪善。在西方国家已经收获了在过去探索中得到的财富后，这通常就会作为其指责发展中国家的一种方式，于是对于那些不占优势的国家来说，这可能就会制约他们的发展，并且这样的话，就可以使得西方国家可以避免一些竞争——经济力量正在被他们进一步利用。

　　第 1 章简要描述了有关可持续发展问题的纲要，并且建议必须满足某些要求。本书的目的在于构造一个框架，能够解决一些可持续发展问题，尽管大家公认，建立一套完整的可实施的解决方案还需要付出更多努力。而且，一段时间以来，我们认识到，只有一些评价方法问世，才可以判断可持续发展是否取得进步。但是，这些进步会带来什么呢？

　　在先前的讨论中，我们认为，可持续发展是一个过程而不是一个终点。可持续发展是不间断的，同时也是不断学习的过程，通过从我们的行为中吸取经验和知识的日益增长，我们的行为举止得到了修正。因此，如果按照既定的标准测定可持续发展，那可能是不精确的；如果就所含内容而言，可持续发展极有可能是不断发展的。这表明，集中研究结构框架可能会有益，通过结构框架，可以获得相关知识，并将知识分类，这样新的知识被认同后将归置于适当的框架之中。这样可以清楚表达其中的内在关系，这种关系可以解决问题多标准和多维特征的复杂性。可持续发展依赖于利益相关者需求之间的和谐共存，利益相关者需要有一个框架，在此框架中他们可以解决影响他们的问题。

　　这个框架的基础是，知道我们要得到什么和我们达到目的所需要做的，其驱动力往往是有关环境的议程。因此，与此议程相关的价值体系给本领域很多研究者和从业者采用的方法提供了依据。如今存在各种各样可持续发展的价值系统，大部分这样的系统只是可持续发展的总议程的一部分。举例来说，一些价值系统只能解决能源问题，其他一些系统只能解决污染问题，还有一些仅仅关注保护或历史的发展。以上的例子在任何意义上都没有错，但我们必须承认，它们只履行可持续发展议程的一部分。还有一些更加基本、提供通用的方法的系统。关注这其中的一些价值系统，看看它们会怎样影响我们对于未来的建议是非常有益的。

3.1　自然步骤

　　自然步骤（Natural Step）的方法首先由 Karl-Henrick Robert 于 20 世纪 80 年代在挪威提出，1991 年，他试图描述形成可持续社会基础的基本环保法律。这些都源于一个科学的共识，即需要什么来维持地球的系统。这种共识聚焦于"系统状况"上，这些状况也是自然步骤（Natural Step）创作者的主要焦点。自然步骤强调，企业和社会运转的唯一的长期可持续发展的方针包括在地球的自然循环之内。此方针承认，社会所面临广泛和复杂的环境问题的答案并不清楚，所以此方针建立于作为共识依据的基础科学之上（Robert，2002 年）。

科学原则如下：

物质和能量不能被破坏（热力学第一定律和物质守恒的原则）。

物质和能量趋于分散（热力学第二定律），这样所有人为创造的物质迟早将会被释放到自然系统中。

材料质量的特征可以通过物质的浓度和结构来表示——我们从来不消耗能源，只会耗尽它的放射本领（即我们降低其有序性、纯度和结构）。

由太阳驱动的程序可以产生地球上物质质量的净增加。所有封闭的系统的紊乱性将会不断增加（热力学第二定律），因此，需要从外生物圈的放射流来增加有序性，来抵消不断增加的紊乱性。

在这个参考框架中，"质量"代表资源的价值。更高质量表示这种材料更有用处，如"浓缩的"铁比铁矿石更有价值，等等。在整个演变过程中，来自太阳的能量驱动着自然过程，这个过程会引起质量的不断增加，如浓缩的碳氢化合物。但是，当前的工业社会颠倒了这个过程，因为工业社会造成了质量损失，损失的质量成了废物和污染物。幸运的是，大自然通过重新加工和重新浓缩废物，使其在循环过程中成为更有价值的资源，不断尝试着产生质量。近年来的工业化则造成了一个线性的不可循环的过程，在这个过程中，质量消耗的速度比其自然产生质量的速度更快（Jackson，1996 年；Stahel，1996 年）。

从对自然的根本循环原则的理解，自然步骤的创始人认为，自然循环可以通过 4 个可持续发展的基本条件来实现。这些条件构成了一个可以评估和监测的框架。这四个条件是：

（1）在大气层中，来自地壳的材料绝不能系统化地增加。实际上，这意味着化石燃料，金属和其他矿物质的开采速度不应该比它们重新分布到地壳的速度更快——换句话说，就是应该从根本上减少矿物燃料和矿物的开采和使用。

（2）在生物圈中，社会所产生的材料绝不能系统化地增加。实际上，这意味着该物质的生产速度不应该比它们被分解后重新融入大自然的循环再到持久存在而在自然界不存在的人造物质（例如氟氯化碳）被淘汰的速度更快。

（3）大自然的生产力和多样性的物质基础，绝不能被系统化地削弱。实际上，这意味着合理控制生态系统可以保持大自然的生产能力和多样性，从而节约使用大自然重新浓缩和重新塑造废物的能力，在某种程度上，这种节约模式可以维持陆地和海上的生产力。

（4）必须公平并有效率地使用资源，从而满足人类的需求。实际上，这意味着社会价值观足够稳定来达到其他三个条件的要求，生活富裕的人通过更加有效率地利用资源的生活方式，少花钱多办事。

当然，这四个条件都是重要的指导原则，它们给许多关于可持续发展的讨论提供了强有力的支持。它们可以作为企业判断其努力成果的标准，它们还被很多的组织采用，这些组织或易受环境影响，或预见了解决可持续发展的长期商业优势。自然步骤指出，这些组织不会立即实现长远目标。企业应当对既能带来短期的利益，同时还能从长远角度考虑问题的目标进行投资。这些组织可以使用自然步骤的框架，制定出一系列最终达到可持续发展目的的步骤。以容易实现的目标开始，然后逐步采取最容易的并将有助于推动实现其组织目标的步骤，这种方式往往是恰当的。这种务实的方法对很多组织很有吸引力。

Robert 博士的方法已经获得了超过瑞典颇有名望的 50 位科学家的支持，而且已经得到了瑞典一些大型工业企业的支持——这其中包括 Electrolux, Scandic, IKEA, OK Petroleum, Gripen, SJ（瑞典铁路公司），Bilspedition，还有超过 60 个当地的政府也表示支持。

在美国，世界上最大的商业方块地毯制造商 The Interface Corporation 是支持此观点的首批公司之一。在短短的几年中，这个公司修订了生产工序，按照 Robert 博士的方法制造产品，从而节省了大约 7600 万美元。此后，包括 Home Depot, Nike, Mitsubushi Electric（美国），Collins Pine（林业产品），Placon, IKEA 和 MacDonald 在内的很多其他美国公司相继效仿了此做法。

在英国，自然步骤的原则成了由 Jonathan Porritt 发起的"未来论坛"的基础，如今，全球范围的自然步骤组织包括来自不同学科的 10000 多名专业人员和 19 个网络结构。

这些企业和组织认识到，将可持续发展问题置于具有强烈的环保观念的框架结构中分析，对企业的生意和生意圈中的关系都有好处。他们认为，自然步骤的过程应该逐渐趋向以战略性的方式迈向愿景，而不是仅仅试图解决过去所犯错误造成的问题。这样做的潜在好处，包括减少了获取资源和废物处置的开支，避免了未来为如今的行为买单，增强了创新意识和提高了企业内部的士气和积极性。

在实践中，Robert 博士的方法给很多公司带来了好处，但是，当短期利润和长期环保回报这两个观点之间存在冲突时，很难知道股东会优先选择哪一个。这取决于该组织是否愿意履行自然步骤的原则和为了达到原则所要求的目标，关于贸易活动审查的准备工作已经做到了何种程度。

特别是，自然步骤最后一个原则提出要满足人类的需求，这对于任何组织来说，都很难下定决心，更不用说真正付诸实践了。从全国的层面来看，财富的分配不断地在高度民主的国家引起各方的争论，但来自大多数经济体的证据表明，实行财富分配的国家变得更加富有，而相对的那些没有实行财富分配的国家并没有变得更加贫困。从长远来看，财富分配是可持续的吗？随着时间的推移，这可能会导致社会凝聚力的丧失。如果一个公司作出尝试，来满足所有利益相关者的需求，不论选择在哪种框架范围内工作，那么这个公司可能很难以任何有意义的方式来解决这个问题，对于任何组织都是如此。然而，考虑所有利益相关者的需求，是 WCED 对于可持续性的定义（即满足当前和未来的需求）和里约热内卢世界大会主题的一个基本特点。

3.2　社区资本的概念

除了自然步骤这种方法，还有另一种研究可持续发展的方法，即通过"资本"这一概念来进行研究。投身金融市场的从业者非常熟悉"资本"这个术语，它通常是指公司（但不限于公司）积累的财富。但是，除了金融市场，生活中的其他很多方面都使用了这个术语，财富的定义从而被扩大了。

在 Maureen Hart 的著作《社区可持续发展指标的指南》（Hart，1999 年）中，她提出，如下几点可以归于她称之为社区资本（community capital）的范畴：

建设和金融资本：制成品，设备，建筑物，道路，供水系统，就业，信息资源和社区的债权或债务。

人力和社会资本：社会中的人们，他们所具有的技能，受到的教育，健康和他们的合作能力和协同工作能力。

自然资本：自然环境，其中包括自然资源（包括可再生和非再生），生态系统提供的服务和大自然提升生命质量的特点。

所有这些类型的资本对于社区正常运行是非常必要的。所有这三种类型的资本需要由社区管理。三种类型的资本就像人的成长历程一样，随着时间的推移，它们都需要被照顾、培育和改进。哈特进一步（1999 年）指出，前面所说的三种类型资本的关系可以用一个金字塔形的图表（图 3.1）表示。

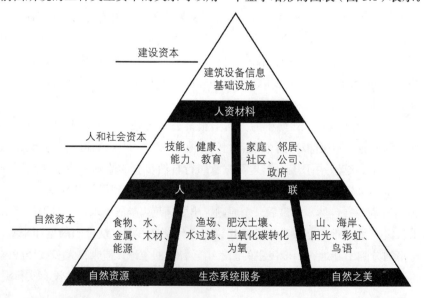

图 3.1
可持续发展的社区指标 (Reproduced with permission from Hart, M. (1999) *Guide to Sustainable Community Indicators,* 2nd edn. Sustainable Measures (formerly Hart Environmental Data), North Andover, MA.)

自然资本组成了金字塔的最底部，自然资本直接与自然步骤系统有关，但是自然资本的范围已经扩展到了社区认为极具魅力或美丽的物质。人力和社会资本组成了金字塔的第二层，这一层分为两个部分，即人和关系。这与自然步骤相比，很大程度拓宽了可持续发展的概念。人力资本指的是每个人的个人技能和能力，身心健康和受到的教育。社会资本指的是社区内存在的各种关系，和人们打交道的方式。最简单的关系指的是与家人、朋友和邻居的关系，从更广的范围来说，为了满足社区的需求，我们通过社区组织，政府联系和商业组织来建立相互之间的关系。最后，金字塔的最高层由建设资本（built capital）构成，建设资本包括基础设施，并能让金字塔其他不同层的资本不断累积。建设资本还包括道路，交通，厂房，住房和基本生活必需品，如食品，服装，与诸如洗碗机，汽车，电话和电脑在内的奢侈品。

钱不包括在金字塔图表内，因为钱只是一个我们用于交换物品和服务的媒介。我们不需要总是使用钱，例如我们可以通过以物换物来进行交易。

上文提到的资本的三种形式可以用不同的标准来衡量，所以在判断价值时，很难对这三种资本进行比较。钱可以用来衡量房子、汽车或者股份的价值，但是如果想用钱来衡量那些给人的感官带来愉悦或者能使人感到幸福安乐的事物的价值，那是十分困难的。山间美景，干净的沙滩，阅读的能力，孩子心中的知足感，开放和自由的政府，对于社区来说，这些都是很有价值的，尽管有些人试图通过诸如成本效益分析的方法将其价值折合成钱来衡量，但是，结果表明，这样做的确很难衡量其价值。在试图使利益相关者们之间和谐相处，或者协调你个人拥有的各种优先权，很难判定赋予每项指标的权重是多少。

然而，资本的概念是容易理解的。进行可持续发展讨论的驱动力是由于人为干预环境，造成了严重的环境污染，自然资本也随之受到了损失。在日常生活中，我们设法通过投资而不是减少资本来获得利益、维持生活。如果我们坐吃山空，我们将失去很多利益，最终，我们会发现，本来可以带来收益的资本已经不复存在了。我们可以推测，我们正在逐渐耗尽地球上的不可再生资源，这也预示着，我们的自然资本也很有可能被耗尽。自然资本最后会消失在地球上，到那时，我们便再也没有可能重新拥有自然资本，我们不确定我们是否可以找到具有与自然资本相同作用的替代物。

社区资本（community capital）的概念进一步阐述了可持续发展，此概念认为，人们的生活质量不仅取决于食物、住所和获得的自然资源，还取决于我们如何吸收、创造、互动、庆祝、关心自己和享受生活。反过来，这些决定生活质量的因素影响着我们对于建成环境的需求，从而，也影响着我们为了满足这些需求而消耗着自然资本的程度。如果决定生活质量的因素和我们消耗的程度达到了一个平衡状态，这意味着我们消耗自然资本的速度没有超过我们替换自然资本的速度。如果没有达到一个平衡状态，这将导致灾难或者极度的困境。这本书主要与建成环境和其对于可持续发展的贡献有关。因此，本节主要解决与金字塔的顶端建设资本有关的问题，以及介绍了如何创造出能够使我们监测可利用的自然资本和需求是否处于平衡状态的系统。但是，那些能够创造需求的社区是如何以可持续发展的方式来满足需求的，同样值得我们研究。这也引出了另一个议题：通过投资创造更多的资本是可能的。大多数的社区都希望提升自己的地位，而不是保持原来的位置不动。布伦特兰对于可持续发展的定义（见第1章）意识到了这一点，并特别提到要满足子孙后代的需求。问题是提升社区的地位是否能够在不损耗资本基础的前提下实现。

目前世界上有很多这样的例子，即社区所拥有的自然资本遭到了破坏，因此也造成了整个社区资本的减少。这里列举一些很明显的例子，比如巴西热带雨林的逐渐消失，北海鱼类资源的不断衰竭，和其他很多地方的空气污染、土地污染和水质污染。也可以这么说，一些社区人力资本（human capital）的退化是因为欠佳的卫生保健（比如艾滋病的传播）、知识的匮乏、就业培训不充分等原因造成的。在某些情况下，法律和金融的基本制度不够健全，不足以用来维护社会的价值观，或保护不可再生资源的需要。所有这些因素都为可持续发展作出了贡献。

从这本书对于可持续发展分析的层次来看，即主要从城市建成环境的层次来看，关于社区资本较为复杂的问题应根据当地的实际情况来分析。然而，有些问题本身就是全球性的问题，以一个社区之外耗尽所拥有的自然资本或者其他社区资本的方式来影响其他社区。每个地方性的社区都会对外部世界产生影响，所以每个社区都不能忽视自身和其他社区之间的相互依存关系。

社区资本的概念对于研究可持续发展非常有帮助。尽可能利用任何结构或评价系统尝试来保护资本是非常重要的。此外，社区资本的概念塑造了一个概念性的框架，使我们能够有效地探索可持续发展。

3.3 生态足迹

到目前为止，我们已经提出了一些基于广泛环境问题的解决方法，以及资本可以用来检验判断和用来解释可持续发展概念的方法。这些方法是相容的，一种方法可以扩展到另一种方法。另一种评估可持续发展的方式是研究个人或个人的发展对其生活或发展的环境及其团体的影响。这种方法有时被称为生态足迹（ecological footprint），足迹就是一个人立于地球表面所占空间的数量。据此，生态足迹是一个人在生态系统中所占空间的度量。举一个简单的例子，想象你自己住在一个覆盖着你和你周围土地的玻璃穹顶下。如果这个穹顶很小，你会很快用尽可呼吸的空气，如果穹顶稍微大一点，有了足够的空气，但是又可能会很快用尽食物或水。如果你拥有足够的空间，为你提供诸如热能、电力、运输、建筑材料、食物、水、衣服等所有的需求，以及足够的土地来吸收你产生的所有废物并将二氧化碳转化为氧气，那么这些空间和土地就是你的生态足迹。

你生态足迹的大小取决于你所消耗的资源量。徒步或骑自行车旅行的人，其足迹要小于乘汽车旅行的人。尽管考虑到材料绝缘性能和质量的提炼工艺所造成的生态影响，即内含能量，但是居住在绝缘性能良好的小房子里的人，其足迹仍可能小于居住在绝缘不良的大房子里的人。在发达世界中，生活方式对生态足迹发挥着日益重要的作用，包括需要从世界各地运输原料而做成的菜单上的食物、完成休闲活动和运输方式。

通过这种评估形式所产生的一些数字是相当惊人的。据估计，美国人平均的生态足迹超过 13 英亩（约 52609 平方米），而世界平均水平为 4.68 英亩（约 18939 平方米），印度的只有 1.04 英亩（约 4209 平方米）。图 3.2 以图表的形式清楚地表示了这种情况。然而，根据现有人口和生产用地的数量，整个地球的人均生态足迹不超过 4 英亩（约 1618 平方米）。如果每个人都按照美国的人均水平消耗，我们还需要两个地球才能满足我们的需求。显而易见，如果每个地球人都这样行事，这种消耗水平不能持续。如果要实现发展中国家关于财富和生活方式的愿望，并且继续这种耗能水平，那么必须大幅减少地球上的人口。或者，发达国家不得不寻找既能满足其生活质量又不危及地球的新方法。这需要改变生活方式，在使用自然资源的同时，不损害或毁灭生态系统无限期地持续提供这种资源和服务的能力。

假设我们现在不再关注个人，而是关注新建筑或发展所造成的影响。怎样才能让一个新建筑或新产品投入使用，而这又将给生态系统带来怎样的影响？首先要考虑原料的开采、材料和劳动力的运输、施工过程所需的基础设施，组成元件所需的原料、通信连接装置、供水等问题所需的全部能源。然后，你必须考虑建筑的运行和组织费用，所有相关活动以及建筑

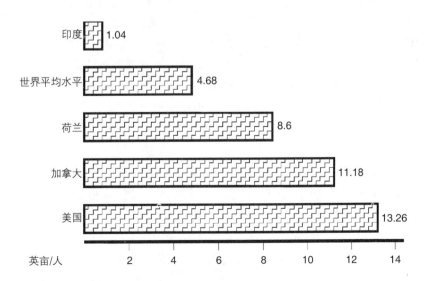

图 3.2
各国的生态足迹（英亩）
（来源：Wackernagel &
Rees,1995.）

的制冷或供暖等功能，以使这些功能能够满足居住者的需求。最后，你必须考虑有关拆毁、清除的问题，以及不动产全生命周期的废弃物处置。这可能会造成巨大的生态影响。

建筑业中，足迹的概念是很容易理解的。它是指建筑物的第一层平面图直接覆盖的地表面积。然而，定义建筑物的生态足迹并不那么容易。就某种意义而言，每一座建筑都是违背自然规律的行为（Cooper & Curwell，1998）。通过覆盖地表，建筑物直接造成了地球表面的部分土壤的贫瘠，以致这一区域的土壤无法产生需要的泥土、日光和水的相互作用而形成的自然资源。因此，就生态学而言，建筑物就像一种寄生虫。Rees（1992）将其描述为一种纯粹的消耗模式：需要大量的外部资源作为基础来维持其居住者的生存。

因此，建筑物的生态足迹要远大于其占据的物理足迹，这使得建筑物需要其他行为来维持其占有的生态足迹，而许多行为可能在别处甚至是遥远的地方进行，并且每一个都有它们自己的生态足迹。当建筑生态足迹和世界经济中的其他方面共同作用时，将导致经济或文化的依存性，造成不稳定或产生新的权力结构。反过来可能会造成社会动荡，导致冲突以及更多的浪费和污染。对于城市的大型建筑来说，其生态足迹可能延伸到整个地球，需要从发达国家和发展中国家获取原料。界限不明显和相互依存性的问题，使得基于生态足迹的评估方法难以发展。

对于被描述为可持续发展的城市或建筑，其生态足迹必须小于或极其接近其物理足迹。为实现这一目标，我们必须使用最少量的资源、就地取材、将产生的污染和废料降低到可以在当地或社区内安全处理掉的水平。这个概念支持自治建筑或城市。然而，自治的概念过于简单和局限，以至于不能有效表示现代复杂的市场经济中可持续化的城市发展的特点。替换或更新的观点要更好一些。这一观点承认资源是有限的，与人类的聪明才智和技术结合，大自然可以在任何时候提供给定的最大量资源。有限的资源被过度开采，所以我们必须寻找方法来替换在某一特定发展中使用的自然资本（natural capital）。这一观点得到了全成本核算概念的支持。生产过程中环境退化所造成的外部成本是由产品和服务的内部成本来表示的，而内部成本则应遵照"污染者付账"的原则（见 Costanza，1991）反映出来。这些观点很有吸引力，因为它们使得货币、能源、劳动量等诸多评估"进步"的传统方法，都可以用来评估可持续性发展（Cooper & Curwell，1998）。

生态足迹方法的主要问题，正如 Habrt 等人（2004：200），Van Kooten & Bulte（2000：264）和 Pearce（2005：482）指出的那样，生物圈真实的承载能力不能被准确计算、测量或预测。Bossel（1998：73）进一步指责了利用诸如生态足迹之类的总量指标的方法来评价可持续发展，因为系统某些部分可能隐藏着严重的缺陷，从而会对系统的整体健康造成威胁。将所有影响环境的因素合计为一个，例如人均占用的公顷值的简单指标的观点也受到了批评。因为在例如国内生产总值（gross domestic product）等以经济学为度量标准的指标中发现的缺陷，在"资源简化论"（resource reductionism）中也同样存在（Doughty & Hammond，2004：1229）。然而，Rees & Wackemagel（1996）认为，尽管生态足迹（ecological footprint）并不能完美衡量城市发展的可持续性，它仍然可以用来估计可持续性的差异（足迹与承载能力间的差异）的现状，检验基于不同发展路径和 / 或不同的技术选择的情况，并通过时间序列的研究方法来监测进程。

对于清单类型的指示系统和总量指标作为研究城市可持续发展的一种方法而言，另一个主要的缺陷，是它们无法研究城市可持续发展进程的系统性和动态性（Bossel，1998：74）。尝试采用系统性来认知可持续发展，首先应该理解城市新陈代谢的观点，新陈代谢的观点将城市视为一个生态系统：既有能量和物质的输入，也有废物的输出（Newman，1999:220; Du Plessis，2009）。

3.4　货币（资本）方法

还有很多其他的方法可以用来评估可持续发展。其中，资本（货币）方法引起了人们的重视。这种方法试图用不同种资本的总和以及它们间的相互作用，来计算国家财富，这些不同种资本不仅包括金融资本和制造业产品，还包括自然、人类社会和制度资本。这就要求所有形式的资本应按照统一通用的方式来计算，一般是采取货币方式。

建立在这种方法上的可持续发展指数的框架多种多样，但通常来说，所有的框架首先应该确定发展的方向，第二，如何能使这些发展为可持续发展。这便引起了我们的思考：我们目前拥有什么资源供我们所用，还有，我们是否采取了适当的方式管理这些资源，使它们将来能够保持和进一步发展。很明显，在货币资本方法中，重要的是不同类型资本的相互替换，这是个很复杂的问题。这里有一些众所周知的替换例子：机器替换人力劳动，可再生能源代替不可再生能源，合成材料替换一些自然资源。未来的技术革新和人类的创新发明还会大大拓展替换的范围。然而，也有一些资源是非常重要而且不可替代的，例如，稳定的气候或生物多样性。

使用货币指数也存在许多挑战，包括如何用货币形式来表述所有类型资本的争论，数据有效性方面的问题，对可替换性的疑问，以及国家内部和各国间代际公平（intra-generational equity）的问题。尽管如此，在可持续发展的进程中，使用资本的方法来对其进行追踪，能有效地帮助作出决策，这一领域的研究仍在继续。

3.5 驱动力—状态—响应模型

驱动力—状态—响应（DSR）框架（图3.3）是从以前的压力—状态—响应模型（OECD，1994）变化而来，后来扩展为驱动—压力—状态—影响—响应（DPSIR）框架，在这个框架中，人类活动和外部力量（即驱动者）被认为制造了压力，促使生物物理状态和社会经济环境发生变化，进一步导致人类聚居状态发生变化。接着，社会对压力或状态的变化作出响应，制定政策或计划来防止、减少或消除压力及它们的影响。这些响应反过来制造了新的压力。

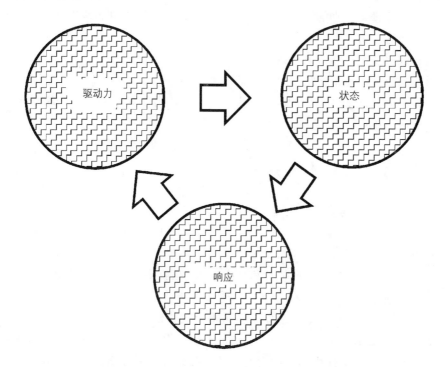

图 3.3
驱动力—状态—响应模型

DPSIR 仍然是构建各个指数的最著名的框架（参见第4章）；它也是开展欧洲环境影响分析的最重要框架（参见第5章）。驱动力指数描述了对可持续发展会有正面或负面影响的过程或活动（例如，污染或学校招生人数）。状态指数描述了当前的情况（例如，儿童的营养状态或被森林覆盖的土地），而响应指数反映了以可持续发展为目标的社会活动。

这个模式是用来对可持续发展委员会（CSD）在联合国可持续发展项目中提出的指数进行分类，在第4章中会对此作更详细的阐述。而压力—状态—响应框架的变异模式，仍在那些更为关注环境的指数集里使用，CSD指数在2001年进行的修订废止了DSR框架，主要是因为它不适合解决问题间复杂的内在联系；把指数按照驱动力、状态或响应来分类，往往是很不明确的；在因果链接中存在不确定性；它无法充分地突出指数和政策问题间的关系。

3.6　基于问题或主题的框架

基于问题或主题的框架是应用最广泛的框架，官方的国家指数集尤其适用于此框架。在这些框架里，指数按照与可持续发展的相关性，被分成各种不同问题。这些问题或主题主要是在政策相关性的基础上确定的。世界上已建立起国家可持续发展指数的大部分国家，基本是把指数建立在主题框架的基础上。地区战略和指数方案也是这样，比如波罗的海 21 号行动方案、地中海可持续发展战略中应用的指数，以及欧盟的可持续发展指数。

主题框架应用广泛的主要原因，是它们能将指数与政策过程和目标连接起来。它可以为决策者提供清晰而直接的信息，并有助于与公众的交流和提高公众意识。主题框架也非常适用于监控进程，以达成国家可持续发展战略规定的目标。主题框架能够非常灵活地进行调整，以适应新的优先级和政策目标。不幸的是，不同国家的主题并不总是一致的，因此，各个国家和地区的比较和基准使用中，主题类型框架不都是适用的。

3.7　财会框架

基于财会框架的指数系统，只从一个数据库中提取所有的指数，并将相同部分的指数聚集在一起，使用一致的分类和定义标准。最典型的例子是"整合的环境和经济会计系统"（SEEA），这个系统由联合国统计委员会携手国际货币基金组织、世界银行、欧盟和世界经济与合作组织率先推出。通过账户的卫星系统，SEEA 将国家财会推广到环境方面。因此，很明显，它与标准的国民账户核算体系（SNA）有紧密联系。SEEA 包括以货币形式表示的账户，还有以实物形式表示的账户。它允许构建一个通用数据库，可以用一种统一的方式，从这个数据库中提取经济和环境领域的最通用的可持续发展指数。有几个国家正在使用 SEEA，而且提议将其作为国际统计标准。

综合的国家账户框架，比如 SEEA，并不是专为解决可持续发展问题而建立的，因此并没有将可持续发展涉及的所有方面的问题考虑进去，尤其是社会和制度方面的问题。然而，一些这样的问题正通过两方面的努力来解决，一是通过整合人力资本来扩展系统，二是探究将框架与国家账户体系保持一致的社会核算矩阵（SAM）相结合的可能性。

SEEA 的应用，可以改进嵌入资本框架和基于主题框架的可持续发展指数系统。在资本框架方面，SEEA 将有助于将模式化的、估计的数据，转化成直接可获得的资本度量值。

材料和能源流核算（MEFA），是这种应用的一个例子，MEFA 由 Haberl 等人提出（2004：201），由三个部分组成：材料流核算（MFA）、能源流核算（EFA）和净初级生产的人力占用（HANPP）（2004：204）。根据作者所述，MEFA 可以将社会经济动力学（例如，货币流、生活方式或时间分配）与生物物理学的社会经济存量和流量联系起来，还可以将以上这些与生态系统过程联系起来。

3.8 评估方法工具箱框架

大量框架都是近几十年由目标研究项目（例如，BEQUEST，CRISP，LUDA，可持续性测试等）或者专有网络（例如，CIB：国际建筑研究学会）建立起来的，目标是为设计和建立建设环境评估方法工具包（参见第 5 章）提供基础。

这些框架（和相关的成套方法）用来提供一个全面的分类系统，这个系统包括评估方法、程序和指数，目的是帮助作出决策和提供相关的完整的信息。例如，BEQUEST——建设环境质量时序可持续性评估（欧盟第四框架计划资助的一个项目，2001），此框架描述了城市发展的四个方面：开发活动，环境和社会问题，空间层次和时间尺度（参见图 3.4）。

（1）开发活动包含大量活动及其子活动，也就是，计划（战略性的和局部的）、房地产开发（公共和私人的利益）、设计（城市、建筑和部件）、建造（新建、翻新和拆毁），还有运营（使用、设施管理和维护）。每一项都代表了独立过程，越是关注可持续发展，越能对实践和评估有帮助。

（2）环境和社会问题包含了人类的各种活动，这些活动对发展可持续的程度产生影响。这些活动伴随着环境、经济和社会的压力而产生，也可看作是压力导致的结果。环境压力包括自然资源的损耗、污染、土地过度

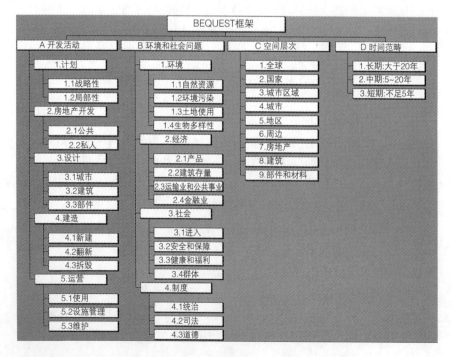

图 3.4
BEQUEST 框 架（来源：Deakin *et al.*, 2001. Reproduced by permission of *The International Journal of Life Cycle Assessment*.)

使用和生物多样性的减少。经济压力往往是生产损失、腐朽的建筑存量、和／或不充足的融资或激励体制的原因。运输业和公共事业是重要的工业部分，它们影响其他经济部分，也受到其他经济部分的影响。社会压力可能包括缺乏公共设施、缺少安全保障、健康状况不佳或福利的普遍丧失，往往伴随着一种脱离群体的感觉。想要获得平等的使用资源、社会参与和司法救助的权利，良好有效的管理是必不可少的；这些都是制度框架的组成部分，对于可持续发展来说是不可或缺的。所有这些方面，加上生命的精神方面，构成了伦理道德系统。

（3）空间层次：城市发展会在不同的空间层次上发生，从整个城市到单独的建筑再到建筑的材料部件。同样地，从当地到全球范围，我们都可能感觉到环境的影响或其他社会经济的潜在影响。一项计划的提议可以从邻近地区的层次，对环境、经济和社会造成不同的新的工业和商业方面的影响，这种影响也会延伸到整个城市的范围。建设新建筑可以影响原材料的提取和组件制造，排放出来的废气废液会影响当地甚至全球范围的环境，等等。

（4）时间尺度：BEQUEST 使用的时间尺度的规定是，短期：0~5 年，中期：5~20 年，长期：长于 20 年，这样的时间尺度是经济和战略计划中常用的尺度。

BEQUEST 框架因其影响了其他类似框架的发展，比如 LUDA——大型城市贫困地区（参见图 1.11），和 CRISP——建设和与城市相关的可持续性指数，受到了几位研究者的质疑。Kohler（2002）在他对 BEQUEST 项目的评论里，指出了其大量缺点。首先是它依赖于集成式方法对不同类型的干预进行评估，而这些干预本质上是一个复杂和动态的系统。第二个缺点是，许多这类评估方法不仅是数据密集型的，但是标准和指数本身的准确性还未得到验证。然而，这种方法最大的缺陷是，它不太适合对城市的系统化进行分析，因为本质上它是一种公式化的、机械化的方法，而不是采用系统化的方案在城市发展进程中解决与可持续性有关的注意事项（Du Plessis，2009）。

据 Du Plessis（2009，86）的报告，这种方法的危险性已由 Forrester（1969）指出，Forrester 主张将动态系统的方法应用于城市，改变试图用线性的因果论解决问题的做法，因为这种做法只会造成更大的问题。首先，试图缓解一系列症状的做法只会导致一种引发不良后果的新的系统行为模式。第二，试图在短期内有所改进，往往会造成长期的衰退。一种机械式的清单方法，将阻碍决策者对城市系统不同部分之间的决策的相互作用的理解，这样可能会对系统其他部分产生预期外的不良后果（例如，建设一个工厂提供了就业的机会，但也会造成水资源污染和空气污染）。BEQUEST 团队提出，研究城市的可持续性需要一种能够考虑到城市各个部分关系的方法（Hamilton 等人，2002：110），这本书中将对此作进一步扩展，并提出一种把城市作为（多维度）系统来看待的全新的研究城市可持续性的方法（参见第 5 章和第 6 章）。

3.9 小结

从上文可知，城市可持续性的最主要方法是机械学和简化论的研究范畴，但是这种研究忽视了问题间的系统化关系，以及能够体现存在特性的动态变化过程。即使人们直觉上感到城市是一个系统，但研究城市可持续性的方法中也还没有体现出这一点。另外，现在的研究方法，因其没有充分重视可持续性发展的基本问题——怎样发展人与自然的健康关系而受到批评。大部分研究方法是基于一些问题或补救措施的假设未经验证并带有意识形态色彩的量纲和标准，同时随着达成政治共识的过程逐渐形成。

一方面，上述概念性的指数框架对于聚焦和阐明测量项目、测量的预期效果和使用何种指数，都是很有帮助的。大部分这些概念是有效的，尤其是在环境问题方面。这些概念性的框架为我们提供了一个战略层面上的概念性标准，使我们能将其应用于一个新的或现存的发展，来确定这个发展是否是可持续性的。在自然步骤和生态足迹方面，这两种评价方法通过关注环境过滤来研究可持续发展的问题，而人们做出造成这些问题的某些行为的原因被极大忽略了。可持续发展的中心是最终结果而非导致这些结果的过程。当然，应用到决策实践中时，这两种评价方法更多地能阻止驱动过程以及评价标准，这有点像评估新政府的议会选举。最终结果是显而易见的，但是要弄清人们为什么会这样投票的原因，却需要更多的分析，以及知晓大量在选举时期与人们相关的因素。这就需要对人们的文化和生活框架相当了解。这个框架包括人们喜爱的价值体系和能反映这些价值的法律、道德框架。这些问题都不会明显反映在自然步骤和生态足迹这两个系统中，尽管人们对环境和人类物种长期繁衍的关注都在这两个系统中表现得很明显。

社区资本的概念把问题深入扩展了。它关注更为广泛的问题，这些问题最终对人们干预环境的方式会产生影响。但是，它把这些问题看作资本，在这一背景下资本指在任何时候都可以使用的财富和资源。这些资源是耗尽了还是增加了？我们的后代能否使用这些资源？或者说，这些资源是否会减少或消失而不能让后人使用？自然资源的情况可能变得很糟，除非发现了可再生的替代资源，或者太空旅行成为现实后，我们能开采其他星球。而这些都是未知数，我们可以认为在我们作出决策的时间范围内，太空旅行不可能实现。我们无法预知科技的发展是否能创造出代替资源，所以也无法基于这种预期而制定任何关于可持续发展的战略。在代替资源出现并满足我们需求之前，我们可能已经极大程度地破坏了地球，这种破坏可能会无法补救。

不过，社区资本概念的引入是非常有用的，因为这种方法通过考虑人类行为、价值观和判断力来解决问题，这些都是决策者作决定时必须涉及的问题。然而，它仍存在一些局限性。这种方法仍然是监控的最终结果，而不是监控我们与资本增加或减少的相互关系。系统中的过程是含糊而不明确的。这有点像关心你房子的价值时，却不考虑最终形成了我们所说的房屋价值的众多的过程、决定和外部因素的共同作用。房屋价值的概念很大程度上是经济概念，但它源自供给和需求。需求从住宿要求（浴室、厨房等）和地理位置方面反映了房屋的社会价值，其中地理位置也许是决定房屋价格的最重要的可变因素。供给方将按社会需求提供房屋，房屋是否有贴砖外墙、两个浴室、带给人舒适感的加热和制冷设备、贴金的水龙头，等等。另一方面，社会可能希望控制这些问题，所以制定法律，或授权给当地政府机关，或引入反污染立法来做各种限制。

这些可变因素间相互联系的紧密性和它们相互作用的方式，都是很重要的。另外，资本概念没有指明什么会影响什么，还有会影响到什么程度。很明显，这些是任何框架都很难找到解决方法的问题。不过，也许我们应该做的是寻找一种方式，既能保持所有这些概念的完整性，又能进一步使我们理解这些概念的相互关系以及它们对可持续性的影响。这可能需要最宽泛地扩大参照范围，才能进行可持续发展研究，因为实际上我们可以认为，世界上发生的任何事都会对可持续性和可持续性发展问题产生影响。在第6章里，我们试着提出另一个框架，对这个问题进一步阐述。

目前，我们将把焦点从框架、过程和相互关系上，转移到恰当地评估可持续发展的进展上。评估方法对于这种监控来说非常重要，而且它们对制定未来的目标、评估影响可持续性的可变因素重要性也很重要。没有这些评估方法，则很难以合理而准确的方式，对可变因素分等级、按优先顺序排列和权衡利弊。

第4章
指标和测量

正如第 3 章中所说的，可持续发展理论和核心价值的多样性导致了不同框架的发展。主要区别在于他们怎么定义可持续发展的核心要素，这些核心要素之间的联系，需要衡量问题的分组方式以及证明所选指标和指标集合的概念，本章特别关注的是衡量可持续发展过程的指标。

4.1　为什么评估

如果我们想要合理评估，我们需要足够的信息来让我们作出慎重且正确的决策。可以用精确到多个小数位的方法来衡量很多东西，但是在一定范围内，数据的精简能够带来额外的好处。事实上，在一些情况下，太多的细节信息反而起到反作用，因为这些细节会给我们带来困惑与苦恼，会给我们一个精准的假象，也会增加计算难度。想象一下，将所有计算的详细信息放进生态足迹的输出结果中。我们会将累积的数据以小数点后几位来表示，但是需要注意几点：第一，很多输入的数据是概算的；第二，这些数据现在可能已经过时了；第三，承载力的转换并不是一项精准的艺术。然而，输出结果并不会因广泛的近似而贬值。它提供一个不同团体之间的相对价值来让我们得出合理的结论。

举一个我们日常生活中的例子，当我们要去驾车出游时，我们不需要精确地知道汽车油罐里还剩下多少汽油。测量的目的是告诉我们什么时候再去加油以免汽油用尽了。我们知道当液位计显示为空时，无论有没有警告灯，我们都能有足够的汽油去找到一个附近的加油站。在长途旅游时，当它半满的时候我们能够粗略估计什么时候应该加油。指示剂必须具有实时功能。如果汽油液位计只在行程开始时显示还有多少油量，而不能在旅程过程中一直让司机知道，那用处不是很大。同时它提供的信息必须是及时和有效的。指示表的形式可以是不同的，如装盘式的或者电子表式的，但是目的都是一样的。这些粗略的指标，衡量的方法，呈现的方式足够达到我们使用它们的目的。如果反过来，我们想要了解车的油量使用效率的情况，我们可能要衡量每滴油的使用情况和走过的精确距离。

所以衡量指标（indicator）是为了适应某种特定需求的衡量方式的表现形式。他们是总结系统的特点或者着重表明系统即时情况的一些信息碎片，指标能够简化复杂的现象，也能衡量一个系统的大致状态。指标能够帮助你知道你在哪，要往哪个方向去，还有多远，指标也能够评估现在的状态和为未来提供建议。指标能够在一个问题变得非常严重前给予提醒，在一些情况下能够帮助使用者认识到需要做什么来解决问题。在一些情况下，把很多指标放到一起来对正在发生的情况做一个综合的评价是很有用的，这叫作指标体系（index）。但是，指标体系本身就是一个指标，是对构成它的所有指标的一个简化。

据欧洲环境署（EEA），指标能够当成交流的工具：（1）将复杂问题简单化使他们能够为广大用户使用（如非专家人员）；（2）能够在因果链的薄弱环节指出明确的步骤，有利于决策；（3）创造一种衡量环境进展的方法，使决策者和外行能够处于知情状态（EEA，2007）。指标这种能够到达目标客户的能力决定了它的成功。所有好的指标都有如下的特点：

（1）他们必须是相关的，适合他们要衡量的目标；

（2）必须是可靠的，以便让人相信这些指标提供的信息；

（3）必须是易懂的，即使不是专家也能看懂；

（4）数据必须是易于获得的，当还有时间可以行动时能够收集数据。

但是，由于可持续发展是一个多方利益相关的过程，相关指标必须同多个不同参与者相协调，所以好的指标有额外的特点：

（1）必须在空间尺度（spatial scales）和利益相关者利益之间是可以转让的／可比较的；

（2）必须是互补的——显示多尺度利益互惠（multi-scalar）；

（3）必须能够对可持续发展的有形方面和无形方面都能作出说明；

（4）必须能有效地展示对知识社会的转变——例如：能够区别只是做一个"好的邻居"，还是做一个对整个社会有益（如带动当地虚拟利益集团发展）的人；

（5）必须是利益相关者（城市、市民、商人、建成环境专业人员）有自下而上的需求驱动，也有从上往下的需求驱动。

4.2　传统的指标和可持续发展指标的对比

读者可能意识到，现在世界范围内有很多指标。所有的发达国家都有很长的数据收集的历史，以利于作战略决定，特别是为政府提供决策建议。这些指标主要用在经济领域，因为一个政府的经济表现对它的存在以及投资金融还是贸易市场的建议是至关重要的。这些应该是衡量就业、通货膨胀、投资等级、国民生产总值趋势的方法。最终这些方法应该一致，以利于国家之间的比较。

其他的部门也使用类似的方法来衡量他们的表现。例如医疗部门想要衡量预期寿命或医院的候诊名单或每个患者的花费效率。教育部门想要衡量每个学生的教育成本或在学校标准测试中的表现，或某一区域的学校表现排名榜。交通部门想要通过核查经过某个检查点的车辆数或者出行人员乘坐公共交通的公里数来衡量一个地区的拥挤情况。随着职能的增加，指标的数目极大地增长了。应该认识到，这些指标的大部分是一些专家为了评价某个特定的特征而从设定的模型中衍生出来的。根据需要输出的结果，使用怎样的测量方法可能存在争议。

可持续能力引发了一些用传统的方法反映不出的问题。例如大多数国家的经济状况是用国民生产总值（GNP）来衡量的。国民生产总值驱动大部分政府议程，同时也用来衡量繁荣程度。但是可持续能力关注长期的生活质量，它更关注长期的繁荣和生活质量的潜在问题。传统的 GNP 可能不能反映这个问题。例如，一个经常发生车祸的国家，很可能国民生产总值一直处于增长的状态，因为车祸会导致医疗、新车购买和车辆维修的需求增加。这些会推动 GNP 的增长，但是很难说这些使可持续能力得到了增长，或者说生活质量得到了提高。另一方面，如果大部分的市民决定步行去上班，那么民众会更健康，就会需要比较少的医疗服务，但是 GNP 会减少。

举个其他的例子，传统的指标会用电力的成本来衡量电能，但是这个只是消耗的成本，没有考虑能源的利用率，这个对于说明可持续能力的发展是没有意义的。如果成本降低了，消耗量可能会增加，从自然资源和空气污染的角度出发，这是不合人意的。

另一个用来说明生活水平是否良好的指标是家庭收入的中间值。家庭收入中间值的定义是在任何一个地区，有一半的人收入高于中间值，有一半的人收入低于中间值。这种衡量方法没有将生活水平与社会福利和良好环境联系起来。所以如果一个地区的中间值提高了 5%，但是通货膨胀率提高了 10%，这个地区的生活水平与其他保持一定生活水平的地区相比，实际上是下降的。所以一个更好的衡量方法，可能是关注人在特定的社会背景下，且在满足生活的基本需求前提下，能否依靠中等收入生存。另外一个问题，可能是这个 5% 的增幅是以消耗不能再生资源为代价的，这样就破坏了环境。因此，通过关注因为消耗不可再生资源获得收入的人口比例可能是一种更好的衡量方法。

这个问题的简单介绍引起了很多问题，并明白两个问题对更深入研究是至关重要的。第一，现有的衡量方法在过去的一个世纪一直在发展和使用，现在看来，这种方法是不合适的（至少对于可持续部门来说），那我们从哪里搜集这种新的衡量方法的数据？第二，当我们衡量一种发展方式是否可持续时，需要多少个指标来让人觉得这种方法是可信的？

第一个问题很好回应，但是不好实现。在过去的某个阶段，决定使用现有的衡量方法时决策人也面临着相同的问题。随着时间的推移，它不断发展并且加入一些新指标，所以我们拥有现有范围内的指标。同样的情况会发生在可持续性能力指标上，如果以政治意愿来保证可持续发展能力成为所有政策决定的关键问题。例如，大家都认识到，用户参与度对可持续能力指标制定和广为接受是很重要的。利益相关者的地方性知识（local knowledge）可能对于制定更加有效的指标有帮助。参与度也能保证决策制定过程、政治承诺和成果所有权的相关性。参与的过程能够体现社会利益、价值观和优先权的冲突，这些都必须考虑在指标制定范围内（Sunikka，2006）。

数据的获得问题不那么明显，但是依赖于整合系统的发展，还有遥感技术等工具，这些工具能够自动获取并且分析信息，以便更广地应用。毫无疑问，我们正朝着这个方向前进，关心获取的信息类型，同时也担心获取信息的隐私性。

技术上来讲，很多问题已经解决了。也许最主要的问题是社会在改变市民行为方式的路上决定走多远。在这个问题上，隐私和个性是很重要的。一个显而易见的例子就是商界。尽管很多公司报告现在包含一些能够用于环境和社会表现指标的信息，很难让他们把获取的信息共享。一些信息涉及商业机密，这些信息能够提供商业优势，商人也缺乏提供负面信息的动机，因为这会损害他们的声誉或利益。朝可持续能力的方向努力还需要识别和减少污染问题等，特别是对于一些承担大部分商业活动的中小企业来说，这是必须要填满的一个鸿沟。

仍然有很多指标由于社会问题和政治问题很难获取。另外，如果我们使用这些方法，有时会放弃人类社会文化的多样性，从可持续发展社会的角度来看，我们可能会失去一些重要的东西，比如审美艺术和文化遗产。怎么去全面衡量他们对社会的意义？

不仅如此，我们现在对这些问题的看法也迅速改变，现在看来，合适的评判方式可能不被后代认同。从社会怎么对待建筑物的观点就能反映。一方面，想推翻既有建筑然后建立一个全新的现代建筑，另一方面，不久后又想保护既有建筑，把它们当成是能代表过去的共有遗产。除此以外，人们对于建筑审美的标准也随着时尚的改变而改变。

仍需大量的工作来将大众融进制定政策的过程。尽管和科学联系越紧密，通过指标识别和跟踪材料的问题变得更加精细，但是即使在很小的地理范围内，设置标准和固定指标还是存在很多困难。这是因为，环境的重要性在不同区域也不同，文化的不同会导致遇到不同问题的关注度不一样。自 2000 年以来的欧洲民意调查表可以反映出这点（例如，欧盟，2005 年）。

另一个问题是制定的被大众认可的识别指标（Sveiby & Armstrong，2004）。事实上，获取信息的方法在很大程度上都不一样，不同方法在不同文化背景下有不同的效果，这些变化使得指标更加难以量化，人们的行为态度模式转变很快，有时在短时间内难以做出长期的监督计划。到目前为止，欧洲经济是否在朝着可持续发展还是背道而驰，这个简单问题还没有答案，因为一致的指标和整体框架没有得到实现。

要判明所有的可持续发展争论，需要新的方法和全新的方式来看待我们需要的数据。

4.3　普通问题和特殊问题

无论我们采用什么方法，我们必须认识到，它不是完美的，它也不能体现事物是否可持续的每个细微差别。它可能是有用的指标，但不一定精确。还有个问题需要重申：我们需要多少个指标？指标太多，这个系统可能面临不被使用的风险，因为这需要花费大量时间收集和分析数据，或者使用者感到疲劳，或是没有经济价值；指标太少，就可能遗漏衡量一个事物是否可持续（例如建设环境是否可持续的问题）的关键特征。有很多人尝试列出一张指标总表，但是都有严重问题。联合国关于指标状态的报告中指出，很多人设计大量的指标，但没有收集足够的数据证明其可行性，导致很多指标没有被使用。

从目前来看，选择何种指标来衡量可持续性没有统一的意见，这些指标应该包含什么、衡量方法是什么也没有达成一致意见。当然，这种情况在每条规则形成的时候都出现过。不可能突然所有人都达成一致，提出一系列架构和方法。大量的对话、争论和寻找共同点的真实意愿不可缺少。不幸的是，即使他人提出了更好的方法，人的本性会使他坚持自己提出来的方法。在某些阶段，有权力的执政者应该采用一种特定的方法，使其他人遵从这种方法，从而达成一个决定性的不易改变的意见。在可持续发展的问题上，有权力的执政者目前是联合国，后文也会提及。但是联合国绝对不是主导者，现在全世界范围内仍有数百种方法同时被使用。

这导致了另一个问题，到什么程度算达成一致？在一般性问题上，我们很容易能够达成一致，那么就剩下了遵循精炼和选择的演变过程的二阶的问题（second-order）。例如，如果关于可持续性发展的一个关键问题是"有的利益相关者到假定的建议，承诺和愿景是什么层级的？"我们可以将其他问题从一般性问题中理出，放到一个特定的社区环境中分析，这个社区能承担自我发展并拥有问题处理的优先级。在英国，要为一个败落的网站写一份新的商业企划，我们也许要寻求政府的支持、规划主管机关的支持、财务的支持，等等。另一方面，如果我们想评估一块历史地段是否重建，也需要问同样的问题，同时也要咨询社区对于这块地段保护的意见，还要考虑关注艺术与历史保护的国家历史委员会及其他部门的想法等。实际上，由于指标的复杂性和相互依赖性以及大部分发展的外部含义，要设计一个在第二层级都适用的方案几乎是不可能的。当每个提案与之前的不同之处需要列出不同问题和不同的评价标准，我们会发现，这张指标总表越来越长。可能这样说过于糟糕，因为至少对某种特定的发展类型有足够的一致性。但同时也反映了达成一致性的难度，表明了我们应该把我们的精力放在一些能够取得一致性的大的共性问题上。为了达到这个目的，我们需要一个强有力的结构来给出这些问题的大纲，本书的第 6 章会具体讨论这些问题。

4.4　国际指标

所有解决可持续性问题的人有一个强烈的意愿，那就是提供一个以可持续发展参数体系为基础的指标集。前面的讨论明确表明了这些指标需要在一个很高的策略层面，这样以便在下一个层面的工作能够满足本土文化环境的需要。目前的发展情况表明，联合国的发展指标最有权威，并且会取得最大范围内的应用。实际上，这些指标的目的是获得大范围的支持和使用，以便可持续发展的概念能够在所有国家机构使用，并且能够在国与国之间对比。

关于现阶段采用的指标仍然存在问题。一些发达国家认为这些指标过于简单，不能反映实际情况的复杂性，同时认为，这些指标之间可以相互折中，例如通过种树来抵消 CO_2 的排放。无论如何，联合国发布的指标被广泛接受，也是世界范围内许多其他指标的基础。他们有不同的可持续发展类型：社会、经济、环境和制度层面（文献中称之为"四根支柱"）。

他们是基于驱动力—状态—反应框架模型，这个在前面的章节有所提及。

在联合国可持续发展项目组发布的第三版修订后的可持续发展委员会（CSD）指标中，关于"四根支柱"的指标划分不再明显。这种改变的目的是强调可持续发展的多维属性，反映整合这"四根支柱"的重要性。

在新修订的指标中，联合国明确引用了 2000 年 189 个国家认同的千禧年宣言中的千年发展目标（MDG）。这些是在 20 世纪 90 年代根据全球形势制定的在 2015 年前完成的目标。这些目标是（见修订版 MDG 检测框架，由联合国秘书长于 2007 年提出，http://mdgs.un.org/unsd/mdg/default.aspx）：

（1）消除极度贫困；

（2）普及全球初等教育；

（3）促进性别平等和提高妇女权利；

（4）减少儿童死亡率；

（5）提高母亲的健康水平；

（6）与艾滋病、疟疾和其他疾病作斗争；

（7）保证环境的可持续发展；

（8）建立全球性合作关系。

新修正的可持续发展委员会（CSD）指标中包含 50 个核心的指标，这些核心指标是 96 个可持续发展指标中的一部分。对于核心指标的介绍便于指标管理，96 个指标包括了额外增加的指标以使各国对可持续发展作更全面的区分评价。这些指标保持着 2001 年采用的主题框架和子主题框架，包括有：贫困，治理，健康，教育，人口，自然灾害，大气，土地，大洋，海和沿海，淡水，生物多样性，经济发展，全球经济合作关系，消费和生产方式（更多详情请见 United Nation 2007）。

显而易见，这些指标对于整个国家计划制定有很高的战略意义。实际上，从 1993 年开始，各国政府开始准备国家报告提交给可持续发展委员会来帮助监测各自的进程并分享经验信息，也是作为"机构记忆"追踪和记录国家为实现 21 世纪议程采取的措施。

用这些指标来理解当地的可持续力是可行的，但是在大部分发达国家，当地的情况就能反映这个国家的情况，这样在数据获取时怎么划分界限就成了难题。地方当局的政治界限很有用，但是会造成相当专制的历史先例，对于建成环境中的新发展，其他测量指标可能更合适，比如学校不同年龄阶段的空置率，接受大学教育的学生数量，当地人口年龄分布情况等。这些都表明，虽然我们能够接受普遍指标，我们必须要根据具体地理位置、当地具体情况构建灵敏的指标。

欧洲的可持续发展指数 SDI 范围大小有很大不同（Hametner & Steurer，2007），有的国家一套指标集只包括 20 个指标（例如法国、德国和挪威），有的国家采用了更全面包含 100 多个指标的指标集（比如意大利、拉脱维亚、瑞士和英国）。后一种情况的国家为了与公众交流，会单独用统领指标，并在专业用途上采用更详细拓展性的指标集合。指标集合的一个好处是，便于单独分析可持续发展的各个维度变化，其缺点是因指标变化方向各有不同而难以评价指标集变化的总体发展方向。

欧洲可持续发展指数 EU SDI 的框架主题为最一致提及的"经济发展"和"气候变化和能源"，"公众健康"是另一个被国家可持续发展指数纳入分析的重点话题，相反，国家很少为"善政廉政"和"国际合作"运用指标分析，这也体现在 2007 年修订的欧洲可持续发展指标文书中，其不再包含"善政廉政"的统领指标。2007 年欧盟统计局的监察报告中指出，"善政廉政"是个新领域，缺少足够有力的指标来反映。

4.5　聚合指标

单个的复合指标就是指选取一些不同的构件，然后把这些构件组合成一个单元。复合指标的明显优势是能够直观地看出指标从一个时期到下一个时期是进步还是退步了。另外，在计算指标值时，复合指标里不同构件（如环境、社会和经济方面）的相互转化值能够准确地评估。但是，建立一个矩阵来整合这些构件是非常有挑战的。复合指标也存在将一个复杂的系统过度简单化的风险，会导致得到潜在的错误信息。另外，即使使用单个指标，经常也需要将这个指标的变化分解成好几个构件来分析，哪个因素最大程度上导致了这些变化的产生。

之前已经有人研究怎么确定聚合指标来获取可持续发展的要素。很多聚合指标主要用来唤醒公众的可持续意识和吸引媒体的注意。这些指标没有提供可持续发展的全面情况，而是主要关注可持续发展的环境问题和资源管理。

这些指标包括：联合国"人类发展指数"（HDI），世界自然保护联盟（IUCN）的"福利指数"，世界经济论坛（WEF）的"环境可持续指数"（ESI），环境表现指数（EPI），世界自然基金会（WWF）的"地球生态指数"，还有发展重新定义组织的"生态足迹"和"真实发展指标"（GPI）。举个例子，环境可持续指数（ESI）整合了76个数据集：跟踪自然资源天然条件，过去和现在的污染程度，环境管理付出，社会改进环境的能力等信息，并将它们分为21个指标，最终整合成一个指标体系。环境表现指数（EPI）整合了16个与资源开发、污染、环境影响、能源利用效率有关的指标，最后形成了一个综合指标来衡量政策影响。

关于可持续发展更全面的指标包括世界银行发布的调整后净储蓄（Adjusted Net Saving）和真实发展指标（GPI），它是将资源消耗和环境污染引起的损害货币化，然后在传统的净储蓄里减去这些，最后加上教育方面的支出。这个指标也包含在可持续发展委员会（CSD）关于经济发展主题中的指标集合中。为了衡量真正的幸福度，在GDP中增加了家务和义务劳动的经济贡献，减去了例如犯罪、污染和家庭破裂造成的影响，以发展重新定义组织的真实发展指标（GPI）。这和由Daly和Cobb在1989年提出的可持续经济福利指数（ISEW）有关。

联合国人居署（UN-HABITAT）最近发布了城市管理指标（UGI）来衡量在城市治理方面的进程，这达成了与活动主张一致和能力建设战略的双重目的。从全球层面来看，这个指标能够用来反映好的城市管理在达成多发展目标（如千禧年发展目标和人居议程）方面的重要性。从地方层面来看，这个指标能够促成当地城市管理质量。这个指标反映了指标组织框架活动提出的优秀城市管理的四个核心原则：效率，公平，参与和责任。这个指标用来检测城市管理质量和城市问题（如减少城市贫困，生活质量、城市竞争力和包容力）之间的关系，详情请见Http：//www.unhabitat.org/。但是，如欧盟统计局在2007年监察报告中指出的那样："好的治理是官方统计的一个新的领域，缺乏健全的和有意义的指标"（Eurostat，2007b：268）。

所有这些指标面临很明显的挑战：数据的可获得性，方法、变量的选取以及变量的权重。不管怎样，这些正在进展的工作都在努力整合大范围的变量，以便决策制定者和公众理解。

4.6　讨论

现代可持续发展指标（SDI）进程于1992年的里约峰会中拉开序幕。

从那时起，出现了很多数据集，并且出现在国家可持续发展项目报告中的，大多是通过国内筛选得到的指标。上一节讨论的指标集都是联合国提出来的，不同地方的不同机构为了不同的目的，提出了几百种指标。

最近的调查估计有超过 600 种正式的可持续指标集被使用，还有更多非正式的指标作为大议程的子指标集（Horner，2004；Therivel，2004；Kazmierczak et ak.，2007）。在国际层面，很多指标经常用于建筑物、邻里和城市评估。第五章会特别说明可持续发展的评价方法和工具。不同地域层面上，可持续发展和知识社会的指标系统、指数和工具如表 4.1 所示。

不同地域层面的指标、指数和排名系统总览　　　　　　　　　表 4.1

全球	全球竞争力报告（世界经济论坛），跨国指数（联合国贸易暨发展会议），全球化指数（A.T. Kearny），全球化指数（世界市场研究中心），全球变暖趋势（政府间气候变化专门委员会）
国家	环境可持续指数（ESI），国家可持续生产能力（SNP），人类发展指数（HDI），可持续经济福利指数（ISEW）（Daly & Cobb，1989），投资回报（Odum & Odum，1980），生态足迹（Rees，2004），信息社会指数（KS），世界经济论坛（经济竞争力），地理信息系统，居民消费价格指数（贪污印象指数），快乐地球指数（HPI），每单位服务材料投入（MIPS），……
地区	世界自然基金会可持续能力清单，生态足迹，……
城市	21 世纪议程，建筑研究院可持续能力清单，社区可持续能力评价，城镇可持续能力计划和研究系统（SPARTACUS），东南英格兰发展局（SEEDA）可持续能力清单，SCALDS，绿色城市，生活质量模型，社区、能源、经济和环境可持续能力计划（PLACE3S），居民参与矩阵，民主指数，城市发展建成环境效率综合评价系统（CASBEE），ECOTECT，DOE2.2
社区	21 世纪议程，美国绿建筑协会（LEED™），建筑环境可持续革新（HQE2R），安全指数，……
组织	全球报告组织（GRI），G3，基准企业和相关技术的大学合作（UPBEAT），无形资产监测（IAM），世界可持续发展工商理事会（WBCSD），……
基础设施	土木工程环境质量回馈计划（CEEQUAL）
建筑	可持续建筑（SB）工具，城市发展建成环境效率综合评价系统（CASBEE），美国绿建筑协会（LEED™），PromisE，SPeAR，EcoCal，BREEAM，HK-BEMM，可持续建筑评价工具（SBAT），EcoQuantum，HQE，SuBETool，Qualitel，EcoEffet，EcoProp，LiderA，建筑全寿命可持续表现工具（Legep），绿色之星，可持续建筑季节指数（UNEP），建筑设计顾问，明尼苏达州可持续设计指导，……
材料	ECOPOINTS/ECO 文件；……

注：以上的清单并非包含了所有

目前大量存在的指标系统，表明了指标和评价方法在城市可持续能力研究上的重要作用（Lombardi & cooper，2007a，b，2009；Alwaer & Clements-Croom，2009；Lombardi et al.，2010）。但是，使用指标来衡量 / 评价一个城市的可持续能力或促进可持续能力的尝试，因某些原因遭到了批评。

其中一个主要的担忧是，很多指标的建立只针对某个特定的问题，而没有一个整体的框架结构，对城市可持续能力的定义没有达成一致。

（Alberti，1996；Mitchell，1999；Bossel，1998；Lundin & Morrisson。2002；
Lombardi & Cooper，2009）。更深层次的担忧，是具体到指标系统的细节
时，经常由于精确的经验数据不易获得而难以操作（Finco & Nijkamp，
2001:296）。

Du Plessis 在 2009 年指出，整合的指标系统存在更深层次的问题，即
它将城市可持续能力问题分解为一些更小的、简单的子问题，会被简化为
一些特定的比数，如每平方米能源消耗，每公顷人数，每户停车位数。简·雅
各布斯（Jane Jacobs）早在 1960s 对这种简化方法提出了批评，因为它试
图将一个缺乏条理的复杂问题变为可以独立解决的一些简单问题（Jacobs，
1992[1961]:438）。

Bossel（1998），Brugmann（1999），Meadows（1999）和最近的 Birkeland
都讨论过这个问题，很多指标系统的大规模应用（包括目前基于指标的建
筑评价系统）优先考虑回顾性分析而不是未来为导向的设计，这些指标系
统的使用提倡可测量的机械化方法而不是更革新的反简化方法，聚合指
标的分析方法增加了总资源流和系统交互的理解难度，阻碍了协同共生
作用，且数据处理过程以牺牲映射系统动力为代价（Du plessis，2009）。
Schendler&Udall（2005）支持此观点，他们认为，在能源环境设计先锋
LEED 等级系统前提下，基于指标的等级系统更有利于点分布设计而不是
整合设计或创新。

也许最具争议的是很多指标反映了设计他们的作者的主观倾向，"他
们都没有足够的证据"（Bossel，1998；Sveiby，2004；Adams，2006）。有
时我们总结结论甚至会忽略最常使用的数据。换句话说，主观决定常常确
定所采用的指标。如此，指标的发展随着政策的发展是个辩证发展的过程，
而不是实证理解的产物，这种实证理解将决定某个具体地域可持续能力的
构成因素且指标是否适合评估该地的可持续力。

地区的文化程度凸显了指标设计且被接受时民众参与度的重要性，对
当地知识了解的利益相关者会促进更有效的指标制定。参与度应与决策制
定过程、政治义务和结果知情权息息相关，参与过程会揭露社会利益、社
会价值观和社会偏好间的冲突。需要集中化措施来设计标准化可供对比的
指标，同时也要顾虑可持续发展决策制定过程中分散化的特点，怎样调和
两者的矛盾还没有得到确切的解答（Lombardi et al，2010）。

4.7　小结

综上所述，在全球层次、国家层次、地区层次、城市层次、社区层次、
组织层次、建筑层次和材料层次上总存在大量可持续性指标系统。很多指
标系统用于评估当前发展水平或以特定角度监察发展趋势。联合国确定的
各种类型指标将作为评估基线，但这些反映人类活动对于可持续发展造成

或好或坏的影响的指标仍存在缺陷，它们没有被合理整合。每个指标相互影响，这便导致离散测量不能实现的问题，每种方法将可能被赋予过多权重或过少权重。例如，经济指标在某个系统产生影响，若失业率低，收入高，则测定贫困的指标几乎不起作用。然而，某个社区的经济福利也会对房屋供应类型和房屋使用度产生影响，这也影响到社区如何应对环境问题（环境问题涉及大量投资），甚至这也影响到整个社区系统制度框架的制定。在提高指标质量时，这种相互依赖的特征将使衡量指标权重出现问题。显而易见，经济活动占有重要地位，一旦它的权重被赋予，其他方面便迎刃而解；另一方面，若经济水平提高，消费水平也将提高，反过来也影响了废料、污染和其他问题，也将产生更多车，更多包裹，更多旅游事业等。这便是为什么我们需要小心处理选择的指标。

危险是我们使用已有的指标但是发现在评估可持续发展问题时是不足的。因为它们是现成的，所以具有吸引力，但是它们可能传递错误信号，误导了决策者的行为方式。早年在建立看待发展的新方式时，就不可避免地会有一段从旧到新的转变。新指标被接受和使用的速度以及使其有意义而收集的数据依赖于各国和各世界团体的政治意愿。在下一章，我们将通过分析评估建筑物、邻里和城市中大多数指标在国际水平的应用来继续探究。

第 5 章
评估方法

为了获得进步，所采取的评估方法必须能够判断是否存在满足城市未来和文化遗产的环境承载力。这些工具必须能够评估城市发展进程中出现的人类居住形式是否具有社会可持续性（Deakin 等，2002a，2007）。评估方法还要能够评价是否已在可持续发展方面取得成就，最终要能够判断当前或未来所作的决策的正确性。

本文将"评估"定义为"以价值为基础，评价政策、活动对自然和建成环境的影响以及这些影响对社会的作用效果的科技手段"（Bentivegna，1997：25）。如若不能够评估什么有益于可持续性，我们将很难判断是否已创建出可持续性环境，因此对进程的监控同样重要（Brandon，1998）。

研究显示，目前使用的评估方法很多，但在学者间还未对普适的理论框架达成共识（Horner，2004；Curwell 等，2005；Deakin 等，2007）。补充研究表明一般将可能的环境评估观点划分为两大类：一类是认为它能够促进可持续发展（Bergh 等，1997；Brandon 等，1997；Nijkamp 和 Pepping，1998），另一类认为现有方法，以显示性偏好（如条件价值评估法）为例，不能评估非市场化物品和服务，因此不适用于可持续性评估（Guy 和 Marvin，1997）。

Deakin 和 Lombardi 认为，以上观点的划分有以下两点重要性。第一，它证明科学界以评估方法的特征和重要性进行划分；第二，它破坏了专业团队对这些方法的有效性和实用性的信心（Pugh，1996；Cooper，1997；Cooper 和 Palmer，1999）。

本书作者认为，环境评估方法能够促进可持续城市发展，问题的根本原因在于城市发展周期中与大量可持续性议题相关的各种活动的系统评价方法的缺失（Cooper 和 Curwell，1998；Curwell 等，1998）。这一观点得到了文献支持（如 Hardi 和 Zdan，1997；Devuyst，1999；Devuyst，1999；BEQUEST，2001;Deakin 等，2002a，2007;Curwell 等，2005a，b;Vreeker 等，2008）。

评估和监控的技术应该是公平透明的，以便输入输出不会偏爱某种特定意向,如若有此情况,各方应了解这种局限性。极少有技术是完全中立的。因此,了解一项评估所采用的技术对解决问题是否有局限性是重要的。它对于那些易于测量的方面可能具有局限性。易于掌握的方法未必能产生正确结果。

Francescato 认为，测量和评估之间存在区别。测量包括与可持续发展相关变量的定义及技术适用数据的收集和数据分析方法的利用。它主要处理可持续性指标而非进程和方法。另一方面，评估包括单个或一系列标准的绩效评价。绩效和标准只能基于价值判断，他们并不是可通过经验验证的。实际上"绩效"一词必须提供一种具有目标导向性的行为，该行为通过产生某目标实现时的特定标准而具有意义。

本书的主要目标之一就是为上文提及的价值评价提供一个全新框架，以便使其方法稳定、明白易懂，并能够解释一项决策的复杂性。本书同时要帮助认知当前评估方法中存在的局限和空白。这些将在第六章内容中说明。

因为不同规模需要不同的评估技术，在微观和宏观层面，显然城市环境的可持续性评估是一项运用多种技术而非单项综合方法的程序或进程（Mitchell，1996；BEQUEST，2001；Deakin 等，2001；Lombardi，2001；Bentivegna 等，2002）。

本章重点在于评估方法的有效性，以及它们在建成环境可持续发展评估中的分类和使用。同样强调了主要的局限性，以便各利益相关者能够适当参与进程（Bentivegna，1997）。然而，本章不会涉及可持续指标及第3、4章中讨论的指标分类体系。

5.1 评估方法目录

评估／测量工具目录是强调可持续评估模型和进程发展时需要考虑的重要条件，有时也称作评估"工具盒"。

目前已有评估建成环境可持续发展的若干评估方法目录。《可持续评估的高级工具》是"欧盟'可持续性 A—标准'项目"所提倡的一本有用的网络书籍（FP6-STREP Priority；领域：全球变化和生态环境，http://ivm5.ivm.vu.nl/sat/）。该电子书包括 50 多种常用评估工具的数据库：参与式工具、情景工具、多标准工具、成本效益分析工具、会计工具、物理分析工具和模型。

近期的 ECO^2 城市研究（Suzuki 等，2009）为评估方法提供新的分类，建议以下类别：（a）协同设计和决策方法（这是帮助城市承担领导能力和协作精神的可操作的进程方法）。（b）流量和形式分析方法（如材料流分析、生态设计、GIS 情景）。结合多种分析方法有助于揭示城市空间属性（形式）和物质资源消耗与排放（流量）之间的重要关联。（c）投资计划评估方法（会计方法、生命周期成本、事前风险缓解与适应）。这些方法的根本目标在于简化分析、评估和决策进程，为城市发挥领导、协作、分析和评估多种情景项目能力提供行之有效的方法。

其他研究项目从事相似评估方法调查，包括已提及的 LUDA 项目—大型城市受损地区（图 1.11），该项目提出并实施 BEQUEST 项目—建成环境质量可持续性评估（图 3.4）。后者着手选择正在被设计者、建筑师、工程师和调查者应用于建立可持续城市发展进程中规划设计和施工运行阶段环境承载力的 61 种评估方法、工具和程序的调查（Deakin 和 Lombardi，2005a，b；Deakin 等，2007）（表 5.1），并按事前、事后进行分类（表 5.2）。

评估方法、工具和程序清单　　　　　　　　　　　　表 5.1

1.Analysis of Interconnected Decision Area（AIDA）互联决策区域分析

2.Analytic Hierarchy Process（AHP）层次分析法

3.ASSIPAC（Assessing the Sustainability of Societal Initiatives and Proposed Agendas for Change）社会倡议可持续评估并提出修改议程

4.ATHENA（life cycle impact assessment of building components）建筑因素生命周期影响评价

5.BEPAC（Building Environmental Performance Assessment Criteria）建筑环境绩效评估标准

6.Building Research Establishment Environmental Assessment Method（BREEAM）建筑研究院环境评估方法

7.Building Research Establishment Environmental Assessment Toolktis 建筑研究院环境评估工具

8.Building Energy Environment（BEE 1.0）建筑能源环境

9.Building Environment Assessment and Rating System（BEARS）建筑环境评估及评价体系

10.Building for Economic and Environmental Sustainability（BEES 2.0）面向经济及环境可持续发展的建筑

11.Cluster Evaluation 聚类评价

12.Community Impact Evaluation 社区影响评价

13.Concordance Analysis 匹配分析

14.Contingent Valuation Method 偶然性评估方法

15.Cost Benefit Analysis 成本效益分析

16.Eco-Effect 生态影响

17.Eco-Indicator'95 生态指标

18.Eco-Instal 环境控制

19.Economic Impact Assessment 环境影响评估

20.Ecological Footprint 生态足迹

21.Eco-Points（a single unit measurement of environmental impact）生态点(环境影响的独立单元评估)

22.Ecopro 生态支持

23.Eco-Profile（a top-down method for environment assessment of existing office bulidings）生态效益法（一个对现存办公建筑自顶而下的环境评估方法）

24.EcoProP（a requirements management tool）需求管理工具

25.Eco-Quantum（Eco-Quantum Research and Eco-Quantum Domestic）生态总量研究

26.ENVEST（tool for estimating building life cycle environmental impacts from the early design stage）在早期设计阶段环境生命周期影响评价工具

27.EIA-Environmental Impact Analysis 环境影响评估

28.Environmental Profiles（BRE Methodology for Environmental Profiles of Construction）环境效益

29.EQUER 评估方法

30.ESCALE 评估方法

31.Financial Evaluation of Sustainable Communities 可持续社区的财政评估

32.Flag Model 信号模型

33.Green Building Challenge，currently changed in Sustainable Building（SB）Tool 绿色建筑挑战及可持续建筑工具的改变

34.Hedonic analysis 特征分析

35.Green Guide to Specification（Environmental Profiling System for Building Materials Components）绿色指南（建筑材料组件的环保效益分析）

36.Hochbaukonstrukionen nach okologischen Gesichtspunkten（SIA D0123）

37.INSURED 评估方法

38.Leadership in Energy and Environmental Design Green Building Rating System（LEEDTM）LEED 绿色建筑评估体系

39.Life Cycle Analysis（LCA）生命周期分析

40.Mass Intensity Per Service Unit（MIPS）服务单元质量强度

41.MASTER Framework（Managing Speeds of Traffic on European Roads）MASTER 框架（欧洲道路交通速度管理）

42.Meta Regression Analysis 元回归分析

43.Muti-Criteria Analysis 多重指标分析

44.Net Annual Return Model 净年收益率模型

45.OGIP（Optimierung der Gesamtanforderungen ein Instrument fur die Integrale Planung）

46.PAPOOSE 评估方法

47.PIMWAQ（minimum ecological levels for buildings and ecological degree of development projects）建筑的最低生态等级和发展项目的生态化程度

48. Project Impact Assessment 项目影响评估

49. Regime Analysis 制度分析

50. Quantiative City Model 定量城市模型

51. Planning Balance Sheet Analysis 计划资产负债表分析

52. Risk Assessment Methods 风险评估方法

53. SANDAT 评估方法

54. Semantic Differential 语义差异

55. Social Impact Assessment 社会影响评估

56. SPARTACUS（System for Planning and Research in Towns and Cities for Urban Sustainability）城市可持续发展规划与研究系统

57. SEA（Strategic Environmental Assessment）战略环境评价

58. Sustainable Cities 可持续城市

59. Sustainable Regions 可持续区域

60. Transit-orientated Settlement 移交导向的处理方式

61. Travel Cost Theory 移交成本理论

评估方法和工具分类　　　　　　　　　　　表 5.2

Brundtland 前的环境影响研究	Brundtland 后的生命周期评价形式	
	环境评估	环境影响评估
成本效益分析 偶然性评估 特征分析 移交成本理论 多重指标分析	互换性指标 生态效益法 生态足迹法 环境审计 信号方法 星型分析	社区影响评估 社会倡议可持续评估并提出修改议程（ASSIPAC） 经济及环境可持续发展（BEES） 建立环境评估方法研究（BREEAM） LEED 绿色建筑评估体系 建筑环境综合评价系统（CASBEE） 生态点方法 可持续建筑工具 欧洲道路交通速度管理框架（MASTER） 元回归分析 NAR 模型 定量城市模型 可持续城市模型 可持续社区 可持续区域 移交导向的处理方式

作者改编、整合

（来源：Deakin et al., 2002a; Deakin & Lombardi, 2005a; Deakin et al., 2007.）

　　Brundtland 前目录包括当前使用的大多数评估方法。它们可追溯至成本效益分析和作为该方法基础的折现原则评论（Pearce 和 Markandya，1989；Pearce 和 Turner，1990；Rydin，1992）。这些发展同样与非市场化的特征分析技术相关联，如下文提到的条件价值法和传播成本等环境评估方法（Brooks 等，1997；Powell 等，1997）。Brundtland 前方法注意识别影响（如利用清单和模型）并利用逻辑框架、财务分析、成本效益分析和多元评估等技术评估发展。成本效益分析广泛应用于对以上技术产出结果的评估，利用条件价值法、特征价格模型和传播成本方法（以 Pearce 和 Markandya，1989 为例）等显示性偏好进行环境（非市场物品）评估。

自 Brundtland 和 "21 世纪议程"（UNCED，1992）提倡在决策中考虑环境和发展的集成以来，评估技术一直置于环境保护论者更严格的监督下，而分别以环境为中心（以自然概念为主导）和以人类为中心（以人类各个方面为基础）的分析技术间的显著差异也有所体现（Rees，1992；Pearce 和 Warford，1993）。自然环境作为经济社会发展的基本支持体系，正在各种评估形式中得到越来越多的认可。这种认可已经促进许多关注能量和材料流的方法的发展，同时强调众多城市活动中的资源使用和废物利用。这也反过来导致了多标准分析这一环境评估主导方法的发展。例如建筑构件生命周期影响评估工具 ATHENA，强调材料流和单体建筑影响的 BREEAM 和 BEES，以及能够表达与清楚定义的环境可持续开端相对的城市、地区和国家消耗方式的生态足迹和环境空间方法（Breheny，1992；Selman，1996）。

表 5.2 所示的评估方法可以分为两类："总体环境"和扩大至多种形式的"生命周期评估"（Deakin 和 Lombardi，2005a，b）。"总体环境"方法倾向于关注生态系统完整性评估。这类例子包括成本效益分析和多标准分析。"生命周期评估"方式被进一步划分为"环境评价"和"环境影响评估"（复杂而先进的评价）。

环境评价方法包括兼容矩阵的产生，生态数据图表方法和环境审计技术的使用。环境影响评估包括项目、策略、经济、社会和社区评价、BEES、BREEAM、CASBEE、生态点和可持续建筑工具，它同样包括 MASTER 框架、五边形分布模式、可计量城市模型、SPARTACUS 框架、可持续城市模型、可持续地区、可持续社区和运输定位定居点模型等环境评估先进形式。

后者中的一些是复杂的计算机城市模型，集成了现有个体城市进程模型、地理信息系统和其他在可持续发展框架内评估、替代发展选择问题的决策技术（如 Delphi，多标准分析）。它们与传统城市模型是有区别的，因为它们面向可持续发展进程的方向，并不是为加深对城市土地利用、人口和运输进程的理解。这些方法倾向于关注建立能够证明生态系统完整性，而且能评估建成环境和城市未来之下的经济、社会和制度问题中公平、参与和远景的环境容量（Deakin 等，2002a）。

以上方法有两种用途：评估城市发展进程特定阶段的环境承载力（如规划、设计），以及更广泛地用于评价城市发展规划设计是否具有可持续性。这些更为广泛的用法表明了评估实践不断加强的跨学科属性。

评估可持续发展规划政策承诺的方法适用于城区、地方和居民区三个层面。这三个层面的分析也是评估主要基础设施工程规划设计的典型方法。

那些评价多种建筑设计、施工和使用部分的方法，将涉及的整体建筑、组件和材料作为分析的主要标准。

考虑到时间维度，存在评估城市活动短期、中期和长期（＞20年）时段的方法。然而，对城市重建的政策压力意味着对于影响评估的短期决策（＜5年），几乎不考虑其长期影响，尤其是代际间的影响。因此，建筑物的设计、施工和使用过程中，短期考虑经常应用并支配有争议的评估问题（如，Curwell 和 Lombardi，1999）。

5.2 现使用的主要评估方法、工具和程序的概要

本节给出广为使用的程序、工具和更多的评估方法的简短说明和主要局限，包括表5.2涉及的各层面的例子，Brundtland 前（即"总体环境"）和 Brundtland 后（即"生命周期评估"）。同时给出了主要评估进程或者说表5.1涉及的评估可持续发展的环境评估方法的"法定文书"（Deakin 等，2007），即环境影响分析（EIA）和战略环境评估。以下均进行了特别介绍：

法定文书

EIA（Environmental impact analysis）—环境影响分析

SEA（Strategic environmental assessment）—战略环境评估

Brundtland 前

CBA（Cost-benefit analysis）—成本效益分析

CVM（Contingent valuation method）—条件价值法

HPM（Hedonic pricing method）—特征价格模型

MCA（Muti-criteria analysis）—多准则分析

Brundtland 后

CIE（Community impact evaluation）—社会影响评估

ANP（Analytic network process）—分析网络进程

LCA（Life cycle assessment）—生命周期评估

BREEAM（Building Research Establishment Environmental Assessment Method）—建筑研究院环境评估方法

CASBEE（Comprehensive Assessment System for Building Environmental Efficiency）—建成环境功效综合评估体系

读者可以在以下网址中找到表5.1中的附加方法、进程和工具的简短说明：http://research.scpm.salford.ac.uk/bqtoolkit/index2.htm，http//www.ludaeurope.net/hb5/select.php; http://www.sue-mot.org.uk/ and http://ivm5.ivm.vu.nl/sat/，http://crisp.cstb.fr/db_ListIS.asp，http://www.aggregain.org.uk/sustainability/sustainablity_tools_and_approaches/index.html，and http://www.smartcommunities.ncat.org/landuse/tools.shtml.

5.2.1　EIA—环境影响分析

EIA 是一种综合程序，需要考虑规划问题的社会、行政和自然等多个维度。它作为一种识别所提发展潜在破坏效果的方法被发展使用。

该程序 1969 年在针对土地使用计划的《国际环境政策法案》（NEPA）之下于美国产生。随后 EEC 为所有成员国引入通用指令（85/337/CEE），并于 2003 年进行修订（指令 2003/35/EC），将 EIA 强制使用于那些对环境资源产生重大影响的项目。

新近联合国欧洲经济委员会已经将 EIA 原则扩展使用到政策、规划和程序之上（见下文 SEA）。

更具体地说，EIA 是评估项目自然和社会影响的一种方法，主要目标在于，确保在决策之前考虑其环境暗示并告知决策者和各利益相关者该项提议的环境影响。该进程分析对环境的可能的影响，将影响记录在报告中，依据报告进行公共咨询活动，在进行最终决策时考虑报告及评述，并将决策公之于众。IAIA/EIA（1999）描述了以下步骤作为 EIA 方法的组成部分：

（1）筛检以决定具体项目是否使用 EIA 方法；

（2）调查以确定有可能重要的影响；

（3）审查替代选择以确定有关环境方面的最急需的政策选择；

（4）进行影响分析以识别和预测提案的作用；

（5）通过缓和及效果控制，建立降低负面影响的方法（或机制）；

（6）当与提案所带来的益处相比，如果不能减轻的影响被接受时，需要对其重要性进行评估；

（7）环境影响评述（EIS）报告无须进一步说明；

（8）回顾 EIS 以评估报告的质量；

（9）进行决策、批准或拒绝提案；

（10）接下来是监控效果和缓解措施的效力，及反思 EIA，以巩固未来应用。

如上所述，EIA 提供了各种评估工具的应用框架，包括成本效益分析、多标准评估和大量共享工具（详见：Sustainability-test web-book at http://ivm5.ivm.vu.nl/sat/?chap=28）。

优缺点

EIA 的优点：该程序能够在确保环境影响决策进程的某一时刻被考虑到。不幸的是，在非财政方法及更普遍的 EIA 进程中仍存在一些方法上的问题，例如：在预测影响方面存在困难、缺少定义和度量、环境变化的实时监控、具体方法缺失、咨询和分享等方面的问题。目前，分析通常受到一系列环境因素的制约，这些因素未考虑人类系统相互依存的复杂性。

更多细节

（1）Department of the Environment（1993）*Environmental Appraisal of Development Plan: A Good Practice Guide*. HMSO，London.

（2）Warner，M.L. & Preston，E.H.（1984）*Review of Environmental Impact Assessment Methodologies*. US Environmental Protection Agency，Washington，DC.

（3）Zeppetella，A.，Bresso，M. & Gamba，G.（1992）*Valutazine ambientale e processi decisionali*. La Nuova Italia Scientifica，Rome.

（4）Bettini，V.（1996）*Elementi di ecologia umana*. Einaudi，Turin.

（5）IAIA/IEA（1999）. Principles of Environmental Impact Assessment. Best practice. International Association for Impact Assessment（IAIA）in cooperation with Institute if Environmental Assessment（IEA）. USA/UK.

（6）Sheate，W.R.，Byran，H.，Dagg，S. & Cooper，L.（2005）. The relationship between the EIA and SEA directives. *Final Report to the European Commission*. Imperial College London，United Kingdom.

（7）A great number of useful references to EIA-related publications and reports can be found at: http://ec.europa.eu/environment/eia/eia-support.htm;http://www.iaia.org/Non_Members/Actvity_scientific journal dedicated to EIA: http://www.elsevier.com/locate/eiar.

5.2.2 SEA—战略环境评估

SEA 是一种针对政策、策划和规划的综合评估方法，因其将 EIA 方法推广到具体项目之外。欧洲委员会一直支持将 EIA 从项目扩展到活动的更高层次，并于 1991 召开 SEA 指令的讨论会。以上结果是因为人们越来越担心 EIAs 项目可能在策划进程中出现太晚，以至于无法保证所有相关选择和影响都被充分考虑到（Therivel 等，1992；Wood，1995）。

作为"SEA 指示"在环境方面的某些设计规划效果评估的法定工具—EU Directive 2001/42/EC—2004 年 7 月在所有欧洲委员会成员国实施。该指示意图补全缺少特种项目环境评估的 Directive 97/11/EC。它的目标是为环境提供高水平的保护，并从促进可持续发展的角度，促进环境与设计规划的准备和采纳、交融。

与 EIA 相比，评估重点主要在于发展计划的战略和政策。这些战略和策略受许多驱动力诸如经济、社会和政策优先权的影响。个别地，或者作为一个整体，它们对环境都有显著的积极或消极影响。SEA 能够确定这些影响并提供替代方案，以便在最初策划阶段考虑这些影响。

和 EIA 项目一样，SEA 需要以下所有阶段：

（1）"筛检"，调查计划是否归于 SEA 法规之下；

（2）"调查"，确定所需调查研究、评估和假设的边界；

（3）"国家环境文件"，实际上是基础评价的基础；

（4）"可能（非边际的）环境影响的裁定"，经常依照变化的指示而非固定数据；

（5）通知并向公众咨询；

（6）以评估为基础影响"决策"；

（7）监控计划实施效果。

估价员的能力在于在所有不同的可用方法、工具和技术中选择一种恰当的组合。

有很多方法可用，包括空气质量、健康风险的具体技术，和政策影响矩阵等工具，能够鉴定对国家环境存量的每项政策影响。

优缺点

在战略层面使用环境评估的主要优势如下所示：SEA 介入的更早一些，因此战略活动能够影响实施项目的类型。它处理项目层面难于考虑的影响，如多重项目累计影响和大型影响（如生物多样性或全球变暖）。另外，SEA 促进了对可替代性的更深思考，因为它影响决策进程中存在更多可替代选择的阶段。它将环境和可持续思考与战略决策相结合。最后，它促进公众参与：至少，为公众提供了战略行动正式通过之前，对其进行评论的机会；乐观来说，允许公众积极参与到战略决策的全过程中。

然而，SEA 仍存在一些局限性，以及花费时间和资源。它依赖于多种定量数据，而这些数据未必能提供给城区或地方。该进程和机制都相对较新，也就是说，在基础数据、公众参与等方面，可能不能够充分实行 SEA。另外，SEA 必须处理从地方到国际水平所产生的不确定性，这种不确定性可能存在于战略活动（历经数年）的整个进程中，例如，洪水和技术变革。因此，SEA 需要具有应答性、适应性和灵敏性；而这些性能没有人们想象的那样详尽和科学。最后，社会和经济方面的常被忽略；该进程未考虑存在多重因果关系的问题，例如城市贫困地区。

更多细节

（1）Therivel，R.，Wilson，E.，Thompson，S.，Heaney，D. & Pritchard，D.（1992）*Strategic Environmental Assessment*. Earthscan，London.

（2）Therivel，R. & Partidario，M.R.（eds）（1996）*The Practice of Strategic Environmental Assessment*. Earthscan，London.

（3）Europen Environmental Bureau（EEB）（2004）Strategic Environmental Assessment: Background; Legal500.com，Strategic environmental assessment; UK Environment Agency: SEA: Good practice guidelines.

（4）ODPM（2003）SEA Guidance for Planning Authorities; Institute of Environmental management and assessment（IEMA）. What is Strategic Environmental Assessment? http:// www.unece.org/env/eia/sea_manual/links/ report_quality.html.

（5）World Bank. Information on SEA development worldwide, and methods and tools for monitoring and evaluation. Available at: http:// www.worldbank.org/ eapenvironment/sea-asia

5.2.3　CBA—成本效益分析

CBA 是一种众所周知的评估方法，被广泛应用于公立和私立组织，在项目发展初期促进决策进程。在初期，进行项目评估的主要目的在于确定项目发展可行性，以决定是否建造。项目评估能够帮助确定成本范围和边界，从而判断，若采取该提议资金和资源的有效性（Ding, 1999）。

CBA 欲测量和比较不同项目的总成本和收益，这些项目通过某种市场方法对稀有资源进行竞争。它关心哪种替代选择在资本上回报最高。因此，它可以被用来判断对哪个项目提供财政支持，以使给定资本或公共资源的回报最大化。

CBA 有两种形式：经济的和社会的。经济分析包括影响投资者的真实现金流。社会分析包括影响社会总福利的真实性和理论现金流。现金贴现流量分析被用来判断现金流入时机和投资回报率。大多数专家赞同时间选择是对那些分期支付和分期现金收入项目准确评估的基本原则，通过折现测算动态财务影响（Ashworth & Langston, 2000）。

项目成本和收益是 CBA 的重要组成部分。项目成本是由开发者完成项目过程中发生的所有支出，被大致分为开发和运营成本。开发成本是指项目建设支出，包括土地取得成本、拆迁成本、施工成本和其他法定成本。运营成本由项目竣工开始，延续至寿命结束，包括运营期间的能源消耗、日常维护和修理、大修工作和日常清洁。然而，项目总成本不仅包含支出成本，还应该包含在环境质量和影响方面面向公众和社会的成本。然而，这些成本经常被忽略，不包含于项目现金流中。

项目收益是指从项目开发中获得的收入，取决于开发者在开发过程中的态度。如果开发者倾向于使用建成项目，收益将从项目销售、服务或者租赁中产生。然而，当项目预期用于开发者自营，那么开发收益将体现在工作环境的改善和生产力的提高上。不过，项目收益不应仅限于货币形式的实际利益，还应考虑营造更好的生存环境、休闲设施和交通措施等环境问题。从经济方面来看，项目实施可能促进区域生产力和就业机会。然而，这些社会收益很难用货币价值衡量（Ding, 1999）。

CBA 选择标准中最常用的资本预算工具是净现值（NPV）和内部收益率（IRR）。它们都依赖多年的成本和收益，从而对项目进行鉴别和排序。针对 CBA 作为项目评估主要工具的不足，文献表明，无论从理论上还是经验上都无法为生态可持续性目标提供令人满意的方法。人们建议用另一种无需评估环境成本的技术完全代替 CBA，或者以不用货币形式的衡量环境成本的技术补充 CBA。

优缺点

CBA 的主要优势在于处理成本和收益时所用的系统方法，也因此提供便于比较的常用指标。它对选择进行比较，并选取净效益最大的（收益减成本）。对外部性以及其他无形资产的非市场化度量使得该技术对公众评论开放。它对愿意接受的或支付的成本收益分配以及公平发展提出问题。这些外部性经常利用条件价值法处理（见下一种方法）。

社会影响分析（CIA）等现行的评估方法试图解决 CBA 所面临的主要问题，例如分配公正的解释。对该技术公正和非参与性的考虑同样适用于经济、社会或环境影响评估（EIA）方面 CBA 规划平衡表的更多应用版本。每种技术也同样在分解评估进程上存在问题，也未能将可持续性用于平衡经济、社会和环境的影响（Deakin 等，2007）。

更多细节

（1）Marshall, A.（1949）*Principles of Economic*, 8th edn. Macmillan, London.

（2）Walras, L.（1954）*Elements of Pure Economics*. Allen & Unwin, London.

（3）Misham, E.J.（1964）*Wwlfare Economics; Five Introductory Essays*. Random House, New York.

（4）Pearce, D.（1983）*Cost Benefit Analysis*. Macmillan, London.

（5）Dasgupta, P. & Pearce, D. W.（1972）*Cost-Benefit Analysis: Theory and Practice*. Barnes & Noble, London.

（6）Pearce, D. W., Atkinson, G. & Mourato, S.（2006）*Cost-Benefit Analysis and the Environment. Recent Development*. OECD Publications, Pairs.

（7）Boardman, A., Greenberg, A., Vining, A. & Weimer, D.（1996）*Cost-Benefit Analysis: Concepts and Practice*. Prentice Hall, Upper Saddle River, NJ.

（8）Environment Agency（EA）（2003）*Integrated Appraisal Method. Final Report*. EA, Bristol.

（9）Gramlich, E.（1990）*Guid to Benefit-Cost Analysis*. Prentice Hall, London.

5.2.4 CVM—条件价值法

CVM 是一种通过询问客户对改善环境的支付意愿或环境质量下降的补偿意愿而进行评估的直接方法。40 多年来，它一直作为商品个体偏好的货币预算方法被用于娱乐和环境研究，例如清洁的空气、景观和水质等这些无法进行市场交易也不具有价格的商品。

CVM 以 Hicksian 效用度量为基础：福利变化被认为是一种必要的收入调整手段，用以维护被调查的环境商品或服务调整前后的恒定效用水平。实际上，评估是由问卷调查发展而来的。调查对象被置身于假想情景之中，估计自己对环境质量给定水平的支付意愿和接受意愿。

假想情景建立和问卷设计对能否成功应用该方法至关重要。实际上，当被访者被询问熟悉的事情或者评估问题以合理的支付机制为基础时，该方法效果最好（Brooks 等，1997）。

该方法很适合公共货物，如公共项目提供的环境质量发展；非市场化的私人货物，如健康风险的降低。

优缺点

CVM 的主要优势在于它是唯一能够测量"非使用价值"的评估技术，"非使用价值"是指人们置于某些既未使用也不打算使用的商品或自然资源的价值。这些非使用价值可以说明一件商品的绝大部分价值，这些价值通常归于（1）人们愿意为下一代保留自然资源的意愿（遗赠价值）；（2）纯粹存在价值；（3）保存资源以便未来使用的意愿（选择价值）。另一优势在于该方法的灵活性，它可用来评估许多商品，只要这些商品能够被恰当描述并被受访者实际使用。

该方法适用于评估当前情景的微小变化，但并不适用于评估整体系统。另外，不适用于人们不常用的商品或者需要一些专业知识的评估。

更多细节

（1）Mitchell, R.C. & Carson, R.T.（1989）*Using Surveys to Value Public Goods: The Contingent Valuation Method*. Resources for the Future, Washington, DC.

（2）Cummings, R.G., Brookshire, D.S. & Schulze, W.D.（1986）*Valuing Environmental Goods: An Assessment of the Contingent Valuation Method*. Rowman & Allanheld, Totowa, NJ.

（3）Bishop, R.C. & Heberlein, T.A.（1979）Measuring values of extra-market goods: are indirect measures biased? *American Journal of Agricultural Economics*, 12, 926–932.

（4）Hanemann, W.M.（1994）Valuing the environment through contingent valuation. *The Journal of Economic Perspectives*, 8（4）, 19–43.

（5）Simons, R. & Winson-Geideman, K.（2005）Determining market perceptions on contaminated residential property buyers using contingent valuation surveys. *Journal of Real Estate Research*, 27（2）, 193–220.

（6）Diamond，S.S.（2000）Reference guide on survey research. In: *Reference Manual on Scientific Evidence*，2nd edn. Federal Judicial Center. Retrieved from Internet: www.fjc.gov/public/pdf.nsf/lookup/sciman00.pdf/$file/sciman00.pdf

5.2.5　HPM—特征价格模型

HPM 由 Rosen（1974）在 Lancaster（1966）早期消费行为理论的基础上开发，它旨在确定商品属性和商品价格之间的关系。

它植根于微观消费行为理论，把将任何差异化产品单元看成一类特征当作出发点，每一单元有其隐含价格，或称"影子"价格。因此，建成环境中财产的价值是各个特征的隐含价格的总和。

特征模型最常用回归分析估算，尽管更为普通的模型，例如销售调整网络等是特征模型的特例。

大多数特征研究需考虑环境和邻里变量（如具有特殊科学效益的森林或地点，乡村特征或周围环境的影响，区位或与高压天然气管道或飞机航线毗邻）对评估房屋价格的影响。同时存在大量的研究针对建筑风格和名胜古迹对财产价值的影响。

优缺点

HPM 能够监测多种环境和政策压力因素。另外，它以市场数据为基础。然而，该方法仍遇到计量经济识别的问题。它对功能类型和市场范围的确定都很敏感，在方法改进中仍然存在问题。

更多细节

（1）Rosen，S.（1974）Hedonic prices and implicit markets: Production differentiation in pure competition. *Journal of Political Economy*，82（1），34–55.

（2）Lancaster，K.J.（1996）A new approach to consumer theory. *Journal of Political Economy*，84，132–157.

（3）Nelson，J.（1978）Residential choice, hedonic prices, and the demand for urban air quality. *Journal of Urban Economics*，5，357–369.

（4）Ekeland，I.，Hechman，J. & Nesheim，L.（2002）Identifying hedonic models. *American Economic Review*，92（2）（May），304–309.

（5）Triplett，J.（2004）*Handbook on Hedonic Indexes and Quality Adjustments in Price Indexes: Special Application to Information Technology Products*. DSTI/DOC（2004）9，OECD Publications，Paris.

5.2.6　MCA—多准则分析

MCA 作为决策过程中 CBA 方法的重要替代方法，在世界上得到越来越多的关注。基于环境影响，很难从经济角度在市场方法框架下进行评估，MCA 的加权和排名技术被研究，并应用于评估非货币方面的影响。

总体来说，MCA 是一套被设计用于安排决策进程的方法，该方法通常表现为多评估标准、替代方案和行动。MCA 的主要优势在于，它能够考虑大量数据、关系和目标（通常发生冲突）等这些现实决策中通常存在的问题，因此可从多角度研究决策问题。

获得多因素、多标准问题的解决方案绝不是一件简单的工作。出现几种相冲突的标准排除了"最佳效果"的存在，所谓最佳效果是指当考虑所有指标时得分最高的解决方案。每个备选方案都存在优势和劣势，当理想方案中各指标的权重变化时绩效也会改变，也就是说，备选方案中所有指标的最优绩效通常是不可行的，因此折中方案是必要的。

MCA 结果的稳定性依赖于传递给所选标准信息的（不）确定性，依赖于指标优先权（权重或重要性）和这些权重被各利益相关者认同的程度。敏感性分析能用于检验得分或权重改变时结果的稳定性。

通过已选标准对多种 MCA 方法进行排序、比较，确定最适合的政策选择。这些方法通过决策规则（补偿、部分补偿和不补偿）和所处理的数据类型（定量、定性、混合型）相互区别。

可补偿性概念是决策规则中的重要因素。可补偿性指用某标准的"好"绩效（如高收入）补偿另一标准"坏"绩效（如严重环境影响）的可能性。根据不同标准可以被其他标准补偿的不同程度，MCA 中有三种主要方法可以区分：补偿、部分补偿和不补偿。

可补偿方法能使一个表现差的指标可以被另一个表现好的指标完全补偿。部分补偿方法的局限在于弱绩效被强绩效补偿的程度。不补偿方法则根本不允许补偿。

原则上，那些决定政策选择的标准都可以被定性或定量测量。一些 MCA 方法只是被设计用来衡量指标的量化信息（加权综合法）。实际上，这种缺点并不显著，因为用于定性评估的加减，经常由定量数据的基本类别导出。当利用目标标准化这种被广泛使用的标准时，这种基础量化规模适用于打分时的权重综合法。另一些方法被用来处理定性数据（优势法，Regime）。最后，存在一组 MCA 方法可以根据数据测量方式进行数据处理（"混合数据"下打钩的数据）。

总体来说，应用 MCA 的方法取决于首选的决策法则和有效数据的类型（Lombardi，1997）。

优缺点

MCA 着眼于多种资产问题变化间的权衡，它的使用范围更为广泛。然而，MCA 方法不允许使用 CBA 方法中使用的不作为决策法则（Pearce，2005）。另外，它假定所有可选方法离散（不相互依赖），每种选择不会受收入分配影响产生不公平的结果。另外与一些方法上的困难和进行决策的多元标准、排名（绩效）指数的计算形式及加权分数相关。

更多细节

（1）Figueria J., Greco S. & Ehrgott, M.（eds）（2005）*Multiple Criteria Decision Analysis. State of The Art.* Springer, New York.

（2）Munda, G.（2005）Measuring sustainability: A multicriteria framework. *Environment, Development and Sustainability*, 7（1）, 117–134.

（3）Roy, B.（1985）*Méthodologie multicritère d'aide à la decision.* Economica, Paris.

（4）Voogd, H.（1983）*Multi-Criteria Evaluation for Urban and Regional Planning.* Pion, London.

5.2.7　ANP—网络分析法

在 MCA 的所有方法中，网络分析法（ANP）是层次分析法（AHP）中最先进的版本。它由簇、元素、簇间关系和元素间关系组成。它允许簇内及簇间的相互作用和反馈，提供方法从元素中导出优先标度。

综合来看，该方法需要以下三步。

（1）构建决策模型。该活动需定义构成决策和它们之间关系的元素。该网络模型由不同的组（簇）和元素（节点）组成，能够提供可替代选择。关于 ANP 的文献指出，有两种可行的建模方法：一种是 BOCR（效益、成本、机会、风险）方法，按照传统的成本收益类别将问题分类，从而简化问题构建过程；另一种是自由建模法，不被任何引导或预定结构支持（Saaty, 2000；Saaty & Vargas, 2006）。

（2）对建立结构关系的元素和簇进行成对比较。该步骤中，参与者（通常是专家、经理和城市代表）为决策进程制定一系列成对比较，以建立网络各组成部分和确定决策元素的相对重要性。在成对比较中，使用 1–9 标度法（命名、基础规模或萨提标度）。建立在网络形式各层次上的数值判断组成成对矩阵，用来导出元素加权优先级向量（Saaty, 1980）。

（3）获得最终优先级。为获得包括替代选择在内的元素的全部优先级向量，选用包括三种“超级矩阵”的数学方法：元素初始矩阵（包含步骤 2 中所有优先级向量）；加权矩阵（用簇的权重乘以初始矩阵）；“条件”超级矩阵，包括所有优先级向量，即长期稳定的权重（发挥加权矩阵的限制作用）。

优缺点

ANP 是唯一考虑各种依赖性和反馈性的进行系统性处理的决策支持方法。处理复杂问题时，这种表达方式更为恰当。

然而，用于问题构建的 BOCR 方法经常不足以支持规划或设计可替代选择，因为它会陷于归纳主义；自由建模法通常也不适用于综合决策问题。第六章将会呈现一种名为综合框架的新建模方法，它既不会陷于归纳主义，也不会陷于主观主义，因此能够解决以上问题（Basden，2008；Lombardi，2009）。第 7 章的研究案例二是对该方法的举例。

ANP 的另一缺点是浪费时间：根据网络结构复杂性的不同，它可能需要向决策参与者提供数百成对比较问题。

最后，该方法还未完全解决"逆序"问题，即当向模型添加可选方案或指标时最终排序的顺序变动问题。在之前的 AHP 方法中该问题很难解决。

更多细节

（1）Saaty, T.L. & Vargas L.G. (2006) *Decision Marking with the Analytic Network Process*. Springer Science，New York.

（2）Saaty，T.L. (2000) *Fundamental of Decision Making and Priority Theory with the Analytic Hierarchy Process*. RWS Publications，Pittsburgh.

（3）Lombardi，P. (2009) Evaluation of sustainable urban redevelopment scenarios. *Proceedings of the Institution if Civil Engineers. Urban Design And Planning*，162，179-186.

5.2.8　CIE—社区影响评估

CIE 方法的产生是将成本效益分析应用于城市地区策划的结果。它的基本特征是同时为总成本收益及其对不同社会部门的影响提供评估方法，使考虑决策的公平及社会公正内涵成为可能（Lichfield & Prat，1998）。

该方法最初由 Lichfield 在 1956 年开发，名为规划平衡表或 PBS（Lichfield，1996）。PBS 明确被设计用来克服许多社会成本收益不易以货币形式测量的问题，因此，社会效益分析结果经常容易出现异议，一些成本效益不能被准确评估。因此，还不能分配许多成本效益的价值，只能简单指明它们作为资产或负债在平衡表单中的位置。CIE 进一步表明社会的哪些部门容易通过策划得失，因此需要考虑分配效果（Brooks 等，1997）。

优缺点

CIE 的一个主要优势是它强调了社会的作用，提高了利益相关者在可持续城市重建的参与度。然而，在用于评估和分类社会方面的数据选择上出现问题。

更多细节

（1）Lichfield，N. (1996) *Community Impact Evaluation*. UCL Press，London.

（2） Lichfield，N. & Prat，A.（1998）Linking ex-ante and ex-post evaluation in British town planning. In: *Evaluation in Planning: Facing the Challenge of Complexity*（eds N. Lichfield，A. Barbanente，D.Borri，A. Kakee & A. Prat）pp. 283-298. Kluwer Academic Publishers，Dordrecht.

（3）Lichfield，N（1988）*Economics in Urban Conservation*. Cambridge，University Press，Cambridge.

5.2.9 LCA—生命周期评估

生命周期评估是一个编制、检验材料和能量以及在生命周期中直接作用于产品或服务系统功能的环境影响输入输出的系统程序集合。生命周期包括产品或服务系统从提取自然资源到最终废弃这一连续的相互联系的阶段。这是 LCA 相互联系的四个要素：

（1）目标定义和范围确定：定义 LCA 的目的和分析期望的输出；决定基于目标定义的假设和分析中包括和不包括的界限。

（2）生命周期清单：量化能量和原材料的输出以及与生命周期每一阶段相关的空气、土地和水的环境释放。

（3）影响分析：评估对人类健康、与能源和原材料消耗有关的环境以及清单量化的环境释放的影响。

（4）改进分析：评估减少能量、材料投入（例如通过资源利用率措施或循环）的机会和产品生命周期每一阶段的环境影响。

LCA 严格的方法基于 ISO14040 和 BS EN ISO14041-43。软件工具用来评估建筑，例如，BEES——环境和经济可持续建筑或 BRE——建筑研究确立（见下文）。

LCA 允许生产系统间的清晰比较，促使人们更好地理解环境影响产生的方式。以下是一些缺点：在评估环境影响的指标上缺少普遍共识；对经济和社会影响缺少系统考虑；该过程成本高且耗时，可能限制该技术在私营部门和公共部门的使用。

更多细节

（1）Edwards，S. & Bennett，P.（2003）. Construction products and life-cycle thinking. *UNEP Industry and Environment*（joint edition combining Sustainable Building & Construction）. UNEP，26（2-3），57-62.

（2）Environment Agency（EA）.（2003）. *Integrated Appraisal Methods. Final Report*. EA，Bristol.

（3）Graedel，T.E.（1998）*Streamlined Life-Cycle Assessment*. Prentice Hall，New Jersey.

（4）ISO（2000）*Life Cycle Assessment-Principles and Guidelines*. ISO

CD14 0402. International Standard Organization，Geneva.

（5）Handbook 5，*The LUDA Assessment Decision Support System*. http://www.luda-europe.net/hb5/files/method_descriptions/pdf/new/life_cycle_assessment.pdf

5.2.10　BREEAM—建筑研究院环境评估法

BREEAM 是英国建筑研究组织（BRE）与一些私营赞助商合作针对建筑环境标签开发的方案。该方案以颁发给个体建筑证书为基础，按一系列确定的环境指标清晰阐述这些个体建筑的绩效。此为自愿的、自筹经费的方案。由 BRE 核准的相互独立的评估员进行评估。

1990 年启用的第一版，用于新办公大楼设计阶段方案的评估。该方法在 1993 年进行更新，以反映该方法运行过程中知识的不断发展和经验的累积。其他设计阶段方案应用于超级市场、新建房屋、轻工业建筑等的评估。

该方案包括三个主要标题下的范围广泛的环境问题：

（1）全球性议题，包括能源使用中的二氧化碳问题，酸雨，由氟氯烃引起的臭氧层破坏，自然资源和可回收材料，可回收材料的存储及设计寿命。

（2）地方问题，包括运输和循环设备、节水、噪声、局地风影响、其他建筑物及土地的遮光、遗弃及污染土地再利用、地点的生态价值。

（3）室内问题，包括有毒物质、自然光、人造光、热舒适性和过热和通风。

事件获得单独的离散信用。一项信用意味着策划满足了事件关心的指标，但不能衡量多个事件。包含绩效总结，以三类环境问题中每一类信用的最低水平为依据，表达为单一等级评定"一般"、"好"、"很好"、"优秀"。等级"优秀"表明整个影响范围绩效具有高标准，即使仍可能存在优化的余地。

和 BREEAM 相似的方法是美国的 LEED™，法国 CSTB（建筑科学技术中心）的 HQE，SBTool，即原来的 GBTool，它是一个国际项目。后者是从 1996 年发展至今的绿色建筑挑战评估方法软件实施。GBC 方法由加拿大自然资源署发起，但 2002 年将职责移交给可持续建成环境国际倡议（iiSBE）。

BREEAM 标准被推广到海湾（BREEAM Gulf）和欧洲等地。据称，2009 年 6 月 BRE 签署谅解备忘录，与法国 CSTB 及其附属部门 CertiVéA 合作开发全欧洲建筑环境评估方法。CSTB 是法国高级环境质量标准的下属组织，和 BREEEAM 相似。人们希望它最终能够带来全欧洲通用评估方法的发展和提高，和国际可持续建筑联盟的工作一致，即一个网络，其总目标是开发关键问题的通用标准、允许不同评级标准间的比较。

优缺点

BREEAM 和其他相似的评级方法都有能力将可持续发展的一般化概念

变成行动。这使得建筑物生态绩效评级成为可能。然而，如今国际社会远不能获得一套标准化指标，而国际机构仍致力于开发评估和监测可持续发展的通用指标。现存的方法在复杂性和应用性上都大相径庭。

当前以指标为基础的建筑评估体系存在的更深层的问题，如第 3 章中所讨论的，表现如下：面向未来的设计的优先回顾分析；它们的使用以牺牲挑战该类简单测量方法的更具有创新性的体系为代价鼓励可度量化和机械化方法（Schendler & Udall，2005;Du Plessis，2009）。

更多细节

（1）Birtles，T.（1997）Environmental impact evaluation of buildings and cities for sustainability. In: *Evaluation in the Built Environment for Sustainability*（eds P. Brandon et al.），pp.211-223. E & FN Spon，London.

（2）Prior，J.（ed.）（1993）*Building Research Establishment Environment Assessment Method*（*BREEAM*），*Version 1/93: New Office.* Building Research Establishment Report，2nd edn.

（3）Cole，R. J.，Rousseau, D. & Theaker，I.T.（1993）*Building Environmental Performance Assessment Criteria*，*Version 1: Office Buildings.* The BEPAC Foundation，Vancouver.

（4）Cole R. & Lorch L.（eds）（2003）*Buildings*，*Culture & Environment.* Blackwell，Oxford.

5.2.11　CASBEE—建筑环境效能综合性能评价

CASBEE 是日本在 2001 年被作为协同政府、学术和产业（建筑设计师、承包人、分包人、使用工具、业主）的项目而开发的建筑环境评估工具，它得到了日本国土交通部和旅游部门的支持。它由日本绿色建筑委员会（JaGBC）/ 日本可持续建筑联盟（JSBC）管理，并对 CASBEE 体系不断更新。

目前，所有以下 CASBEE 证书都是有效的：针对新型建筑；针对新型建筑（简版）；针对既有建筑；针对翻新；针对热岛；针对城市发展；针对城区 + 建筑物；针对居住处（独立式住房）（http:// www.ibec.or.jp/CASBEE/english/index.htm）。

CASBEE 相当于一系列包含建筑全寿命周期的工具。它包括：前期策划 CASBEE，新型建筑 CASBEE，既有建筑 CASBEE，翻新 CASBEE，服务于设计的各个阶段。每一种都针对单独的目的和目标客户，供大范围的被评估建筑使用（办公室、学校和公寓等）。

有望被授予 CASBEE 证书的建筑需要对环境效益和整体环境影响同时评估。在该评估体系中，建筑质量（Q）与环境承载力（L）这一建筑环境效益（BEE）因素高度相关。排名为 Q 和 L 单独分配分数，以这些分数为基础对 BEE 进行评估。各部分都被分解得更为详细，并按优秀(S)、很好(A)、好（B+）、一般（B−）和差（C）排序。

根据 CASBEE 新型建筑 2008 技术手册，采用这一方法是因为作为一个评估体系，"提高负荷降低的质量的更高评价"比"负荷降低的质量的更高评价"更易理解，正如"在质量和绩效方面的提高获得更高评价"。

CASBEE 覆盖了以下四个评估领域：（1）能源效率；（2）资源效率；（3）当地环境；（4）室内环境。这四个领域大体和 BREEAM 或 LEED 这类现有评估工具的目标领域相一致，但是它们不需要展现统一理念，因此也很难利用相同的基本原理进行处理。

环境质量（Q）由室内环境（包括音响效果、光照、热舒适和空气质量）、服务质量（包括适应性、灵活性和耐久性——BREEAM 和 LEED 中没有体现）和室外环境组成。环境承载力（L）由能源、材料和场外环境组成。与其他现存工具比较，例如室外环境评估中，在评估群落生境缺失（无绿色空间补偿）和城市环境限制（包括降低热岛效应）这两个方面存在根本区别（Kawazu 等，2005）。

最后，该评估工具在美国和 BREEAM 及 LEED 白金奖等价，在理念和进程上都达到可持续发展最高水平，相差无几。例如，一个建筑物在 BREEAM 更易获得能源优秀排序，CASBEE 有 25% 的可能，LEED 有 50% 的可能。CASBEE 证书的获得进程和 LEED 也不同。LEED 认证从初始设计开始，对项目整体设计建造过程进行回顾和评价。尽管 CASBEE 的最新版本对新型建筑排序利用预设计工具，但认证中包含更多建成后的实地考察。

优缺点

和现存的建筑评级工具相比，CASBEE 的主要创新在于建筑环境效益（BEE）的理念。这初始于生态效率，在环境质量和数量之间建立关联，表现可持续建筑的目标：以对环境的最小影响得到最高质量提升（Tian，2005）。CASBEE 更关键的一点是表达因素 × 发展时的直观性。

最后，该工具由利益相关者共同开发，因此它在可持续建筑发展中占据中心地位（Klinckenberg &Sunikka，2007）。CASBEE 在日本已经成为可持续建筑的定义和它的质量保证，日本的一些政策文件鼓励使用这一工具，如日本国土交通省（MLIT）实施计划和京都协议书目标达成计划（Matsuo，2006）。该工具集成其他用于强调采购行为的市场转型策略的工具和证书（Sunikka-Blank，unpublished）。例如，在一些城市 CASBEE 被用作住房计划补贴（Osaka City）和低利率抵押贷款（Kawasaki City, Sapporo City and Kitakyushu City，Nagoya）的评估工具。

这种方法最主要弱点是耗时。事实上，由 Sunikka-Blank 提供的专家访谈（未发表）表明过度标准使应用受限，若用六个元素和大量的子分类，评估通常需要 3~7 天，而更简化版本只需 2 小时，当地政府可以在简化版本中输入局部气候和政策重点方面的数据。

Tian（2005）已经强调了该工具的进一步弱点，与 Q 和 L 不清晰的关系影响评估公正性。CASBEE 中大量的定性指标影响结果的判断能力。

更多细节

（1）http:// www.ibec.or.jp/CASBEE/english/index.htm

（2）Endo，J.，Murakami，S.，Ikaga，T.，Iwamura，K.，Sakamoto，Y.，Yashiro，T. & Bokagi，K.（2005）Extended framework of CASBEE; designing an assessment system of buildings for all lifecycle stages based on the concept of eco-efficiency. *Proceedings of The 2005 World Sustainable Building Conference*（SB05Tokyo），Tokyo，27-29 September 2005.

（3）Kawazu，Y.，Shimada，N.，Yakoo，N. & Oka，T.（2005）Comparison of the assessment results of BREEAM，LEED，GBTool and CASBEE. *Proceeding of the 2005 World Sustainable Building Conference*（SB05Yokyo），Tokyo，27-29 September 2005.

（4）CASBEE Osaka（Comprehensive Assessment System for Building Environmental Efficiency for Osaka City）.

（5）http:// www.globest.com/news/1386_1386/insider/178149-1.html

之前描述的评估方法和进程属于不同科学学科和技术领域，如经济学、工程学、技术和规划。这些方法中的大多数能同时处理不同的可持续发展问题（如多准则分析法），但是一些方法只能处理某个或某几个问题（财务评价）。没有任何一种方法能够全面评估所有可持续发展的问题（Deakin 等，2020a；Horner，2004；Deakin 和 Lombardi，2005a，b）。

根据 Horner（2004）及 Deakin 和 Lombardi（2005b）的观点，环境可持续发展最大范围地覆盖了现行的主要评估方法。在评估中，资源消耗、污染、对生物多样性及人类健康的影响等问题需要考虑，使用的方法包括成本效益分析和显示偏好的技术（条件性评估、成本法、特征价格法）、建设规模方法（BREEAM、LEED、SBTool、CASBEE），以及评价基础设施尤其是计划政策的方法。后者可以用 EIA、SEA 和社会影响分析（CIE）加以解决。

社会和经济可持续发展要素分别处理城市期望发展所需的基础设施融资、服务获取、人们安全保障和审美等相关问题。随着"事前 Brundtland""总体环境"方法的应用，经济和社会分析只限于策划、房地产开发和设计阶段（因此强调政策评估、规划和基础设施供给），不强调项目施工和安装操作。反之，"事后 Brundtland"方法试图处理环境方针外的社会和经济问题，然而需要逐个进行。

显然这些全寿命周期评估方法经常利用前面的方法处理社会和经济问题。实例可以通过以下途径获得，包括可持续城市模型、全寿命周期的评估和 CBA 的组合（如 Glasson 等，1994；Lichfield，1996；Therivel，1998）、政策计划和基础设施设计元分析（Bergh 等，1997）及多准则评估情况分析、标志法、网分析和社会网络分析的转变，以便解决可持续发展中由经济和社会结构引发的环境问题（Bizarro 和 Nijkamp，1997；Deakin 等，2002a）。

正如 Deakin 等（2007:13~14）指出，可从环境评估方法的转变中得到另一种观察法，与可持续发展的"软件"（经济、社会）、"硬件"（环境）构成评估方法组成部分的方式有关。例如，对于 BEES，生态系统的生物物理学部分是主要问题所在。评估方法集成生物物理和社会（环境、经济和社会）问题，包括 BREEAM 和可持续城市模型。"这类评估方法是跨学科的，为了能给本质上更为综合的评估提供方法而跨越传统学科"。

像成本效益分析这类基于经济效用理论，被广泛应用于空间规划的方法，面临的一个主要问题是人类活动的长期影响经常被忽略。基于论证、修辞和明辨理论的方法（Zeppetella，1997；Khakee，1998），如多准则分析方法能通过获得全部观点和期望避免归纳主义的危险。然而，仍存在一些问题，例如没有达成共识的标准。另外，事实上有可能存在这样一种危险，"高呼的人们被听到"，而那些不善表达或者不能代表自身权利的团体，例如动物和孩子，除非他们的原因受到他人拥护，否则易于被忽略（Lombardi 和 Basden，1997）。

Deakin 等同样指出，在涉及城市发展进程中的许多相关活动上存在一些差异，例如在科学和人类发展及机构发展上。也许最显著"差异"的迹象就是关于发展的类似治理、司法和道德等制度问题的处理方法相对缺乏。不幸的是，有迹象表明，以上问题的处理方法在处理体制结构复杂性及其引入的不同权益范围时遇到极大困难。这类评估提升可持续发展体制结构性能的方法仍是不完善的，尽管这类方法需求显著（Deakin 等，2001；Deakin 和 Lombardi，2005b）。

虽然已经证实评估中 MCA 方法能够为选择合适的规划设计方案提供指导，但仍缺少内容和一个概念性的框架或者理论指导，以帮助设计师和决策者构建建成环境中可持续性的问题。因此，最适宜评估标准的选择经常在直观基础和非最优方式之上开发（见第 7 章案例研究 n.1 和 3；Nijkamp，2007）。

下一章将阐明一个新的框架，该框架更为灵活，并能够考虑多种情境和设计规划问题。它包括一张顺序表，识别评估城市可持续发展的相关指标，同时也便于检索。

然而，最初该方法并未被作者（Brandon 和 Lombardi，2005）当成解决规划设计问题的替代决定性方法，在评估方法的一项近期调查中，它已被确定为"多维度人类宇宙建模"，并分到"系统"的簇中。

5.2.12　总结

本章检查了当前用于城市居住区或建筑可持续发展评估的部分主要方

法。值得注意的是，规划设计和建设阶段可持续发展的评估方法有很多，但是对于所用的理论框架在学者间少有共识。比如，可量化城市模型（1997）的开发者 May 等人及其他的城市规模可持续性评估模型的开发者，通常考虑可持续发展中的社会经济和物理部分；然而，像英国 BREEAM（1993）和加拿大 BEPAC（1995）这类建筑规模的环境评估方法，专注于与可持续性及生活质量相关的环境和生态问题。

　　所有方法只考虑开发持续性解决方案所需的几个层面，都是存在约束和限制的。大多数评估都是技术经济的，并且没有某种机制或工具以综合方式考虑所有可持续的问题。

　　可持续发展决策需要整体分析，还需要改变现有发展判断方法的侧重点和标准，这要求在环境保护和社会经济目标上进行改进。需建立社会一致性，同时改善技术性能。其他人中，Nijkamp（1991）、Brandon 等（1997）和 Lichfield 等（1998）指出恰当的评估方法需要有以下几个特征：

　　（1）包括长期城市环境计划产生的所有相关影响；

　　（2）提供一项设计过程社会、经济和环境影响的信息；

　　（3）集成不同的评估方法和验证城市计划中社会经济和环境兼容性所需的学科（一种多学科方法）；

　　（4）考虑不同的观点、目标和参与过程中决策者、各利益相关者及市民的利益（多元或多人方法）。

　　自 21 世纪议程（UNCED，1992）呼吁决策中集成考虑环境保护和社会经济发展以来，影响评估已经获得长足进步（Deakin 等，2002b）。在欧盟，EIA 已经被作为法定文件出台（指示 85/337/EEC 和修正案 97/11/EC），并且 EIA 是唯一特定项目评估方法（如 Glasson 等，1994）。这一评价将其使用范围扩展到 EU SEA 指示下的计划和项目。这一着重点的转变是明显的，因其需要满足可持续发展政策承诺的计划规划和项目采购及评估程序的发展（O'Conner，1998；Devuyst，1999；Selman，2000）。

　　Deakin 等（2002b）认为，更主要的收获在于对材料和能源流方面发展影响的评估方法的演变，这些影响贯穿于城市生命周期的多数阶段。这些方法提出了在生态极限之下评估发展的机会，虽然目前很难实现。这说明在完善评估理论方面，"事后 Brundtland"已取得很大的进步，但我们发现，评估的实际应用却远远落后。新方法仍然是实验性的，实际应用相对较少。然而，许多目前广泛应用的方法，针对那些能够充分处理可持续城市发展进程中的问题的方案，这些方法还不能作出评价（Cooper，1997，1999；Cooper 和 Curwell，1998；Curwell 等，2005；Deakin 等，2007）。

　　本章对评估方法和程序的回顾指出以下几个关键点：

　　（1）首先，现有评估技术处理效果不佳的可持续问题已经被确认。可持续发展的社会制度方面的方法的"差异"是十分明显的。该领域的方法需要发展，然而，最大的挑战也许是现有方法处理制度结构和面对不同利益复杂性时所遇到的困难（Deakin 等，2020b；Deakin 和 Lombardi，2005b）。

（2）要促进评估方法和本章之外更早提及的其他评估技术的集成。尤其是针对可持续指标和城市可持续模型的评估方法集成，仍存在很大空间（Deakin 等，2002b；Vreeker 等，2008）。这两种集成都试图全面处理城市系统，但是前者提供基本的可持续性基准，后者为较难评估的复杂城市体系提供优先发展选择的机会（Mitchell，1999）。

（3）正如 Mitchell（1996）、Deakin 等（2002b）和 Therivel（2004）所指出的，进一步是要确保新兴可持续发展评估技术的应用和审计。方法必须迅速超越试验阶段并应用于实际，这样传统技术才被那些能更好地处理可持续性问题的技术取代。这需要应用多种方法（常规的和实验性的）并行促进学习进程和确认如何同步提升理论和实践。这类应用亟需更多的使用审计和评估后的监测，以判断方法绩效优劣。

（4）最后，针对城市可持续发展中政策和城市发展的集成影响的评估方法进行研究。可以将评估方法的集成方式看作上述的新兴模型，或者看成由 Hardi 和 Zdan（1997）和 Devuyst（1999）主张并由 Curwell 等（1999）论证的统一框架和分析程序的发展。然而，实际上这两种方法的效力要依赖于决策机制中适应性管理结构的发展，这样他们才能理解、响应并促进可持续评估方法的发展（Deakin 等，2002a）。

以上结果已经由 SUB-MOT 研究提供的评估方法和工具所确定，该研究隶属于 EPSRC 的可持续城市环境研究项目。

下一章将讲述一种辅助选择评估技术和可持续指标的新框架。该框架致力于克服前几章中涉及的现有框架和方法中的突出缺点，以便通过一种实用而集成的方式处理可持续城市发展问题。它特别强调对服务于可持续城市发展的整体和一种系统方法的需求。这意味着系统中最重要的要素和联系已被处理，评估的"技术"部分和那些进行指导和回应的"软"制度体系在共同演变。

第6章
可持续发展评价框架体系

本章前面的几个章节提供了一些看待可持续发展的基本原理，并且试图建立了一些指导性的准则，同时还对一些成功或失败的方法进行了概述。

第1章中最主要的需求是主体结构。这对一门新兴学科不是一个新的问题。每一条研究上的途径都需要经过一个确定主体结构形式的过程。这就允许主体能够发展并且鼓励以连续和系统的方式构建知识块，以便这个领域的工作者、使用者即受益人讨论和分享主体的整体意义和范围。如果没有一个统一的主体结构，就会随之产生如下问题：

（1）主题不连贯并且理解困难；

（2）难以通过有意义的方式分享知识；

（3）词汇形式多样。相同的主题被用不同的方式描述而意义却不能共享；

（4）难以通过系统的方式构建知识体系；

（5）在系统之外（以及内部的）的人看来，主体形式看起来是不规范的甚至被认为是无足轻重的，不相关的或者是考虑不够周全的；

（6）当数据的标准化困难时，数据收集成了问题，因为存在竞争的不同结构形式都尽力做相同的事情；

（7）从整体上看，主体只有很少的理论假设基础。它依靠于看起来显然是不相关的和不能被联系起来的主题集合；

（8）简化的论点流行而整体性的方法缺失；

（9）当前，可持续发展正遭受众多上述问题的影响，因此，经常可以看到众多怀疑论者对其的质疑。一种框架或者结构体系能够极大地帮助人理解主体的内涵并且与一系列的专题研究相比，这反过来又能够给予该框架或者结构体系更多实质的改进。本章试图通过作者确信的一种理论假设基础给出一种这样的结构体系。

6.1 全面、综合的框架体系的重要性

建成环境的可持续发展的决策制定需要新的方法，以整体的方式整合一个城市（或者建筑）系统的所有维度和各种不同的观点（Deakin et al. 2001）。

大多数有关建成环境可持续发展的早期工作都聚焦于生态维度的问

题，这些已经反映在了各个地方政府的政策议程当中。而在另一方面，对于一些更温和的且更加"模糊"的城市发展可持续维度（例如政治的，社会的，文化的，审美的等），由于当代的分析工具不能充分有效地处理这类问题，它们一直缺乏解决策略。

就像前面章节中指出的，最近对环境评估的调查（Deakin et al.，2001; Horner，2004; Therivel，2004; Curwell et al.，2005a，b; Deakin et al.，2007）已经在考察正在使用的方法如何。只有在"生命评估周期"方法中，有证据表明评估的环境容量中增加了包括公平、公众参与和未来等正在讨论的经济与社会结构的可持续发展问题（例如城市明天的经济和社会结构和其文化价值）。即使使用这类方法，仍有清晰的证据显示出这些方法在处理复杂的体制结构和引入此类评估的利益相关者利益范围问题时遭遇明显的困难。

目前，地方决策制定水平需要更高的集成度。这个概念通常在文献中被称作"自然环境与人文环境间的协同进化、依存关系"。该方法提出环境、经济和社会相辅相成的发展，但其对关于社会经济技术活动和地球维护自身的能力间复杂的动态交互和反馈效应的认识严重的缺失。例如，社会组织对建成环境及其可持续的影响就不是很清楚。

另一个问题是，各类专家们都使用专业术语。这些对于计划过程中涉及的所有学科和利益相关者是不常见的。每门学科都拥有其自己的议程、分级体系和解决问题的技巧。通常任何学科都不愿（或不能）考虑他者的意见，因为彼此间缺乏能够产生富有创造力对话的共同语言或者系统的方法论。因此，目前在决策制定过程中仍需要整合的可持续发展原则和标准。

为城市的可持续发展制定战略是困难的，不仅因为城市性质的复杂性，而且由于这个概念是模糊的、多维的且通常在环境保护这一问题之外是不容易理解的。米切尔（1996）建议，有效的城市可持续发展战略和可持续发展计划最好能确保决策制定者和开发商能够充分了解可持续发展的相关问题、当地特点和社会需求。这个过程需要应用一个合适的执行框架和一种能够指导开发商决策制定的评估方法或者方案。然而，当前那样一个组织决策制定中所需信息的结构尚未存在，或者在不同的学科和领域活动中尚未得到认同。

一个主要的问题是，缺乏一种能够帮助决策、制定过程实现可持续的统一结构体系。本章提出了一种能够集合各种必需的要素以评估建成环境和城市设计对城市可持续发展影响的综合机制或者框架体系。这个框架体系能够被所有的利益相关者（包括政策和技术决策制定者、地方公务员、规划师和设计师、普通市民、律师和财务顾问）在开发过程中使用，以促使他们在考虑可持续发展背景下考查一个设计或者计划，并从中学习。它应该能够协助制定可持续发展战略的过程，以确保其中包含并相互嵌入了所有有关可持续发展的方面和生活质量的考虑。它也提供了一个可用于不同层次的细分结构体系，所有的利益相关者不仅促成不同的复杂水平，还能参与其中。

　　这个框架体系的基础是，提出了"现实宇宙论（Theory of the Cosmonomic Idea of Reality）"（Dooyeweerd，1995）理论的荷兰哲学家赫尔曼·杜伊威（1894-1975）的工作。这个理论试图用一种有意义的方式整合宇宙的各个方面，以助于用整体的方式解释结构和联系。至少它提供了一个检查发展是否是可持续的事项清单。从最乐观的角度看，它提供了一种解释城市环境间各个方面相互依赖关系的手段，并且能够将之与更广泛的可持续发展议程相联系。它的整体性在于用整体的角度看问题，并且也帮助解释了可持续发展的意义，以及什么有助于可持续发展（见附录 A）。

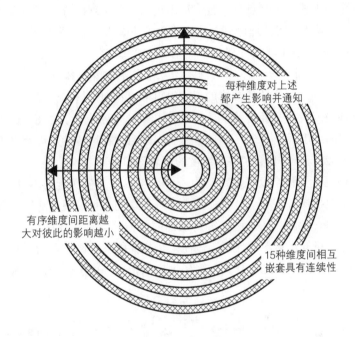

每种维度对上述都产生影响并通知

有序维度间距离越大对彼此的影响越小

15种维度间相互嵌套具有连续性

图 6.1
框架特点

　　如前所述，这个方法的其他优势包括：概念简单，不同理解层次的利益相关者都可有效地使用（见图 6.1）。但它的基础理念复杂，其基于一种基督教教义的世界观，不同于西方民主所采用的价值观。从来自于各种文化和信仰间的非正式交流来看，这种方式是可以接受的，因为其承认了人类与宇宙结合的所有问题。它与可持续发展研究解释的内容可能不同，但是结构体系却是相同的。

6.2　这一体系的理论基础

　　政府与技术执行官（策划师、设计师和城市专家）面临的挑战是沿着可持续发展的道路制定策略和政策、指导城市与建成环境其他方面的城市计划与项目。目前，缺乏一种全面整体的决策支持框架体系、系统或者工具来协调可持续发展相关计划与设计的各个方面。本节介绍了一种可能解决这个难题的方法。

如前所述，杜伊威的"现实宇宙论（Cosmonomic Idea of Reality）"理论是本框架体系的支撑理论。这个理论的假设被用于许多与控制论、信息系统和组织学习的研究中。这主要是因为，它为系统开发和使用提供了一系列有用的事项，保证了在设计中体现人类生活的各个方面，从定量到最高级的价值系统都有。除此之外，当代的其他学者例如哈特（1984）、克劳斯（1991）、卡尔斯贝克（1975）、德若特（1991,1994,1997）、格非恩（1995）、贝斯顿（未发表，1996，2008）也研究和发展了这一理论，并说明了该理论在理解和解释社会系统和机构运转中的优势。

这个理论的一个特点是，避免利用还原论和主观的方式解释系统的复杂性。这个特点使得该理论有效地构建建成环境的可持续发展的结构体系，克服了目前研究工具的一个难题（见第 3~5 章）。

这个理论非常复杂，但大致上"现实宇宙论（Cosmonomic Idea of Reality）"提供了一个称作维度的现实维度表。这对理解一个复杂系统或类似建成环境或者地方社区等实体的功能和本质非常有用。表 6.1 提供了杜伊威给定的维度表及其含义。表的第三列说明，在可持续发展背景下各种模式的意义。表 6.1 包含了各个维度的原名称和定义。

简言之，一种维度可以定义为一个系统或者实体功能的不可约束域。它的特征包括核心意义、自有规则或者可设规则。可设规则能够指导与促进实体（人、动物、树、房子等）以不同的方式实现实体的功能。例如，物理规律可推知出材料的性能，进而生物规律能够控制树木的生长。更复杂的实体，例如一个地方社区有多条维度来指导。由于履行这些维度的规

维度表及其含义　　　　　　　　　　　　　　　　　　表 6.1

维度	含义	可持续发展背景下的定义
数值的	数量	数值计量
空间性的	不断延伸的	空间、形状和延伸
动态的	运动	运输和活动
自然的	能量、质量	自然环境、能量和质量
生态的	生命机能	健康、生态多样性、生态保护
敏感的	感官、情感	人对环境的看法
分析的	对实体的洞察力	有分析的、有条理的知识
历史的	有影响的力量	创造性和文化发展
沟通的	信息	媒介与沟通
社会的	社会交往	社会风气和社会凝聚力
经济的	节约	效率和经济评估
审美的	协调、美丽	视觉吸引力与建筑风格
公正的	报答、公平	权利和责任
伦理的	爱、道德	伦理问题
信义的	诚实、守信	承诺、利益、视野

则视人的主观倾向而定，这些维度的规则缺乏确定性，但是更加规范，例如法律规则与道德规则。

"现实宇宙论（Cosmonomic Idea of Reality）"哲学里的 15 种维度的次序并不是随意排列的：次序靠前的维度作为基础服务于排列靠后的维度（杜伊威称此为宇宙内时间序列）（Kalsbeek，1975）。例如，经济性的维度就依靠于社会性的维度，社会性的维度依靠语言交流，而语言交流依靠于历史性的维度，等等。换言之，这 15 种维度间互相嵌套、彼此影响，并把这种影响传递给上层维度。

各种维度间的相互关系决定了它们在表单上的位置。它们对对方施加的影响也决定着这个排序结果。例如，我们经常使用数学方法（数值性维度）理解经济过程（由经济维度指导），但是如果我们用表单上距离更近的维度（例如社会性的维度）来解释的话结果会更加有效。换言之，维度间的距离越远，它们间的影响越小。表 6.1 形象地说明了这些概念。附录 A 详细描述了这个理论。

通过一些建成环境相关的例子我们可以更好地理解这些维度。

6.3　不同维度下的建成环境

建成环境代表了可持续发展的一个有意义的子集（Brandon，1998）。它是自然系统的一部分，并且与环境系统（自然维度）和人类系统（社会和经济维度）有着内在的联系。例如，城市人口的密度、流动性和生活方式通常反映在对空间和流动资源的需求上。

文献中强调，城市的可持续发展有必要建立综合统一的三个系统——环境、社会和经济系统。这对于长期稳定或改善地方社区的福利水平（生活质量）与减少如生物圈污染（环境质量）等的负面影响有重要意义。

作为自然实体，建成环境具有可延伸的空间、质量与能量。它服从热力学定律（能量维度），也服从其他的如万有引力定律等物理定律和几何规则。他的基本特征包括了建筑材料和组件、建筑的布局和形式以及建筑的地面结构。"现实宇宙论（Cosmonomic Idea of Reality）"中有很多空间和物理维度的问题，这些问题规范和决定了建筑、材料和组件的功能。

建成环境是人生活、居住、工作和娱乐的物理环境。不同于其他人类制造的产品，建筑与大地直接连接，这造就了一座建筑的独特性，以及与之相关的经济和法律利益。此外，它还具有社会和文化属性。因为建筑满足了人们一系列物质的和非物质的需求。在现实宇宙论中，建成环境作为一个系统或实体，具有物理维度，这是指导和调节内部组织或系统发展的具体方面。

尽管建成环境具有物理维度，但它的功能体现在了其他各个维度，并与之保持不同的关系。例如，一个城市市区由众多的住宅、办公室、银行、学校、道路等等（数量维度）组成，按照特定的布局来设置（空间维度）。市区内的人、机动车、自行车、动物与货物（运动维度）需要能量来运行（物理维度）。人和其他生物还需要食物、水、呼吸的空气、遮蔽的房屋和保障健康的医院（生物维度）。此外，人们固有逻辑维度导致对实体的识别（分析维度）。他们基于过往经验和技术知识建造房屋（历史维度）并彼此间相互交流，然后通过媒介与外界环境进行交流（沟通维度）。他们进行社会交往（社会维度）并在交往过程中找到了工作（经济维度）。建成环境对于居住在其中的人和游客而言，是美丽和充满吸引力的（审美维度）。一系列法律规范了土地和财产的使用（法律维度），对于现代生活造成的环境污染（道德维度）也常有讨论，但我们坚信科学技术最终能找到解决现代社会生态问题的方案（信义维度）。

表 6.2 依据维度的不同对与建成环境相关的一些问题进行了归类，这只是个指示性分析的表单。由于城市环境的复杂性和丰富性，该表并不能穷尽所有的情况。

建成环境中每种维度下可持续发展问题举例 表 6.2

维度	建成环境中的问题
数值的	人口（人类），可利用资源的数量，物种种类与数量水平，普查统计信息，信息
空间性的	布局，外形，建设足迹，位置，靠近程度，平面地形，山区地形信息等，邻近区域范围，城区范围，地区范围等
动态的	基础设施，道路，高速公路，铁路，自行车道，步行街，停车场，交通和出行，野生动物的移动、迁徙、接近
自然的	人类活动的能源，生物活动的能源，自然环境，地面结构，建筑材料，建筑组件，建筑物，地域，沉降
生态的	食物，遮蔽，住房，空气和空气质量，水和水体质量，卫生保健，绿地面积，污染，土壤质量，生物多样性，栖息地多样性与质量，生态系统的恢复原能力（从不平衡态中恢复的能力），健康和保健服务，医院，体育馆
敏感的	居住情感，幸福感，舒适，健康，噪声，安全感，安全，隐私，宁静的环境的保障，例如高速公路的噪音覆盖了鸟鸣，顾问服务，避难所，家养动物的饲养环境
分析的	弄清社区内公开的问题，使人清晰知道事实和问题，计划与评估分析的质量，差异化，功能组合，知识，理解问题而不仅是解决问题，学校，大学，教育服务，研究
历史的	社区内的推广创意，创新，继承，社区的历史，相关技术，博物馆、档案馆、文物建筑
沟通的	社区内部沟通方便，通信质量（真实性），语言网络，符号，信息提供，石碑，标志，媒介，广告
社会的	社会关系及相互作用，休息场所，社会风气，凝聚力，多元化，竞争力，协作，当局结构，社会登记，俱乐部和社团
经济的	土地的使用，可再生资源的利用和更换，不可再生资源的利用、回收计划，融资态度，效率，金融机构，写字楼，银行，股市，工厂，就业
审美的	旅游景点，市容景观，建筑与设计，建筑装饰风格，社会和谐程度，生态的和谐与平衡，艺术画廊，剧院
司法的	关于财产，所有权，规章和其他政策手段以及建设，相关权利，责任，不公正，房地产市场的利益，民主，参与度，审裁机构，行政机构，法律机构，政治体制的法律及法律的制定
伦理的	人际间的言行举止，声誉，睦邻友好，团结，共享，平等，道德，家庭健康，志愿中心
信义的	对社会忠诚，充满斗志，分享认识自我的方式（例如我买故我在（I shop, therefore I am），我对上帝负责（I am responsible to God），意愿（例如，拥有一辆车），分享做事的方法（例如，科学、技术、经济将会解决我们的问题），宗教机构，教堂等）

上述描述利用了杜伊威理论中的 15 个维度揭示了城市环境系统的复杂性及其多重意义。然而，如果我们想更充分地了解这个模型，我们需要单独控制脑海中关于这个模型的每一维度，以便于我们能够获得区别各个维度独特的性质。（Kalsbeek，1975）。

6.4　用于理解建成环境可持续发展的 15 种维度

在本节，建成环境中可持续背景下的 15 个维度扮演的角色受到特别关注并对其进行了概述。需强调的是，维度的顺序为每一方面提供了特殊的位置。这些维度方面的制定使得前期的维度作为后期维度的基础为其服务。这个顺序在"Cosmonomic Idea of Reality"理论下是不可逆的。

这 15 种维度的顺序提供了一种为决策者在城市规划与设计中对可持续发展问题合理分类的方法。下面给出与表 6.1 有关的各种维度的名称。

6.4.1　数值维度：数值计量

数值维度意味着一个离散的数量，指的是事物确切的数目，它优先于其他特征。事实上，数值模式提供了一个城市发展的所有数量信息。如一些在建筑业熟知的例子：建筑物所占地的公顷数目（空间的），建筑物所需资源的数量（物质的）和占据一个建筑物生命的数量（敏感的）。

6.4.2　空间维度：空间、形状和范围

空间维度涉及连续延拓，这是研究最基础的维度之一，因为它划分了空间上的区别和以下所有的问题：建筑的形状和布局、地形、位置、地理位置、近邻、区域的拓扑结构和形式。它是之后所有方面发展的基础。例如，一个地点或者建筑的可达性就是空间维度的特点之一，当然也受动力学方面的影响（如向一个地方或者场所的移动）。这被认为是评价生活质量的一个关键因素。

6.4.3　动态维度：交通和机动性

运动学指标的意义在于运动。它的特色表现在开放或者封闭空间、城市或者建筑物间内人员和物品的移动流通。他把流动性限制在城镇和地区。交通与流通是一个城镇体系可持续发展的关键因素，包括了对生态环境影响、整体效用和生活质量特征的体现。

6.4.4　自然维度：自然环境、质量和能源

自然维度的意义在于能源与质量。它限定了我们生活环境的不同元素，处理能源，水，空气，土壤，天然材料和资源的内在联系。它的核心意义在于限定物质（自然）元素，例如建筑材料和建筑用地，以及那

些地区的空间发展的自然阻碍，例如山地，湖泊，海洋等。人工或者人造的障碍，例如墙体，桥梁和其他人造设施，也通过自然维度限定。最终，自然维度限定了所有建成（城市）环境，而建成环境被认为是限承载力有限的系统。

6.4.5　生态维度：健康、生物多样性和生态保护

生态维度的核心含义是有机生活。人们在建成环境方面已经认识到，建筑对生态系统产生重大影响，因为他们的生产、消费和继续存在于自然界的循环之中。这个可以用生态足迹的概念（见第3章）来解释。生态足迹被定义为所需的土地面积，这块土地上可以生产社会消耗的所有生物资源，并无限期地吸收废物。它从生物的角度表达了建筑对自然环境的影响。这些表现为超越建筑物生命的重复影响，产生一个非常大的足迹。不幸的是，了解和评估建筑物的生命周期内的所有影响不是一件容易的事情。我们需要知道有效信息的类型和评估目前的情况所产生的问题，分析过去的趋势和预测未来的类型。

从可持续发展规划的案例研究和例子中可知，健康和生态保护或者生物多样性与地区的发展息息相关。施工活动（或建筑活动）对空气、水和土壤的质量产生长期影响，特别是在工业厂房中施工的情况下。建筑部门不鼓励且使生物多样性处于不利地位。建筑部门把土地从自然资源或者农业生产转移到物质提取和城市扩张上。此外，建筑活动和对土地的其他使用（工业使用或者住房）产生的垃圾对生物功能和城市综合体产生制约作用。另一方面，生物问题有指引作用，如，倡导"绿色"设计的重要性。在建筑的可持续发展层面上，与环境相适应的建筑物的形状和形式，以及在减少建筑物所产生的污染方面的好位置成为考虑的主要问题。

6.4.6　敏感维度：人们对环境的认知

生物维度优先于许多后来维度。例如，污染的出现以及缺乏生物多样性的地方会影响人们对于环境的看法。后者是一个敏感维度，而且对可持续发展进程有至关重要的作用。敏感，源于一种感情，一种隶属于日常经验的特性。因为感觉是不可消减的，因此敏感维度也就比较难定义。

舒适、安全、隐私或者说，噪音水平在人类生活质量方面发挥了很大的作用。如果我们感觉在一个地方不安全，我们肯定不会在那里待很长时间，并希望改变生活环境。然而，居住所带来的隐私、安全、舒适和乐趣可以使我们对生活更满意，生活质量更高。

不仅是生物方面的，建成环境的空间和物理特性，例如布局、形状和建筑物的位置，也有助于提高居住质量。这意味着，敏感维度能概括它前面的所有维度。

6.4.7　分析维度：分析和知识

人类的感情和观念是对建筑物部分的分析和明辨的逻辑过程的基础。敏感维度是分析维度的基础。

分析维度的含义是逻辑和区别。在计划和设计阶段，分析维度指的是分析和正规知识。这可以帮助决策者分辨出施工的好坏以及建筑设计的分析质量。在某些情况下，建筑可以作为一个好的设计的来对待，可以充当教育工具。而且，建筑的形状、布局和形式在为分析功能提供信息上扮演很重要的角色。这就解释了为什么在维度秩序上空间和物理特征被放在分析维度之前。但分析维度是能够预见的，并可为其他方面提供信息，例如历史维度。教育、理性化的能力和元素间的区分是开发建筑知识和文化背景的基础。这与历史维度相关，其核心意思权力形成。

6.4.8　历史维度：创造力和文化发展

历史维度限定在设计中的创造力和施工中采用的技术。施工中的专业知识通常是从好的实践中得来的。分析维度中的研究活动使得技术方面的革新成为可能。这就使得历史维度和分析维度之间的联系尤为重要。

历史维度代表着人类在实现更好的居住条件中的文化和技术进步。建成环境的生产需要使用天然材料，消耗能源，并影响当地的栖息地。这种维度控制物理材料的建模，建设部分的组装和所有建筑计划所需的操作过程。因此，它包括空间、运动学、物理和分析维度。在人类社区的规划和设计方面，它体现了创造力和文化发展。在建筑遗产方面，它指的是保护策略。

6.4.9　沟通维度：通信和媒体

历史维度优先于许多维度，首先是沟通维度。例如，一个新的建筑（或重建），可视为好的实践或者创新技术实验室的一个例子。在这两种情况下，它代表了科学和文化发展的前进方向。它代表了已经对当前环境进行某些修改以满足一些社区需求。它向社区传递符号和信息。这就是沟通维度，其重要意义是提供信息。

建筑物能够告诉人们它的功能。我们仅仅从建筑的外在形式和布局来看就可以很容易地认识到，一家医院不同于一个车站或者一座桥。因此，沟通优先于空间和物理特征，还有历史维度。

通常，一个建筑物，例如一个纪念碑、一个建筑文化遗产或者现代建筑的一个例子，能够从美学的角度（审美）向社区传递特定的价值（信义）。在这些例子中，沟通是更高维度的基础。在将人联系在一起、促进参与规划和建成环境的可持续发展的共同愿景实现的方面来看，交际和媒体是紧密联系的。沟通维度直接预期了社会维度的核心：一所房子或者一个地方可能传递给游人欢迎的消息。建筑通常是人们聚集的一个地方，例如几个朋友在酒吧或者俱乐部的聚会点，也可以是一间办公室或者其他可以促进同事或者其他人关系的建筑。

6.4.10　社会维度：社会风气和社会凝聚力

社会交往是社会维度的核心。建筑的规模和形式、内部和外部环境的生态品质、建筑的可达性、舒适度、设计、采用的技术和提供的信息，所有这些元素在人们对社会交往的态度上起着适当作用并与之相适应。框架内的空间、物理、敏感、历史、分析和沟通方式等维度在社会维度之前并支持它。

6.4.11　经济维度：效益和经济评价

在房地产市场中，社会对建筑的使用与它的经济价值相联系。社会维度决定了其经济维度。这两个维度之间的联系非常强，正如建筑的效用理论（Forte & De Rossi，1996）解释的一样。

一些经济问题与建筑活动有关，一些决策是开发商和建设者对于初始有限的可用资源所作出的。形式、形状、布局和位置是确定建筑成本的基本问题。物理和空间资源，也影响未来的经济决策，正如建筑的寿命周期成本所示（Ferry et al，1999）。经济维度要求规划师和设计师要考虑建筑物的设计和发展的未来成本，因为这往往涉及建筑生命周期的经济评估。

空间、物理、敏感、分析和所有其他之前提到的维度均由经济维度决定。许多涉及建筑的经济决策，取决于某地的环境状况、人们（例如：开发商、用户、经济决策者）的观念，基于发展建筑设计的分析，当时的技术条件，决策者所掌握的信息和该建筑最终的用途。

在相关文献中，经济和环境的现有的相互依存关系，也包括社会和文化价值观（Costanza，1991，1993）。一方面，环境质量影响经济表现（如高的环境质量可以反映在市场价值高的建筑物上），另一方面，经济影响环境（如工业厂房将会给生态系统带来污染和压力）。这种影响是可见的，正面效用包括建成环境的改善和再生，负面效应包括城市生活引起的损害，例如，对自然风貌的损害，对历史古迹的损害，对建筑或文化利益的损害，对当地传统和风俗的损害。

经济维度优先于更温和的维度，反映了建成环境可持续发展的关键问题。例如，人筑物的使用对城市综合体的和谐（审美）有影响。如果建筑的使用者在经济方面运营很差，挥霍物理资源，低效处理垃圾，不关心他们的花园及邻居，则可能会威胁整个地区的和谐，可持续发展程度低。

6.4.12　审美维度：视觉吸引力和建筑风格

审美维度的核心是一个建筑各部分或者各元素间的和谐度。建筑系统的和谐度由很多元素决定，例如，建筑的形式、布局、位置和分布；设计质量；建成环境的社会使用；成本和其他在计划设计和建筑中的经济选择。美学维度产生于更为量化的维度之前。

特别的建筑风格和装饰具有审美意义。建筑之美不仅被当地居民所认识，而且会吸引邻居和游客。例如，市区的高质量的形象不仅能满足公民的要求，也会吸引新的投资者，吸引打算搬迁的企业，并成为其他地方行政当局的一个"样板"。许多福祉影响在提高生产力和节约成本方面只是间接或者只有一点关联的，例如城市体中的居民关系，社会一体化程度，安全，绿色区域的出现和人们对教育和培训的贡献。

6.4.13 司法维度：权力和责任

建筑可以和它周围的环境和谐，或者相反。建筑及其周边建筑之间的关系通常受技术和规则立法的制约。规则立法是一个司法维度，先于审美维度，特别是约束建筑在风格、外观的色彩和类似事物发展的术语和规范以及操作守则。

司法维度的含义通过权力和责任的概念被很好地解释。从司法的角度来看，建筑物是在地方当局的监管下，在一个行政空间内，属于一个公共的或者私人的拥有者。当地政府通过一个复杂的法律机构来支配和调节城市综合体的运作。各级有其相应的规章制度——地方、区域和国家。在英国，主要的立法是《城市和乡村规划法 1990》（1991 年修订），相反在欧盟的其他成员国中，他们在国家层面的规划条款很少，尽管中央政府保留了相当的影响力和控制力，空间规划法主要是地方当局的责任。

在物业以及土地的使用方面也有许多反响。在设计一栋建筑的时，城市及技术标准都需要考虑到。另一方面，新建建筑可以为实际产权结构提供修改，并且卖家和买家都需要正式注册。

司法的维度不仅符合且包括了审美维度，而且还有经济、社会、敏感及其表单中之前的所有指标。尤其是，司法维度与生态维度间的关系需要在城市可持续中强调，例如，由工厂及垃圾处理厂等建筑引起的环境污染问题。在司法维度中，污染的制造者（建筑的使用者或拥有者）在法律上要对社会造成的不良影响负责。因此，在某些国家他们需要根据相关法规为他们造成的污染支付费用或者上交特定的税。污染的影响通常在距离污染发源地很远的地方仍具有影响，这给相关法规的应用造成了障碍。通常行政区的界限（司法维度）并不与自然界限（空间与自然维度）相符。

6.4.14 伦理维度：伦理问题

在建成环境中认识和支持伦理指标中，司法维度对可持续发展中的角色有基础贡献。伦理维度指对包括由爱和道德支配的生物和非生物的其他实体的特定态度。这项研究特别指出，市民（特别是建筑和土地所有者）

不仅仅是行使所有权及其职责，附近的住户也应该超出自扫门前雪的防御。

伦理维度优先于并且含有之前早期的各种维度。例如，我们考虑因为决定在附近安置一个垃圾处理厂、机场或者铁路所引起的社会矛盾。空间维度（涉及位置）和生态维度是这个伦理指标的基本维度。然而我们在日常经验中就可以知道，立法也可对社会的士气产生广泛深远的影响的例子。

最后，当定义为社区成员间平等的分配资源时，公正尽管含有经济与司法的意味，作为研究可持续发展的基础，这也是一个伦理问题。（voogd，1995）。它基于对邻里人性的爱，对自然的爱等，用布伦兰特报告的话说（wced，1987）"尊重子孙后代的需要"。

6.4.15　信义维度：承诺，利益和愿景

伦理维度先于信义维度。当由于某些原因社会整体气氛低落时，例如政治决定、资源利用效率降低或者社会问题（犯罪问题）造成的经济衰退，人们就不会关心环境问题，可持续就没有发展的可能。

信义的意义来源于特定的信仰。这是人类结构中必不可少的一环而不仅仅是基督教或者是其他宗教所特有的特点。人信仰的内容和方向各不相同。例如，信仰可以来自上帝或者偶像或者其他生活中的哲学无论它是共产主义的或者唯物主义的。

最终，建成环境是我们心中所想的反映。城镇形式、形状、布局和基础设施，设计与计划，社会对待环境的态度，所有可做的经济选择和我们建成环境的审美和伦理特点都只是一个简单但基础的信念反映：我们是谁，我们作为一个人或者团体的发展方向（Lombardi & basden，1997）。

6.5　多维决策框架的发展

Dooyeweerd 上述理论支持了这一框架的基础——科学程序的构建。这15 项指标为决策者提供了一个在城市规划设计中分类可持续发展相关问题的合格系统。可持续发展检验问题遵循的大量的科学标准和规则，将指导使用者评估规划或者设计方案。

决策者在现存框架中遇到的限制（见第 3 章）表明框架的结构必须要灵活，并且能够考虑不同情形下、规划和设计中的问题。该结构中应该包含与决策相关的标准并同时让用户易于核查，提供城市发展可持续性的信息。

这个框架应有利于利益相关者的合作，有助于正式决策制定者（计划者、设计者以及制定战略和政策的市政当局）间的磋商与交流，其中也包括任何可能参与到决策制定过程的公众。换言之，它应具备亲和性的术语。

为阐述该框架的作用，一些针对重建城区的例子问题被设计出来。这些问题用以帮助决策制定者（计划者和利益相关者）对可持续发展的各个方面进行检验，并对该方面在计划条件下解决加以证明。

因目标复杂，这不可能是问题的详细清单，但带来了支持和指导计划评估的提示。值得指出的是，评估不受技术因素限制并且包含如表 5.1 所列的非技术方面。它们中的每一项都将代表与利益相关者有关的信息水平。

最后一点是，用于设计这些问题的评估角度应与对潜在替代方案的事前评估相关联。在这种评估角度下，该框架的目的在于帮助决策制定者和利益相关者在决策制定过程中做出的选择。该例无疑具有代表性。改变问题和评估技术，清单并不发生改变，并且可以作为事后评估或监控的基础。事后措施和监控都为计划和管理过程提供了不同的视角，该框架对理解由政策或项目变更引发的变化，以及判断计划完成的程度具有指导意义。该框架的灵活性将在第 7 章作更深入讨论。

下述内容展示了一小部分能使我们对可持续发展进行检验的问题，涵盖了所有可能促进环境和谐的问题。

6.6　各维度下用以检验可持续发展的关键问题

可持续发展包含非技术因素，例如社会经济和文化因素（见第 1 章），故只能通过能够为复杂评估提供结构和支持的强健理论框架来对这一过程进行评估。作者基于杜伊威哲学，采用了维度排序，并在本章前文进行了阐述。

从维度序列的顶端开始，下述内容是与每种维度相关联的潜在关键问题，这些问题在可持续发展的内涵下被重新定义，见表 5.1。这些例子揭示了需要处理的问题，并且有助评估者作出考虑所有关键问题的评估（以及道德责任）。

6.6.1　宗教维度：承诺、利益和愿景

（1）政治环境是否平稳？
（2）计划是否与地区性和国家性要求相符？
（3）是否能为环境保护提供资金，能提供多久？
（4）各利益相关者对该计划作出了怎样的承诺？

6.6.2　伦理维度：伦理问题

（1）发展计划是否为未来的人类提供与现在同样的机会和改善？
（2）发展计划是否缓解了社会不公？是否支持志愿团体行动？
（3）该计划是否对生物圈、生态系统和物种提供保护？
（4）所有的利益相关者都参与到发展计划中了吗？

6.6.3 司法维度：权利和责任

（1）是否所有开发者、业主、土地所有者和用户都长期具有权利和职责？

（2）该计划是否对受益者和承担者进行了识别？是否具有损失补偿和权利支付的功能？

（3）不论通过直接还是选定的方式，人们可以在多大程度上改变他们的环境？

（4）战略环境评价（SEA）是否被采用（见第5章）？是否与环境保护技术计划标准相一致？

（5）何种市民组织有权参与决策制定？

6.6.4 审美维度：视觉吸引和建筑风格

（1）这个发展计划在短期和长期均能提升建筑物和居住地的艺术品质和重要性吗？

（2）建成环境条件能提高视觉吸引力吗？

（3）有计划的干预能在审美上令所有利益相关者满意吗？

（4）发展与环境、周围的事物和生态系统协调一致吗？这项计划能提升自然环境的视觉吸引力吗？

6.6.5 经济维度：效益和经济评价

（1）是否有一个长期实施的财务评价？

（2）利益相关者之间如何进行财务分配？

（3）是否考虑了当地建筑业劳动力的就业？

（4）是否有一个有效的环境管理系统？是否实施利于发展详尽的城市范围内的回收项目？

（5）有多少利益相关者承诺进行财务评价？

6.6.6 社会维度：社会风气和社会凝聚力

（1）这项计划能否长期提高并维持社会的互动作用？

（2）考虑到发展在社会风气上的长期影响吗？

（3）这项计划有助于个体和机构之间的协作和联系吗？它提高了所有社会成员在社会福利事业上的可达性了吗？

（4）这项计划考虑了旅游业对文化和自然环境的影响了吗？

（5）社交俱乐部、志愿组织和文化协会参与到这项计划的发展中了吗？

6.6.7 沟通维度：通讯和媒体

（1）是否有一个有效的区域监控系统？

（2）通讯基础设施能够在现在和将来都得到提高吗？

（3）是否有一个有效的城市信号长期规划？

（4）这项计划能否提高包括贫困人民和弱势群体在内的所有市民对通信设施的可达性？

（5）这项计划包括环境审计吗？环境定位广告在区域上可行吗？

（6）发展计划的信息对所有利益相关者都有效吗？所有相关的市民团体都能参与本计划的讨论、论证和评价吗？每个人都懂计划使用的语言吗？

6.6.8　历史维度：创造力和文化发展

（1）城市计划中包括保护区域内文化遗产的修复计划吗？

（2）改革是基于地方风俗吗？

（3）这项计划能否提高贫困人民和弱势群体的生活水平和文化愿景？

（4）所用技术对生态环境无害吗？

（5）这个城市有一个完善的咨询程序吗？咨询程序在计划提议上成功实施了吗？

6.6.9　分析维度：分析和正规知识

（1）在包括出于长期观点考虑的问题上运用了科学的分析吗？已提供的资金能否长期支撑计划方案？

（2）是否有一个对市民可行的教育计划？

（3）是否有一个全社会有效的与环境相关的教育规划？

（4）这个分析已经被大多数利益相关者了解和赞成吗？

6.6.10　敏感维度：人们对环境的认知

（1）是否有一个区域有效的安保计划？

（2）这项计划解决了该区域以及周围环境内的犯罪和破坏文物的问题吗？每一个利益相关者都对周围的安全设计感到舒适和自信吗？有没有考虑到孩子们的看法？

（3）这项计划解决了该区域内的噪音问题吗？考虑了视觉效果吗？

（4）包括没有发言权的所有的利益相关者的观点都被考虑到了吗？代表孩子们的权利的团体们在作决策时积极吗？

6.6.11　生态维度：健康、生物多样性和生态保护

（1）一个地区的承载力包含什么？该地区的长期开发方案是否纳入了该地区保持不可再生资源可用量等信息？

（2）开发地区的每一个利益相关者，是否都能拥有合适的空气，水和土地质量？他们对于当前的绿化程度、卫生水平、医疗服务、医院、体育场馆是否感到满意？

（3）该地区是否有一个可用的环境规划方案？这个方案能否提升空气，

水，土地的质量？它能否增加或者是改善医疗服务？

（4）社区群体是否积极地参与解决环境问题？是否所有的利益相关者都参与进了环境规划方案的编写？

6.6.12　自然维度：自然环境、质量和能源

（1）能源节约方案是否将长期角度纳入考虑？

（2）该地区是否有一个可用的环境规划方案？

（3）该地区的长期开发方案是否纳入了该地区不可再生资源保有量的信息？

（4）当地的环保组织是否参与到开发方案中？

6.6.13　动态维度：交通和机动性

（1）地区开发方案能否从长远角度改良该地区内外的流动性？

（2）是否每个利益相关者都能便捷地使用公共交通？公共交通设施是否能够满足所有利益相关者的需要？

（3）交通设施规划方案是否满足环境友好的要求？它能否提升空气质量？

（4）是否所有的利益相关者都参与进了交通设施规划方案？

6.6.14　空间维度：空间、形状和范围

（1）该地区发展方式是否满足其未来开发方案灵活性的要求？城市结构会随着时间而逐步趋向于稳定吗？

（2）城市密度是否适合每一个利益相关者？

（3）新型城市的密度及形式是否是环境友好的？

（4）是否所有的利益相关者都参与了建筑物或者设施形态及布局的开发？

6.6.15　数值维度：数值计量

（1）开发的进程持续多久？

（2）计划中需要再分配的资金有多少？

（3）开发中消耗的自然资源与非可再生资源有多少？

（4）有多少利益相关者参与了决策？

需要再次强调的是，这些问题仅仅是一些例子而实际计划充满了变化。但是，基本框架是相同的。这使得我们通过各维度从全局考虑，但因地制宜。即使是这份有限的问题清单也显示了理解和评估可持续发展的复杂性。

6.7　结果分析

在可持续发展决策中面临的主要问题是，大量混淆决策者决定的信息阻碍决策者寻找到合适的解决方案。为了克服这个问题，表 6.3 描述了 15

个维度和计划指标重组成两套可持续发展的组合方案。

第一套可持续发展方案主要涉及可持续发展的三大主要分类（表 6.3 中的一级指标），这在第三章中按照欧盟对于城市可持续发展的解释定义为与自然环境、人文环境和体制环境相关的三种不同的资本。

第二套方案涵盖了五类城市政策相关的问题（表 6.3 的二级指标），即城市及基础设施建设、环境质量、教育与科学发展状况、社会和经济发展情况和政府治理能力，这反映了城市环境中可以干预的主要战略领域。

这个框架结构旨在通过把多项指标和评价要点逐步整合至一小类广为人知的主要可持续发展维度从而提供一个综合性的评价结果。第 7 章将通过案例进一步进行说明。

可持续决策评价框架　　　　　　　　　　表 6.3

目标	一级指标	二级指标	多维度方面	建成环境和计划方面
可持续发展	环境资本	城市和基础设施发展	数值的	数值核算
			空间性的	空间、形状和扩张（例如：城市密度）
			动态的	运输和移动（例如：基础设施水平）
		环境质量	自然的	自然环境（例如：环境质量水平）
			生态的	健康和生态保护或生物多样性（例如：绿色植物）
	人类文化资本		敏感的	人们对环境的感知
		教育和科学发展	分析的	分析和形式知识（例如：大学声誉）
			历史的	创造力和文化发展
			沟通的	沟通和媒体（例如：信息和交流技术 [ICT] 水平）
	金融机构资本	社会和经济发展	社会的	社会气氛、社会关系和社会融合
			经济的	效率和经济评估（例如：国民生产总值 [GNP]）
			审美的	视觉吸引和建筑风格（例如：文化遗产）
		政府治理能力	司法的	权利和义务（例如：法律体系）
			伦理的	道德问题（公平）
			信义的	承诺、利益和视野

6.8 小结

可持续发展决策的制定，尤其在计划和设计环节，需要能够描述问题结构的框架模型。这使我们可以了解（再）发展对现存环境产生的效果。

本章展示了新的概念模型，用于理解城市建成环境的计划和设计过程的可持续发展。本研究中的框架基于宇宙现实论这一哲学理论的简化版本。它能够发挥效用不仅因其能够对不同层次信息进行识别，还因为它可以将关键领域整合以使决策制定和谐统一。

考虑到地方层面可持续性的多方面属性，从数值到信义的 15 个方面对任何建成环境及其社区的长期可持续发展都至关重要（隆巴迪和巴斯登，1997）。现在我们可以重新审视第 1 章对可持续发展作出的定义，即以杜伊威的观点来看，"这是对一个城市系统的多个方面进行平衡的过程，它取决于这些方面的具体关系，例如功能性和依赖性"（见附录 A）。

该框架旨在基于一个类似于提示和清单的新型结构，通过计划和设计阶段对可持续发展的理解和评估活动，对设计者和计划者、官方公共开发者以及决策制定者进行指导。为此，2008 年国际建筑大会的国际研讨会采用该框架来探寻都灵 Basse di Stura 的改造，这是一个有大量问题需要解决的复杂垃圾填埋场。此外，内茨坎普（2007）认为它将是评选可持续发展指标的良好方法。

评价框架包括以下内容：

（1）关注容积、空间、功能、可行性等，对建设进程进行技术评估。

（2）对项目进行生态导向的评估（"绿色设计"），说明该区域与现存环境间的相容性。

（3）对计划资产的历史和文化重要性及其社会期望的认知。

（4）对财政和经济可行性的分析。

（5）对满足消费的进一步需求的新（再）开发模式视觉效果和灵活性、适应性的核查。

（6）基于法律和相关程序的分析，对项目机构的可持续性进行评估。

（7）在城市地区议程及战略计划中感兴趣和关心的问题有充分的理解。

可持续发展决策中产生的问题举例：评估信息的获取花费大量的时间和金钱；不同评估方法中使用的多种术语使利益相关者交流感到困惑；现有数据中的不确定因素使得预测十分困难；因缺乏统一的结构协调十分困难。

该框架并不能够解决可持续发展中的所有困难，但是它为各个学科、不同专家和人员间的合作提供了新的机会；同时它增添了传统评价方法所没有的新的评价维度（如审美维度）；使得在一个框架下所有的知识与技术和科学的特有作用联系到了一起，使得评价变得有序、连续且统一，避免了评价过于简单或者过于晦涩。最重要的是，该框架能够帮助决策者们向利益相关者更好地理解、解释和沟通问题的复杂性以及对可持续发展进行评估。因此，它也可以作为一种学习工具，解决当前规划领域对高等教育的需求。

在第 7 章中，四个具体实例为本框架在不同的规划水平作为一种决策工具所显示出的巨大作用进行说明。

第 7 章
把框架体系作为构建工具：案例分析

我们所提出的应用于决策制定的多维度框架体系具有稳健性、相关性、综合性和灵活性等特点，本章将通过案例分析展示该体系的上述特点。我们将提供四个具有不同相关计划或设计背景，处于不同操作层面的实例，这些实例体现了该框架体系能够在可持续发展的背景下，明确决策制定过程中的关键问题，并涵盖现有方法无法解决的一大部分问题。

需要再次强调的是，与建成环境可持续相关的信息技术和科学知识目前是十分有限的。此外，计划和建筑领域的可持续性经验仅限于一些成功的"当地例子"或案例研究，其适用性并不具有普遍性（塞尔曼 1996，库珀和帕尔默 1999）。

由于需要许多不同学科和人员的共同努力、长期合作和持续履行，可持续研究仍是试验性的、不完整的。另一个主要的制约因素是缺少可持续发展综合数据库，使框架体系很难得到应用。现有的数据库更加关注统计变量和分类体系，将其作为决策制定信息整理的结构体系，但是此类数据库基本没有或不可运作（米切尔 1996，本蒂韦尼亚等人 2002，迪肯等人 2002a）。

本书将对上述问题进行解答，我们将基于一种新的理论基础（现实宇宙论）来满足需求，提出用于提升计划可持续性的框架体系（见第 6 章），这一过程需要理解、调查和信息，同时也需要测试和审查。然而，框架体系中很多问题的信息获取有限，这意味着需要对多维度框架的未来实际应用进行更深入和全面的测试。一个结构的连贯实施和采用在每一个计划情况和决策制定过程中都是必要的，以此鼓励用户将其作为一种全面运作的可持续性评价工具。

由于多维度结构所依赖的信息经常变化，因此它的应用只能着眼于理论结构基础。如表6.3所示，此结构囊括了15种模型，以及可持续的3大方面，即物理环境、人文环境和制度环境。

本章将通过四个案例论述多维度框架体系在可持续发展决策过程中应用的全面性。本章案例分析将解决以下问题：

（1）灵活性。该框架体系能否在不同规划条件下运行，并产生有意义的结果；

（2）明晰性。能否在不同模式下为决策制定者提供明确的建议；

（3）是否有助于决策制定，达到可持续性理解、监测和学习方面的提高。

第一个案例用以说明该框架体系在长期规划模式下的全面性，提供一种替代传统暂时（事前）评估方法，用以解决决策制定问题的模式。因此，可以将新方法与传统方法进行比较，以考察其是否有改进之处。本案例体现了多模式结构体系能够明确给出决策制定过程中的所有要点，准确指出传统方法的不足。这将有助于说明该结构体系是全面的，并能够充分解决存在的问题。第二个案例来源于现实中的规划重建例子，突出体现出多维度体系作为一种结构方法在多准则评价方法在这一过程中的优势（隆巴迪2009）。第三个案例提出了决策过程中的回顾性（事后）分析，多维度结构也成为一种发现利益相关者意见的工具。第四个案例涉及可持续发展指标，利用多维度体系为摩纳德市（意大利）制定"社会报告（利益相关者报告）"。这四个案例说明了 15 个模型之间的关系。

这四个案例应用在不同的规划条件中，体现了不同环境中多维度体系的灵活性以及其潜在应用的广泛性，即可复制性。如前所述，规划和设计是多方面的活动，同时也提出挑战决策制定者的很多不同问题。为了进行说明，我们选择了以下可持续发展的主要规划／管理问题：基础设施层面的科技管理系统，地区层面的城市再生，城市层面的战略规划。

第一个案例体现了如何利用多准则方法（如第 5 章所述）为都灵市选择新的垃圾处理方案，这一案例证明了在从长期可持续发展的角度出发，之前很多重要因素都被我们忽略了。

第二个案例关于复杂决策问题，利用多维度体系制定城市再生计划。该计划是城市综合发展计划（Integrated Local Development Programmer，ILDP）的一部分，同时也包括 21 世纪议程的城市发展战略目标。

第三个案例将多维度结构体系作为一种回顾性评价工具用以增强对可持续发展的理解和学习。提出一个多方利益相关者决策制定问题，即废弃工业区重建这一关键可持续发展问题（柯韦尔和隆巴迪，1999）。

最后，第四个案例给出了城市社会报告所需的严格实地考察及三个发展阶段。第一个阶段涉及对所提问题的深入理解。第二个阶段提供了在一个城市范围内应用的框架结构及信息的结构化收集。第三个阶段是对结果的分析过程（隆巴迪和斯塔赫里尼，2008）。

对这四个案例的分析都基于传统方法的应用，记载于 Lombardi 和 Zorzi（1993），Lombardi 和 Marella（1997）以及 Comune di Modena（2004）的文章中，细节背景信息可参看相关出版物，这里就不再赘述了。

7.1　案例 1：城市废物处理系统

本案例涉及可持续发展中的重要生态问题，即城市废物处理问题，包括有机物质、纸张、金属、纺织品、玻璃、合成材料以及少量的种类繁多的有毒物质。虽然很多欧洲城市都进行废物回收，但由于缺乏公共资金，这一系统在受污染的社区并未起充分作用。

在欧洲，每人每年会产生 150~600kg 生活垃圾，平均每人每年产生多于 500kg 或每天 1.5kg 生活垃圾。经济合作发展组织（OECD）研究表明，从 1985 年到 1990 年，欧洲西部城市废物以每年 3% 的速度增长（OECD, 1994; CER, 1996）。同时，城市废物构成上也在发生变化，表现为塑料制品和包装材料的增加。

大部分城市垃圾被运往填埋区，在欧洲，倾倒，作为最常用的城市废物处理方式，不总是可控的。废物焚烧作为一种替代方式承担了 20% 的废物处理任务，通过焚烧可以减少超过 30% 的已经过初步处理的废物，同时也可以用于生产能量。但是，废物焚烧也会带来空气污染、产生有毒废物等问题，而这些处理过程需要大量资金并难以管控（Stanner and Bourdeau, 1995）。

目前，欧洲很多城市都在研究废物回收问题，旨在减少不必要的物料进口和废物产生（EEA, 1995）。

本案例将讲述如何为都灵选择新的城市废物处理系统，目前，AMIAT 公司正利用一种垃圾掩埋系统进行城市垃圾管理，尽管这个系统仍在运行，但我们必须在现有系统废弃前寻找到一种新的垃圾处理科技解决方案。

以填埋的方式进行城市垃圾处理，要求我们寻找具有合适水文地质条件的新垃圾填埋场，使得在填埋过程中不造成地下水或土壤污染。另外，垃圾掩埋过程会破坏城市景观和空气质量，同时也增加了灰尘、鼠灾、虫灾、火灾隐患。这些问题的处理也是解决决策所产生的社会矛盾的基础。

在 Lombardi 和 Zorzi（1993）提出的案例中，对垃圾掩埋控制系统、垃圾焚化系统、垃圾分类回收系统等三种主要的垃圾处理方式进行了对比分析（作为替代方案），并开发了一种环境影响分析方法，以帮助决策制定。在这一分析方法中，加入了多种环境因素和社会经济因素（作为方案评价标准），包括空气、水、土壤、景观、公共卫生、技术风险、经济分析、系统全寿命周期分析和系统易用性分析等。

我们所使用分析方法的完整层次结构如图 7.1 和表 7.1 所示，顶层为目标，底层为替代方案。

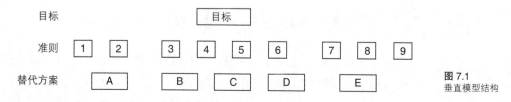

图 7.1
垂直模型结构

这一评估中的目标、准则和替代方案　　　　　　表 7.1

目标
确定在都灵的垃圾处理技术方案

准则
（1）保护大气层
（2）保护水资源供给
（3）保护土壤
（4）保护风景
（5）保护公共健康（最大化卫生）
（6）最小化风险（最大化安全）
（7）费用税收比最大化
（8）最大化植物生命
（9）简化运营

替代方案
（A）掩埋控制
（B）焚化
（C）循环利用和掩埋控制结合
（D）循环利用和焚化结合
（E）循环利用、焚化和掩埋控制相结合

我们开发了一种 1~9 标度法，对每一种替代方案在可逆性和工作时间等方面进行影响程度评估。这种影响评估构成了三种不同的多准则分析方法（Multi-criteria analysis methods，MCA）的基础，用于设计一种单一偏好指数，以对各种城市垃圾处理系统进行评价（见第 5 章）。

Lombardi 和 Zorzi 使用三种不同多准则分析方法（普遍认为一个方法足以解决问题）的原因是为了避免众所周知的"方法不确定性"问题（Voogd，1983）的出现，多准则分析方法应用结果会被这一方法基于的数学结构所束缚。所以，利用不同的分析方法对结果进行对比分析有利于决策的制定。

利用多准则分析方法可以对不同垃圾处理方案进行排序，将混合处理系统（如回收、焚烧混合系统）排在首位，将传统系统（如填埋、焚烧系统）排在底层。

这个结果既不依赖于对评价标准的主观选择，也不依赖于权重的设置（这被当成这一方法的附加不确定因素）。评价标准和权重由专家在商议过程中决定，忽略了非专家的意见，并且只考虑了科技因素。

我们所使用的多准则分析方法包括，一致性分析（Roy，1985）、层次分析法（Saaty，1980），制度方法（Hinloopen 等，1983）。我们在第 5 章中简要介绍多准则分析方法。

利用多维度结构可以发现威胁可持续发展的一些问题，尤其是有关不包括在上述分析中的方面。特别是由于在评估中缺乏非专家人士的参与而导致缺乏认同，如表 7.2 所示。

基于多维度结构的 MCA 应用评判（来源：Lombardi，2009.）　　表 7.2

方法	可持续发展的主要问题
数值核算	专家使用一个十进制基数来比较替代品的标准和为评价指标分配相对权重。在分析可持续发展过程时，还原是一个很危险的方法
空间、形状和扩展	评估没有考虑到废物处理系统的空间位置，唯一一个空间考虑是将土地占有量作为评估标准进而保护土地资源
交通和流动性	在以上决策过程没有考虑
物理环境、质量和能量	一方面考虑景观问题，另一方面考虑危险材料对人类系统的影响
健康、生物多样性和生态保护	在评估中使用大量环境指标，例如：保护大气，保护地平面和地下水供给，保护公众健康
人们对环境的看法	在以上决策过程没有考虑
分析和形式知识	此标准用于比较可替代废物处理系统的相对优势，即其分析水平和可操作性
创造性和文化发展	在此层次中有两个不同的标准，例如：缩减风险（如技术风险）和增加地球生命力。这两点对于可持续发展原则非常重要
交流和媒体	在以上决策过程中没有考虑
社会环境，社会关系和社会凝聚力	在以上决策过程中没有考虑
有效性和环境评价	评价标准与"来自经济分析的成本最大化"
建筑的视觉吸引力、选址和建筑风格	可替代废物处理系统没有考虑视觉影响，但考虑到了景观保护问题
权利和责任	监管框架受到技术问题的限制，但并没有提及政治和法律结构
道德问题	在以上决策过程没有考虑
承诺、兴趣和愿景	在以上决策过程没有考虑

注：每一个成对矩阵是一种平方矩阵和互反矩阵。该矩阵的对角线由单位（1）组成。使用者只需要给出矩阵一半的数值，其余部分可以由相应数值的倒数获得。

　　虽然在评估过程中我们已经考虑到一些环境与科技，社会与经济之间的冲突，但是缺少对使用者感受因素、社会或道德因素的考虑，可能会影响评估结果，导致一种严格的专家化决策的形成。例如，对景观、空气质量、水质量、土壤质量等不可再生资源的关注，以及对公共卫生和有害物质（安全性）的关注都与人们的健康和社会价值体系息息相关。而我们所使用的决策制定方法并没有考虑上述因素。

　　在学术上，多准则分析方法被认为是一种能够融合专家和大众意见的有用工具，但在实际中应用并不广泛。总体上，只有少数零星实例，大部分只停留在理论阶段，而且分析结果并不能令人满意（Archibugi，2002）。多准则分析方法需要对决策制定者的个人偏好给出明确的解释，决策制定者要事先对每个准则及赋予它们的权重形成统一的认识，以避免相互影响（Zeppetella，1997）。而上述过程在实际操作中并不容易实现，所以讨论和磋商也很难进行。

表 6.3 所给出的多维度结构可以指导决策制定者选择最适合的评价标准。新的准则分层结构和二级准则如图 7.3 所示，列举 5 个评估备选方案。

与表 7.1 中的原始因素分层结构相比，表 7.3 中的因素更加全面地反映了可持续发展决策的相关问题，如使用者的偏好、社会因素、道德因素等，并将之前的标准（斜体字）融合到合适的可持续发展分类模式中。

基于多维度结构的准则和子准则新清单（来源：Lombardi，2009.）表 7.3

目标	维度	标准	详细标准和子标准
可持续发展	数值核算	城市和基础设施发展	考虑像人口密度、污水处理的选址和扩张以及交通运输问题
	空间、形状和扩张		
	运输和移动		
	自然环境	环境质量	包括以下子标准： 保护空气， 保护水供给， 保护石油， 保护土地， 保护公众健康（卫生最大化）
	健康和生态保护或生物多样性		
	人们对环境的感知		
	分析和形式知识	教育和科学发展	考虑技术发展和为污水处理的可持续运作创造良好沟通问题，包括以下子标准： 简化作业流程
	创造力和文化发展		
	沟通和媒体		
	社会气氛、社会关系和社会融合	社会和经济发展	包括以下子标准： 危险最小化（安全最大化）， 成本 / 税收比率最大化， 植被生命最大化， 站点的视觉吸引
	效率和经济评估（例如：国民生产总值 [GNP]）		
	视觉吸引和建筑风格		
	权利和义务	政府治理能力	包括权利和责任，公民在决策过程中的参与，道德问题和可持续发展的观点
	道德问题		
	承诺、利益和视野		

7.2 案例 2：市区可持续改建方案评价方法

本段内容来源于 Lombardi（2009），基于改建规划问题实例，阐述该框架体系如何在复杂的规划和设计决策问题中识别评价准则和模型结构。最后，该案例通过多准则分析方法的应用，肯定了该框架结构作为结构化准则的优势。

正如第 5 章所提到的，在对不同方案进行评估时，需要考虑到不同观点，以及各准则所占的比重，多准则分析方法可以结合不同专家的优势，融合利益相关者以及决策制定者的观点，从而提供一种有意义且多元化的计划评估方法。

正是由于这些特征，多准则分析方法多用于市区规划设计方案的评估，评估各方案对建设和自然环境、社会经济环境以及体制的影响（Munda，2005）。例如，按意大利现有公共建设工程和环境评估相关法律制度，建议在多种设计 / 规划方案评估初期采用多准则分析方法。

然而多准则评价方法相关的评估准则众多，但对于特定的设计和计划问题选择最佳或更合适的评价方法缺乏具体提示给实践带来困难（Kazmierczak 等，2007）。多准则评价方法应用中的另一个问题是规划设计中的结构层次过于死板，导致大多数评价方法无法有效反映城区可持续发展的决策制定问题中各方面的相互关系（Kohler，2002；Brandon 和 Lombardi，2005）。

本案例并不能完全解决方法选择问题（Lombardi，1997），但是提出了一种更加先进的多准则评价方法——网络层次分析方法（Analytic Network Process，ANP），它是层次分析法（Analytic Hierarchy Process，AHP）的扩展（Saaty，1996），能更好地解决和反映复杂的决策问题各要素之间的相互作用和依赖关系，而不是把问题降低为层次结构（见第 5 章）。第 6 章所介绍的多维度框架体系是决策问题模型化的基础，能够解决决策多样性问题，体现了城区的持续性发展理念，并能够指导合理评价准则的选择。

7.2.1 问题

本案例主要研究意大利都灵城区内一个小镇（约 50000 人）的改建计划。

该计划也是都灵城市综合发展计划（Integrated Local Development Programmer，ILDP）的一部分，旨在帮助城市实现"21 世纪议程"所制定的如下目标：环境和城市质量，包括提高环保意识、改建计划、对现有资源和文化遗产的保护；可持续发展的机动性；社会凝聚力，包括经济发展、人力资本和地方福利。这些复杂多样的城市综合发展计划问题对当地政府城区可持续发展至关重要（Citta di Collegno，2005）。

整个城区包括总建筑面积为 2000m^2 的历史遗迹，周边与其相关的区域和绿地面积为 1100m^2，为综合城市功能提供了机会（Citta di Collegno，2006）。所以，关键问题在于如何选择最合适的再生计划，能够体现以上所提到的战略需求。

设计团队进行了一系列初步研究旨在识别这些历史遗迹周边环境的破坏程度和遗迹本身的损毁程度。这些研究能够显著体现出所有结构部件（楼板、屋顶、墙等）的损坏程度。通过以上的研究结果，市政当局和设计团队开发了多种城市再生方案，可以分为以下四种城市再生假说：

A."不作为"

这种解决方案不会采取新建和改建行为，但会造成城市衰退，而这对历史遗迹的损毁尤为严重。

B.商业服务

这种方案旨在为中小企业提供帮助，并受当地政府区域战略发展规划的支持。

C.文化休闲中心

该方案综合了各种与休闲、健康和博物馆等相关的城市服务和活动，而这一方案也会带来相应的投资回报。

D. "健康城市"

这一方案将医院和卫生机构的选址集中在离研究区域足够近的某一区域，从而服务于整个都灵市区。这样的决策将会影响建筑的使用情况。

7.2.2 模型结构化方法

城市规划专家团队采用一种新的多准则评估方法（MCA）——网络层次分析方法（ANP，见第 5 章），来评估最合适的方案。

通过多维度框架体系的应用，我们识别了评价准则及其在网络结构中的相互关系。模型列表及其定义如表 6.3 所示，可以实现对 ANP 模型的识别和评价方案的最佳准则。例如，我们经常会问以下问题，"如何设计评价准则才能充分考虑生物多样性？"，这涉及物质环境中生物方面的问题；"如何设计评价准则才能充分考虑创新性和创造性？"，这涉及人类－文化形成问题；"如何设计评价准则才能充分反映对未来的设想？"，这涉及制度 / 经济最高阶级信条问题。以上问题只是专家团队基于多维度框架提出的几个典型问题（问题列表详见 Citta di Collegno，2006：25~30）。

必须强调的是，这样的分类方法可以避免遗漏相关问题或包含无关问题，使分析的科学性和有效性有所降低。

最终网络结构模型如图 7.2 所示，该模型由 4 个元素集群构成，可替代方案集群、物质环境集群、人和文化集群、经济和体制集群。

替代方案集群包括了以上所提到的 4 种方案（A，B，C，D）。其他三种评价集群由各种不同基础要素所构成，体现了地方发展计划之下的发展战略目标，包括环境和物质等城市生活质量因素；与人力资本和社会凝聚力相关的社会和文化问题；经济和体制的进步及对可持续再生行为的认可。

另外，我们通过多维度框架结构进行模型的结构化，网络结构、各集群之间的联系和节点都基于 15 个模型之间的依赖关系。

根据多维度框架结构，各模型之间存在着依赖关系。愿景（信条）处于层次结构最顶端，属于经济和体制集群，并与之下的其他模型都有联系。由

图 7.2
最终网络结构模型
（ 来 源：Lombardi,
2009. Reproduced by
permission of The
Institution of Civil
Engineers.)

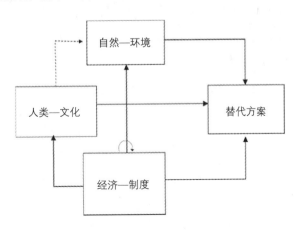

117

于这些连接，在经济和体制集群中存在一个"循环"，因为此集群中的每一个节点（经济、美学、法律、伦理）都由愿景连接，并依据愿景进行评估。如图7.2所示，以上所描述的模型特征，在图中由经济体制集群上的一个圆形箭头表示。

物质环境集群以及人和文化集群都由经济体制集群决定，因为这一网络中的所有节点都与愿景相连。在图7.2中以单箭头连线连接经济体制集群与物质环境集群、人和文化集群，以表示他们之间的相互关系。虽然多维度框架结构显示出物质环境集群与人和文化集群之间的相互关系，但由于他们之间的联系是通过经济体制集群中的节点（愿景）自动联系的，所以没有必要将物质环境集群、人和文化集群之间的关系表示出来（见草图线）。

网络模型有两方面构成，一方面是国际组织发布的关于可持续发展的"三重底线"概念（OECD，2003b，2008；United Nations，2007），另一方面是Maureen Hart（1999）所提出的利用三个同心圆表示可持续发展的三维因素，其中经济因素位于最里层，社会因素包含经济因素，环境因素位于最外围。实际上，经济是由人创造，并仅存在与人类社会，它孕育在社会当中，并由环境所支撑。

最后，如图7.2所示，这三个集群都与可替代方案集群相连接，基于这些链接，我们可以对四种可替代方案对可持续性的影响进行评估。

7.2.3 分析结果及结论

与标准层次分析法相似，在应用网络层次分析法时需要进行两两比较和相对权重分析，而相对权重的确定取决于对决策变量的两两分析（Saaty，1980，1996）。通过决策因素的两两比较，可以体现决策人的偏好，各因素在不同水平上的两两比较需要遵从控制准则和控制集群的相对重要性。

在这个案例中，集群中的每一个节点的评估都与位于模型最顶端的节点相关，例如，以当地社区视角来看，物理方面和空间方面之间哪些因素是更重要的？有多重要？

专家和公众都可以参与到评估过程中来，都有机会去表达各自的想法和判断，对一切相关的决策制定问题按照1~9标度法打分，而这些结果会在对比矩阵中体现，如表7.4所示。

物理/环境要素的成对矩阵（来源：Lombardi, 2009. Reproduced by permission of The Institution of Civil Engineers.）   表7.4

	数值型	空间型	动态型	自然型	生态型
数值型	1	5	2	1/5	1/7
空间型	1/5	1	1/3	1/5	1/7
动态型	1/2	3	1	1/5	1/6
自然型	5	5	5	1	1/2
生态型	7	7	6	2	1

注：这里给出的评价维度用于辅助将问题阐述清楚。

　　自然因素与空间因素相比，自然因素明显重要，在成对比较矩阵中，自然因素与空间因素对比的值为 5，相反，空间因素与自然因素对比的值为 1/5。通过对元素集群中的每个节点进行分析，各方案得到了评估，同时它们的影响也得到了衡量和记录。如果专家的观点出现分歧，我们可以通过 1~9 标度法折中确定中间成对变量的权重。

　　这种评价方法对于集群中的所有元素都适用，因此，根据网络层次分析法的步骤建立起成对比较的超矩阵，并将其标准化（相关应用程序见 http://www.superdecisions.com/)。

　　最终我们可以得到网络中各元素的优先顺序，及可替代方案，如图 7.3 所示，其中"文化和休闲中心"方案所占比重最大（38%），说明与其他选择相比该方案更大程度上满足了可持续发展评价准则。"商业服务"是第二好的选择，比重为 22%，而"什么都不做"和"健康城市"分别占比重为 15% 和 14%，是最差的选择方案。这一结果与城市转型发展战略相一致，这样的优先顺序也符合以下评价准则：

　　（1）社会因素：城市发展的目标是创造社会吸引力，提高他们对城市环境的归属感，防止城市人口的流失；

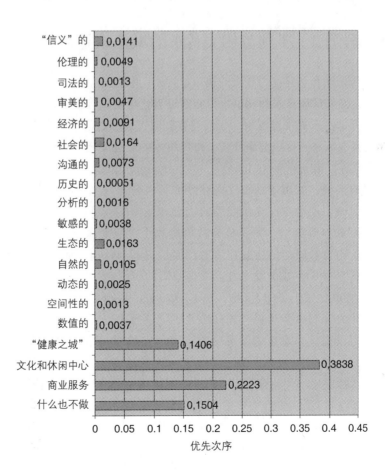

图 7.3
评价准则和替代方案的最终优先顺序（来源：Lombardi, 2009. Reproduced by permission of The Institution of Civil Engineers.)

（2）生态因素：城市发展的另一目标是保持城区的环境质量；

（3）信仰因素：这一因素用以反映整个社会的愿景，而这也是整个评价过程要达到的主要目标。

多维度框架体系方法在本案例中的应用，说明城市可持续发展是一个多层面问题，体现了环境、社会、经济系统之间的相互关系。与传统的基于 ANP 的 BOCR 分析方法相比，多维度框架体系方法并不将各评价元素强行分为积极（利润）和消极（成本）两个层次分析。相反，它会根据与可持续发展相关的各方面因素，对所有方案进行全面评估。

总的来说，这一方法具有两方面优势。一方面，它可以协助城市规划者、社会学者、政治家和其他利益相关者等专家，考察所有与计划决策相关的因素，避免有所遗漏，从而作出最终决定（Lombardi 和 Basden，1997），而这一优势已经在本章的案例中得以证明。另一方面，它能够明确地体现决策因素之间的关系，从而识别主要因果关系。例如，对市区环境的保护取决于市民对环境的归属感。后者涉及一些敏感问题，例如城市人口外迁等社会问题，而这些都是市政管理者竭力避免的。不幸的是，这与人的审美观有关，例如市民会认为这个城市不适合自己居住，这样的想法会造成市民的不满和消极态度（道德方面），使其需要寻找另一新的"愿景"（信条方面）。

7.3 案例 3：多利益相关者下的城市改造决策

在与公共和私营部门相关的决策过程中，利益竞争者会以不同方式衡量土地，比如房屋开发商和市政设施建设者，可能促进或阻止同一地点的发展。所以，在决策过程中，我们需要同时考虑公共和私营部门的利益，例如适宜生活和工作的健康环境、市民所需的社会文化、人们居有定所以及社会平等、流动性和保护。

普遍来说，城市规划法规能够维护私人公司或民众的利益，在房地产市场和城市建设方面提供同等的机会和竞争空间，但在现实中，很多问题还没有得到解决，尤其是公共机构和个人决策者之间的沟通问题，他们经常进行长时间的协商和讨论，但是得不到任何实质性的结果。特别是，双方很难在城市发展方面取得共同的价值观，同时在促进发展措施上也很难达成一致（Kaib，1994；Koster，1994）。如果各利益集团间存在冲突，有必要对它们各自的关注点进行比较，通常表达为成本和利润，用以提供信息来帮助解决决策中各方的冲突（Lichfield 等 1975；Lichfield，1996）。

本章将讲述意大利穆贾市（的里亚斯特省）一个旧工业改造重建的案例，用以说明多维度框架体系如何帮助多利益相关者进行决策。具体的分析方法包括，对该区域决策制定问题的研究、不同利益相关者目标和战略研究、对项目空间和经济方面的详细分析，整个分析过程需要调查、收集信息和采访主要的利益相关者。

该案例研究主要面向穆贾工业区重建中的长期决策，其中包括四方面利益相关者：

（1）穆贾市政府；

（2）工业区中的私营业主；

（3）阿奎利尼亚政府（该村庄由穆贾市管辖，是穆贾工业区兴盛时发展起来的）；

（4）的里亚斯特省政府，是与穆贾工业区相邻城市中最大的，是该区域的首府，并对穆贾市拥有管辖权。

20 世纪 90 年代初提出了穆贾市工业区重建问题，这要感谢意大利关于城市振兴相关法律（n.179/92）的出台，国家通过提供专项基金资助土地回收，以解决公共和私营部门之间的矛盾（D.M.LL.PP，1994）。

地方政府与一家工业企业为达成协议，开始了一项项长期谈判，主要分歧在于新土地使用问题。穆贾和阿奎利尼亚政府想将其发展成为住宅和旅游区；的里亚斯特省政府希望发挥该区域的区位优势，如港口、水果市场等，大力发展公共服务业；而企业本身只关注获得最大利润。各方观点差异巨大，很难达成一致。我们已经采用一种财务评价方法试图解决此问题，但帮助不大。

经过长时间的协商和设计，终于通过一个综合项目方案满足了各方的要求，该方案中包括住宅和旅游区、商业区、公共服务区。

利用多维度框架体系对决策过程进行回顾性分析（Lombardi 和 Marella，1997），该分析能够识别各利益相关者的共同关注点、各利益相关者之间的联系及其冲突的本质、识别各设计因素之间及与其他因素之间的关系，这有助于更早解决各方分歧。

各利益相关者的特点对比如表 7.5 所示。尤其分析了各利益相关者不同的本质原因，但同时各方的关注点中也有很强的联系，如"交通问题"、"健康、生物多样性、生态保护问题"、"建筑物视觉效果等"。各方分歧出现的原因在于效率和经济性评估问题、权利和义务问题，导致在建筑数量、计划设计方面，特别是土地用途和资源分配上得到的结果与他们想要的不一样。例如，土地拥有者的目标是在建设过程中利用公共资源（效率和经济性评估问题），树立市场形象（承诺、兴趣和愿景问题），承担更少的义务（权利和义务问题）。这使得设计方案中出现不同形式和用途的建筑，往往通过对土地最佳使用效果评价分析，决定建设商业中心。但是，土地拥有者与其他利益相关者达成一致需要考虑所建项目的交通便利性、土地生态治理、自然风光的可持续性等。

对典型决策问题的回顾性分析表明（至少在意大利背景下），多维度框架结构为在现有可持续建成环境下进行综合规划设计提供了理论基础，同

基于维度角度的决策过程追溯分析

（来源：Lombardi & Marella，1997）   表 7.5

方面	决策者（利益相关者）			
	土地拥有者	阿奎利尼亚	穆贾	的里亚斯特
数字账单	516000 册	321000 册	321000 册	352000 册
空间、形状及扩展	结合景观设计布局	结合景观设计布局	结合景观设计布局	结合景观设计布局
交通及机动性	提升可达性：新建高速公路	解决城市交通：建设铁路、高速公路以及步行街	加强与的里亚斯特的连接：新建高速公路	加强与穆贾的连接：新建高速公路
自然环境	未处理	降低交通能源消耗	降低交通能源消耗	建筑材料循环利用
健康、生物多样性及生态保护	关注改造土地	关注改造土地	关注改造土地及水质	关注改造土地及水质
公众感知、社会福利	未处理	提升安全性	未处理	未处理
分析与形式知识	根据分析得出的土地利用建议：购物商场、商业区、旅店、住宅	根据分析得出的土地利用建议：商业区、住宅	根据分析得出的土地利用建议：商业区、旅店、住宅	根据分析得出的土地利用建议：公共服务、港口服务、住宅
创造力与文化发展	未处理	打破原有活动限制	未处理	发展公共服务与住宅区域
沟通与媒体	包括标识及商业活动广告	未处理	未处理	未处理
社会风气、社会关系、社会凝聚	未处理	加强社会的相互影响，比如设计城市区域	未处理	未处理
效率与经济评估	利用公共基金、最小化私人财力	节约土地利用	利用国家基金建设当地的基础设施	建设港口码头的循环利用计划
视觉感染力与建筑风格	加强视觉冲击并使得景观和谐	景观和谐	加强视觉冲击，达到和谐	未处理
权利与责任	减少建设中拥有的权利	从私人向公共部门转移财产权利	增加建设中私人拥有者的权利	未处理
道德问题	未处理	提升家庭健康状况	未处理	未处理
承诺、兴趣和愿景	增加利润并提升公司营销形象	提升居民的外在形象并增加年轻人口	强化旅游业，增加娱乐活动区域	扩展土地影响并增加提供新服务的区域

时也有助于解决规划过程中各方的分歧，使决策中的关键因素清楚，引发思考，也揭示了之前不明显的问题。

在决策初期应用多维度框架（作为事前评估工具）结果，有助于解释各利益相关者之间的联系，并在决策过程中考虑各方的要求。相应的，多维度结构框架可以揭示一些相互矛盾的因素，指导利益相关者取得不一样的结果。最终，它有利于发现各决策者之间急需协商的问题。

我们急需用一种系统性的方法，解决规划阶段，尤其是战略层面上的问题（Bentivegna，1997），而多维度框架体系在很大程度上改善了这一问题。

7.4 案例 4：摩德纳（Modena）城市战略规划的社会报告

本案例将基于对摩德纳市城市战略规划，研究其可持续发展报告。

规划阶段，在预测区域未来资产方面，传统评价工具已经在很大程度上失去了原有的意义。一方面，区域发展涉及越来越多的利益相关者，另一方面，全球化和跨国一体化进程提高了城市在社会经济和国家区域发展中的重要性（Mazzola 和 Maggioni，2001）。

战略规划的作用是通过网络模型和多学科知识，逐步建立一种城市未来发展的共同愿景（Archibugi，2002），与城市总体规划等传统实体规划最主要的区别在于增加了决策不确定性和不连续性、各利益相关者及其竞争力网络分析、未来城市发展的全球愿景和方向（Ciciotti 和 Perulli，1998）。

根据 Bryson（1988）的研究结果，战略规划的主要步骤为：（1）确定问题框架结构；（2）建立利益相关者关系网络；（3）评估行动方案。

确定问题框架结构，建立利益相关者网络的目的在于：

（1）探索决策制定问题；

（2）识别符合未来发展目标的战略问题；

（3）分析所涉及的利益相关者和问题之间的关系；

（4）识别利益相关者之间的战略及合作关系。

战略规划意味着在执行方案时采取全面的观念，需要采取回顾性分析和监测评估方法等学习工具制定清楚的、总的决策（Ciciotti 等，2001；Pugliese 和 Spaziante，2003）。

参与型民主模型（participatory democracy model）要求决策过程中要不断与民众互动，旨在利用民众的能力控制决策过程（Davidson，1998；Davoudi，1999）。这来源于对战略规划定义的普遍认识，即为某一社会团体或城市制定未来发展共同愿景的过程（Btyson，1988）。城市中的每一个个体都是战略规划的利益相关者，他们都有关于未来发展的具体利益，也都有影响决策制定的机会，这都将为价值建筑的一部分。当然也包括每一个市民（Lichfield，1999）。

社会报告（social reporting）是一种基于经济指标、社会指标和自然环境指标等绩效指标系统的回顾性分析评价过程（也就是"三重底线"原则）。目的在于评估当地政府以往的决策、项目、投资等行为，以纠正现有的错误，提高未来决策能力（Hinna，2002）。

社会报告中的关键问题：

（1）这是当地政府的一种营销和管理工具，以私营部门的道德为基础；

（2）它将"一重底线"扩展为"三重底线"原则，即经济、社会和环境；

（3）它以对过去经济形势的分析，对现有形势的监控为基础；

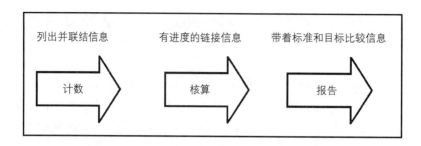

图 7.4
社会报告概念的演变
（来源：CLEAR Project，
2001）

（4）它包括当地政府行为的有形影响和无形影响。

过去几十年中，社会报告的概念由简单的罗列金融信息、进行社会核算（一重底线）发展成为一种更为复杂的工具，将金融信息与政府行为结合起来，例如会计，最终扩展成为社会报告，它能够利用合适的准则和工具比较所需信息，从而评估政府行为结果，并为其提供分析依据（如图7.4）。

社会报告的发展过程也体现在欧洲和欧盟各成员国（包括意大利和英国）的法律体系变化中，如表7.6所示。

法律体系（来源：Adapted from Hinna（ed.），2002）　　表 7.6

意大利		欧盟
私人部门	公共部门	
巴特尔研究所 日内瓦 1995 理雅各德拉基 GBS 任务组 指南 2001	L.142/1990 Digs 77/1995 Digs 267/2000 （TUEL）	EMAS，1993 生态审计 欧洲建筑业社会责任网络，www.ebnsc.org 绿皮书，2001 www.europa.eu.int/comm/off/green/index_it.htm 企业社会责任，2002

现有环境问题报告（如21世纪议程）所研究的多为可持续性指标问题，目的在于识别现有城市发展问题，协助政府管理者制定决策。

第四章已经对现有指标的主要问题进行了讨论，之前的研究（Lombardi 和 Basden，1997；Lombardi，1998b，1999）在文献中对不同的可持续因素设置不同权重，但其只重点关注环境的可持续性问题，特别是交通等威胁自然环境的问题，以及与经济评估相关的决策问题。反过来，这些研究同样显示出决策过程的不平衡性，表现为对某一问题的过度关注（Lombardi 和 Basden，1997）。联合国和经合组织（OECD）等国际机构所提出的可持续评价指标，没有全面体现城市发展的各个方面，致使在考察问题时无法做出可持续决策（Lombardi 和 Basden，1997；Lombardi，1998a，b）。

对社会报告更具体的争议来源于如何获得准确的信息，而社会报告与偶然事件、政治选举或行政行为、市场行为等有较强联系，这些信息和数据往往存储在不同的数据库中，很难访问、控制和对比。缺乏一种可行的结构性数据库正是由于社会报告无法成为一种有约束力的分析工具。相反的，我们通常在行政行为结束后采用社会报告分析，而并没有与远期计划阶段相联系。一个主要的问题是如何依据城市现有情况选择最合适的评价指标。

本案例中，我们将依据联合国等国际组织制定的可持续性准则选择可持续指标，因为这些准则符合地方发展需要，数据信息易于获得和升级，从国家和国际水平出发都科学合理，它们之间的关系相对简单且容易沟通。摩德纳市社会报告分析步骤如下（Lombardi 和 Stanghellini，2008）：

（1）在主要临时计划和附加管理文件的第一个管理阶段，识别关键行动和当局所需采用的方案。

（2）对政府行为和方案进行分类分析，并将其分为五个战略维度或宏观规划，每个维度包括一组项目：

● 第一维度 n.1：创新（Innovation），用于解决经济发展，技术和基础设施。

● 第二维度 n.2：城市居住质量（Urban quality），用于解决城市环境和实体质量、公园绿地、垃圾管理、能源消耗、交通及城市重建问题。

● 第三维度 n.3：社会性（Sociality），涉及社会融合、犯罪、体育、文化、旅游以及民众权利。

● 第四维度 n.4：社会福利（Welfare），用于解决教育和卫生政策问题（医院、托儿所等）。

● 第五维度 n.5：政府管理行为（Administration），用于提高社会服务水平。

（3）绩效评价指标分为四种：

● 效率（Efficiency）：通过评估正在实施项目与计划项目的数量和实现程度，考察政府的管理能力。

● 经济性（Economics）：评价项目发展所用财政资源的最少额。

● 效力（Efficacy）：评价项目目标实现程度。

● 对社会的影响（Effects）：评价项目对社会经济部门和社会的益处。

（4）研究期间（1996~2003）测量绩效指标的上涨下降百分比。指标体系结构（4E 模型）如图 7.5 所示。

这一绩效指标体系通过对政府施政纲领目标的实现程度进行评估，充分体现了政府在项目实施过程中的成果，但它无法提供对政府行为可持续性评估的最终结果。决策者往往希望用简单的方法考察其行为的可持续性，但大量的指标和措施可能使他们无从下手。多维度框架体系的目的就是提供一种全面、综合的评价结果。

利用多维度结构体系（如表 6.3 所示）对以上所提战略维度重新分类，以方案实施和指标评价结果如表 7.7 所示。这将促使针对程序的有限数量的合理指标的识别。有助于为社会报告提供系统性和逻辑性的评价指标体系，从而对方案进行全面考察，可以避免过多未处理信息的干扰。同时，可以使不同的方案的实施和评价趋向于严格数量的可持续性评价准则。

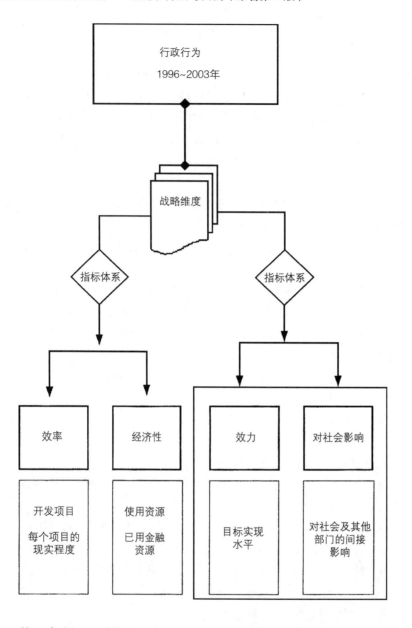

图 7.5
摩德纳市社会报告每一
战略维度模型的图解展示

第 6 章中，通过位于三个层次，且相互联系的评价准则，这一结构对可持续发展做出了明确定义。

第三层准则由 15 种模式组成，第二层模式包括 5 类城市发展政策：

- 城市和基础设施发展；
- 城市环境和实体质量；
- 教育和科学发展；
- 社会和经济发展；
- 行政管理。

这些内容都会反映在我们所提到的战略维度，即城市生活质量、社会福利、社会性、创新和行政管理维度。它们也与可持续发展的第一层准则，即实体环境资本、人类文化资本和金融机构资本相联系，而这反过来也概括了可持续发展的概念（见第 3 章）。

我们需要重新强调决策数据信息库在可持续发展决策方面的重要作用，过量的信息往往会阻碍利益相关者和决策者提取与决策过程相关的准确及合适的信息。我们所介绍的多维度结构体系，就是为了帮助市民和利益相关者选择有意义的可持续发展指标和准则。

根据多维度结构构造摩德纳市社会报告　　　　　表 7.7

目标	二级指标	策略维度和公共政策	维度	指标举例	增加或减少值（1996、2003）
可持续发展	城市和基础设施发展	维度 N.2：城市生活质量	数值核算		
			空间、形状和扩张	总建筑面积	+6.3%
			运输和移动	环路长度	+50%
	城市环境和实体质量	维度 N.2：城市生活质量 维度 N.4：福利	自然环境	能源消耗（天然气）	+5.1
			健康和生态保护或生物多样性	绿地有无	+38.4%
			人们对环境的感知	幼儿园可接纳数量	+5.6%
	教育和科学发展	维度 N.1：创新 维度 N.4：福利	分析和形式知识	大学报名数量	+2.7
			创造力和文化发展	年轻人失业率	-8.8%
			沟通和媒体	ICT 捐赠	未找到
	社会和经济发展	维度 N3：社会性	社会气氛、社会关系和社会融合	犯罪率	-4.8%
			效率和经济评估	企业数量	+21.1%
			视觉吸引和建筑风格	博物馆访客数量	+18.2%
	行政管理	维度 N.5：行政管理	权利和义务	简化行政流程	-38.7%
			道德问题	参加志愿活动人数	未找到
			承诺、利益和视野	行政选举投票人数	未找到

注：基于数据有效性，表中一些指标采用了不同年份的数值。

7.5　小结

本章介绍了四种在不同规划背景下的多维度框架体系应用实例。在这些实例中，该框架体系使可持续发展决策中的相关问题变得清晰，同时该体系也可以解决很多现有方法所无法解决的问题。

这四个实例表明，通过利用三类城市可持续发展方式和 15 种维度，包括五种主要的城市政策，可以实现对城市可持续决策完整性、一致性、可重复性和内部逻辑性的多方面评价（Nijkamp，2007）。

在十分多样的规划背景和评估观点下（回顾性和预见性），多维度体系能够灵活的指导，识别出可持续发展中决策制定问题的关键因素，和之前没有显现出来的关键问题。同时，它还能分析不同利益相关者的观点，为解决冲突提供有益的见解。

规划本身是一个随时间变化的动态过程，我们的研究表明，多维度框架体系可以应用在不同的背景下，为不同的利益相关者解决多目标问题。但是，该体系并不是一种选择替代性的规划设计评价方法，相反，它可以解决所有可持续发展问题，例如：通过多准则分析协助识别相关评价准则（案例一）；将决策问题结构化，强调决策问题之间的内在联系（案例二）；分析不同利益相关者观点（案例三）；通过统计指标对结果进行定量分析（案例四），从而开阔了目前实践的视野，拓展了新的边界，增加了这一领域的研究方向。

未来我们需要在实际工作中应用多维度框架体系，以验证其在实际决策问题中的效度，是否能够增加市区可持续发展的可能性。一个城区可持续建设实施不足而采用多维度方法策略弥补这一不足的例子，可以在比利时北部弗兰德斯、比利时天主教鲁汶大学建筑和市政学院的 Han Vandevyvere 所著的书中看到（Vandevyvere，2009；Vandevyvere 和 Neuckermans，2009）。

这是一个不断变革发展的过程，但是，这一体系应当伴随技术和内涵的产生且保持稳定。

第8章
管理系统和协议

可持续发展议程的核心是管理问题。如果我们广义地定义管理为"一种对事件控制、导向成功、应对的行为"（新韦氏词典，1992），这就是在可持续发展议程核心的问题。如果我们不以某种方式干预和控制，我们就需要管理以避免可能随之发生的可察觉的灾难。由于有必要改善未来几代的处境，我们需要掌控事情以便采取积极的行动来保证议程被理解。并且，我们需要采取行动应对被认为将会成为一个不断恶化的环境的和社会的障碍。

当然，令人费解的是人类的管理行为导致了目前的不客观状况。而且，这就是为什么现在有必要去提倡一个被命名为"可持续发展"的议程。纵观人类历史，人类已经发现有必要做出他或她信任的可能会提高他或她在自然中的地位和职位的决定。人类努力控制自然，但很多人忘记了，他们是自然环境的一部分和微妙平衡的一部分的事实。迄今为止，我们只有一组目标，是关于控制自然以及找到一个新的范例以寻求重建人类在大自然中的位置。本质上，这是在2002年联合国约翰内斯堡会议上的议题，也是我们在第一章所谈及的关于可持续发展的观点范围内的目标。这个世界充满了这样的例子，人类已经试图改变事情以求更好，却发现，在较短的时间内，他们的行为导致了在一个没有被预见领域的问题。所有的技术都有提供好处的能力，但是，如果使用不当，它们经常会导致灾难性的后果。这是对寻找可持续问题解决方案的全体人员的一个警告。

在过去的几个世纪里，世界人口、技术水平的复杂程度和地理影响是较小规则里的所有东西，尽管有些伤害已经产生，但是能够及时被纠正，且通常都是通过自然的方法。现在我们处在一种与以往不同的情形下，在某些情况之下需要所有国家付出巨大的努力来解决问题，比如，全球变暖。污染不区分国界，也不会辨认人类的司法管辖区，也不会尊重文化或者宗教。人类发展不仅对物理环境有所贡献，而且对在这种环境之下生活的行为后果也有贡献。它既可以是有益的，也可以是有害的。在作出发展的决定时，问题是并不总能辨别它的影响是好是坏。除了在战争的情况下，很少可以说明，人类的发展是故意伤害地球或者的确伤害到它的人口的实例。的确，通常出于经济动机的考虑，我们有时候会鲁莽、不计后果地作出决定，但是，总的来说，作决定是为了改善事物。如果改进就是目的，为什么会有我们

不断发生变化的人类世界的本性　　　　　表 8.1

过去	当代
人类的定居点被人们游历的能力和自然资源的可获取性所约束	人类的定居点遍布全球各地，并且财富成为约束，而不是技术
技术发展可以提高人类的劳动力，并且，它的影响仅限于个人或者小型社区	技术发展已经扩大到更广泛的社区和全球水平，它的影响已经超越了国界
管理的控制权只掌握在少数人手里	管理的控制权通过许多机构行使
金融的权利被地方化，并且控制权在当地社区的手上	金融权利存在于大量的机构之中，这些机构有很多都是跨国性和全球性的
监管是在社区文化背景之下执行	监管现在是在国内外行使，而且，它反映了这个水平的能力需求

现在面临的问题？

我们不可能很详尽地给出崩溃发生的理由，但是它在一定程度上归因于人类世界的不断变化的本性；看表 8.1 的例子。

毫无疑问，由技术导致的变化使得管理走向可持续的环境更加困难。这同时伴随着一个走向民主进程的改变，靠着这个改变，政治机器必须回应群众的呼声。结果就是，在一个更加复杂的世界里，管理的机构和机制可以出现在很多不同的地方，通常不是长期而是短期之内就被解决的，并且，技术的影响很难衡量整体的行为。

那么，在这样的一个环境中，我们如何进行干涉？这似乎是一项不可能完成的任务。期待政府团结在一套共同的原则里是现实的吗？世界各地的管理者会同意在他们的背景下的可持续发展的组成吗？我们能期望有这样一个过滤器，它能过滤所有的在未来作出的有关于可持续发展讨论的决定吗？这是不太可能的。

如果不是我们必须，至少在可预见的未来里，及时考虑在这个时间点什么是可能的，什么样的条件将鼓励好的管理。公平点说，很少有人声称自己已经通过一种可持续发展的方式解决了管理发展的问题。这并不奇怪，因为可持续的概念直到最近才被采纳。在过去的几个世纪里，许多哲学家和作家发表了哲人已经明白了这个问题的声明，但是，直到二十世纪后半叶，它才成为世界的一个主要议程项目。对于每个当局，勤俭持家已经成了较好的管理方式。

在某种程度上，这给了我们发展的线索，因为这两者之间有联系。全球议程依赖于大量的地方水平的决定。处置冰箱、选择住房的能量、生产建筑产品的方式和为当地政府所做的规划框架都是数十亿为可持续发展作贡献的小决定中的例子。因此，顾全大局，因地制宜已经成为很多领域里的一个座右铭。

不难看到，尽管这可能是一种有用的来改善现状的方法，但是它很难在实践中实现。一个决定在某个地方有一种影响，在另一个地方可能会导致非可持续发展。例子数不胜数。使一栋建筑隔热的方法可能在地方水平上节省能源，但是原材料的提取工艺可能会消耗比其所能节省的更多的能量，并且可能会耗尽地球的某一种宝贵资源，或者，至少增加了其在市场情况下的成本。一个城市地区的再生可能会导致邻近地区的衰落，由于人们会迁移到这个城市利用其发展机会，邻近的城市被剥夺了以维持或者提高其水平的经济资源。到郊外购物中心的改变会导致传统城市中心的损失，并且会愈演愈烈。

管理，不管它是什么，通过谁来执行，是如何处理这种复杂性的？我想大多数人会说，在某种程度上它处理不了。我们还没有开发出允许我们解决这个问题的工具或者系统，并且不是以一种所有的利益相关者都能理解和实施的、在建成环境的决策方面有关的方式，事实上其他的什么地方都不行。即使我们支持一个能够控制所有输入和输出的过程的极权主义的方案，我们并不能充分的了解存在于影响输出结果的数以万计的决策中的各种影响之间的相互关系。事实上我们还不确定目标是什么，如果真的有目标这回事。随着时间的流逝，这些关系将会改变，因此这些决策需要相应地作出反应。现在被认为是明智的一些决定，到了未来的一代很可能就会显得很愚蠢。

在一个人民的意志决定政策的民主的社会，许多事情取决于人们对于可持续发展目标的了解和义务。这需要一个高水平的教育，加上一个为了后代在现在就做出牺牲的意愿，这样的一个意愿使得他们在他们所处的那个世界里，能够享受到现在我们所能享受到的一切（对于教育的需求的扩大在第九章）。所有的存在于政客工作中的约束都很清楚地显现出来。这会产生好的经济表现，使得当前的人口达到目前我们所期望的人口吗？它将会致力于这一代的健康需求吗？在下次大选之前，它会解决目前存在于社会中的问题吗？这是一些主要的问题，这些问题将可能会决定在第二轮投票中哪位政治家会当选。一个短期的在单个时间点的与选民倾向有关的方法不太适合长期可持续发展所需。在其他关键的行业，例如房地产开发，动机也许是一个比政客更短的时期，并且它需要依靠股东或者投资者的底线要求。

这可能会被认为是一个非常悲观的场景，事实上，如果我们认为我们不得不马上解决一切事情，这便是悲观的。然而，管理过程的本质是随着我们的进展而学习。这就表明无论系统怎么发展，都必须要有明确的、结构化的能够允许持续的评估和改进的反馈机制。重点在于谁在管理，通过这个反馈并系统地通过一种有各级企业学习的方式建立。

8.1　谁在管理？

谁管理可持续发展的问题的一个简单答案就是每个人，至少是作出了贡献的每个人。在环境问题上，例如，每个家庭购买生活用品和处理垃圾的方式就是一个在家庭里的管理责任。当地政府，在提供该做什么的立法和指令的中央政府的支持下，通常有废物处理和回收废物的责任。生产产品的公司管理包装盒推广，而运输公司以特定的方式交付产品。例子是数不胜数的，但是，它说明了管理过程的复杂性和在这个问题中复杂的所有权问题。从广义上来讲，可持续发展的管理者可以归类为如下几点：

（1）政府：政府有责任提供一个立法和控制的管理可以执行的框架。此外，因为一个大的客户会在大多数国家有许多活动，她有管理和实现在这些活动中的可持续发展的管理责任，并且使群众了解这个责任。她也是国与国之间的全球性倡议得以实现的机构，例如 21 世纪议程。

（2）地方当局：这些当局有在他们自己的管辖区内和背景下执行中央政府政策的责任。他们也制定政策，并且通过行动在一些领域执行它，例如，交通、警察、废物处理、基础设施工程等。在城市水平上，他们是设置使其他所有的人都要执行的框架的管理者。

（3）组织和企业：这些机构必须遵循政府和地方当局的要求，但是他们也可以经营他们的组织使其对可持续发展敏感，实际上，很多企业在这些公众监督的问题上都有他们自己的政策。他可能很复杂，尤其在这个组织是一个操纵世界各地的跨国公司的时候。一个国家的敏感性和需求例如印度或者中国完全不同于那些西方国家。

（4）个人：我们有责任管理我们的生活，我们是在政府和地方当局创造的环境之下实现这样的管理，并且是在这些给我们提供物品和服务的约束之下。虽然我们可以通过选举进程和购买力来改变控制者，这是一个长期的事情，并且我们不得不做出相应的调整。

虽然上面看起来很有层次，但实际上比这个复杂得多，因为在这些层次中存在着根据被采用的决策制定过程而变化的相互作用。它几乎不可能从这个系统中退出，因为有许多认为自己可以自足的小型社区已经表明他们已经这样做了。他们发现在某种程度上他们依赖别人或者以某种方式被控制，并且他们的行为自由被限制。这可能是公共事业（水、能力或者废物处理），或者运输的可达性，或者食物的供应链或者其他商品的规定，或者它可能要忍受临近社区的不良行为，例如，他们不得不对此采取行动的污染。也还有剩余的可供个人随意操纵的自由，无论是在法律之内或者之外，这些个人的行为将会影响到可持续发展。在一个自由的社会，不可能控制人类行为的每一个方面。例如，通过法律和监管框架以外的个人行为，犯罪率高的社区就可以发现他们的位置是不可持续的。

8.2　规划框架

无论管理系统为了可持续发展怎样被实施，它必须应对其可操纵的监管框架，并为其作出贡献。主框架之一，至少对于建成环境来说，必须是计划过程的一部分。这是各级政府关于将什么被允许或者鼓励建造再转化成影响力和权力的过程。通常，这被定义为有法律执行力的一个过程。然而还会有一些不那么正规的成分，这些成分是用来咨询的，当它使用它的自由裁量权的时候，它可能会被一个规划机关列入章程。除非这些是明确的，不然这会使管理决策的资源非常多样和复杂。它还在一个国家的不同地区之间、国与国之间是不同的，这种不同使得对于这样的问题不能一概而论。事实上，现在人们越来越意识到，国与国之间以及这些国家的社区之间的相互依存，这就意味着没有哪个国家能单独行动，它变成了一个全球性的问题。

一个被称为 SUSPLAN 的国际项目，是由欧盟框架基金成立，该项目涉及跨越丹麦、荷兰和英国的三个地方政府和大学的伙伴关系。它关注如何看待可持续发展对城乡规划的影响。一项在英国的（波特，2000）研究产生了这种方式的有用的示意图，在这个示意图中，可持续发展的概念被融合在计划过程，见图 8.1。可以看到，在示意图的中间的地方政府是应对指示，并且通过各种工具使得计划得以实施。它应对欧洲的、国家的、地区的宗旨和目标，并且启动一个复杂的进程和系统，使得可持续发展的问题不同于传统的规划标准。这一个理想的世界里，这两个是一样的，最广义的解释是，它所服务的社区的规划对象的一部分必须是可持续的。

在一个非常真实的意义上，规划的权威就是通过它的规划流程管理可持续发展的进程。在战略的水平上这是很好的，但是在某种程度上，在已经被煽动的框架内的可持续发展的更多细节必须属于那些操纵和开发者。再一次，监管和法律执行力被作为一种工具来保证公司、组织和个人遵守那些被认为是为了达到当前什么是可持续的目标所必需的。这些往往是最低条件，因为有一个关于大多数民主社会的个人自由的敏感度。为了实现重大改进，会需要所有相关的更多严格的纪律，并且，这反过来会需要更加重视教育。值得注意的是，罗马俱乐部现在正在将教育变成一个重要的政策驱动，该俱乐部在 20 世纪 70 年代做了很多努力，使我们注意到了地球不可再生资源日益减少的困境。

教育的本质将会发生变化，并且将不得不在很多层面上发生，从政策制定者的教育到对孩子的教育，从公司的教育到家庭的教育。这是一个长期的任务，而且，对于可持续发展的某些对环境的伤害是决定性的和不可逆转的领域，我们不能等那么久。

那些需要被给予的知识正在慢慢地进化与兴起。没有一个全面的以一种易于理解的形式的知识体，这个知识体可以在被所有不同的利益相关者利用之前被实施。事实上，在许多领域，存在一个关于什么是可持续以及哪个问题更优先于另一个的争论。这是这个过程的一部分，并且由于我们的知识在不断提高，更需要反馈和持续的学习。

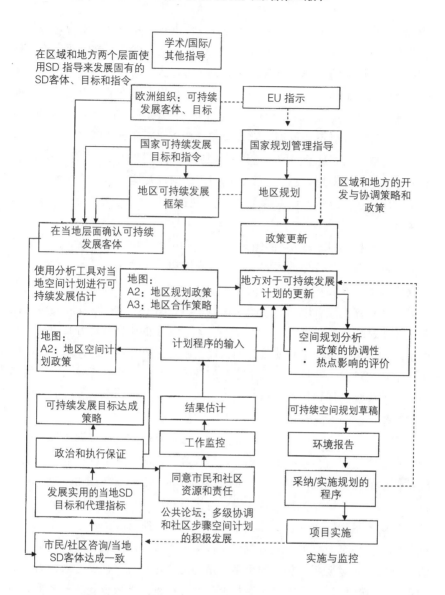

图 8.1
计划中的可持续发展的集成（来源：Porter, G. (2000), in Mawhinney, M. (2002) *Sustainable Development. Understanding the Green Debates.* Blackwell Publishing Ltd, Oxford.)

8.3 学习型组织中的管理

我们已经在这本书中表明过：可持续发展是一个过程，而不是一个目的地。换句话说，我们永远不能说我们已经到达了"可持续发展"，但是，我们可以说我们正在努力改善人类的生活环境，为了后代，我们正在寻求方法使这个环境变得更好。我们的目标是不阻断他们的选择。这很重要，因为这意味着，在持续不断的评估中，我们必须保持可持续发展的趋势，使得它和我们不断提高的可持续发展所需要的是什么的理解相匹配。因此，我们建立的任何管理系统都必须有作为流程的一部分系统的反馈。

在《第五项修炼》中，皮特·圣吉（圣吉，1990）表明那些能够长期存活的组织是学习型组织。他这样定义这样的组织："……在这样的组织里，人们不断提高创造自己真正渴望的结果所需的能力，新的和广阔的思维模式被培养，集体愿望被释放，人们不断学习如何一起学习"。它不会迫使这个定义太远而去说这是一个社会的属性，在我们所理解的可持续发展的背景之下，这样的社会属性希望认真看待可持续发展。尽管，由于我们一起学习关于可持续发展对于当代意味着什么，这个定义很可能会随着时间的改变而改变。圣吉接下来还为实现这一理想的事态提供了一些"思维工具"，通过这些工具，我们能够学习、提供反馈，并且，这成了组织操作的正常方式。

在大多数情况下，以一种系统的方式做这个活动是有必要的。相互关系的复杂性和权利相关人参与的广泛性意味着别的任何事将会是特别的，并且最终会导致混乱。尽管到了现在，我们仍然经常能看到在专业行业协会提出的立法条款之间的冲突。立法的某一条，尽管出发点是好的，可能对那些意指的另一个领域会有相反的效果。我们需要一个整体的方法，通过这个方法，学习可以因互惠互利而被共享。直到最近，需要分享如此复杂知识的技术才出现。现在，随着互联网的出现和知识网格的概念在不久的将来的到来，有机会快速地获得我们所需要的和我们希望是可靠的知识。这表明我们可以更加快速地理解需要和管理决定的影响评估。它不会在一夜之间发生，但是知识的多样性迟早将会被那些想知道的人利用，并且它将会被结构化，以一种允许人们将它与他们决策制定过程合并的方式。不仅如此，这些决定的结果被收集将成为可能，并且它将会反馈给系统以用来提高将会在那儿的知识。在这种意义上，它将会是有机的，并且会为了它的用户的利益不断评估自己。

在某种程度上，这听起来很有用，但是，就像大多数的技术一样，它不但有好处，还有潜在的危害。信息处理和呈现的方式影响了它所传递的信息。这将是基于那些创造这个系统的价值观，而且，由于他们的天性，这个系统将会被设计，被许多人频繁使用。如果他们不能快速演变，他们可以创造一个僵化的知识观和一种压迫性的工具，这些会主导思维，并且，不会允许被圣吉鼓励的广阔思维模式。即使不在错误的人手中，这也可能是危险的，但是，这种性质的工具在一个恶毒的独裁者的手中可能会是灾难性的。

这样的系统的建立也是非常复杂的，并且这将会是一个学习过程本身。产生一个明确的系统是不可能的，这个系统可以与通信技术的进步相匹配，并且，能够创造自己的类人脑的倾向来处理这些问题。事实上，在人类大脑里建立这样一个系统，可能会限制大脑的自主思考。这些似乎是不切实际的场景，但是，在这个时间框架中，比方说三代人，我们的孙子们可能会发现它不是遥远的或者推测性的。看起来好像今天我们所知道的信息技术在相当近的未来将会成为一个在可持续发展中的问题（见第 9 章）。

如果我们接受这个过程是关键，并且，我们需要通过某种方式使之系统化以便它是可理解的和全面的，我们就不得不考虑什么工具是可用的。这些工具必须是灵活的、适合长时期的。它们必须有远见的确定将来会发展什么，以及为各种可能性作准备。传统的管理系统不太可能满足这些需求的组合。一个可能性就是软性系统方法论。

8.4 软性系统方法论

软性系统方法论的概念是被 Peter Checkland 和 Jim Scholes（Checkland & Scholes，1999）开发用来对付他们在传统的系统工程中所察觉到的一些局限性。尽管被训练成系统工程师，他们发现在真实世界里，管理的情况对于明确的系统工程方法的应用总是太复杂。他们说，"……他们不得不接受，在人类事件的复杂性中，明确追求给定的目标是非常偶然、特殊的情形：这当然不是常态"（Checkland & Scholes，1999）。换句话说，我们很有可能发现在目标操作中的冲突使得我们没有能力作出最适当的目标的决定，因此我们将在满足这些目标时遇到困难。作为这些权益相关者，在制定目标和各种矛盾中，可持续发展至少在很长一段时间里，在参与的这些人的目标之间创造和谐上遇到了很大的困难，它不适合硬系统思考。

首先，软系统的创立者确定了四种主要的能够带领他们开发新方法的思想。他们表明所有的人类活动对于从事它的人都是有目的的和有意义的。这产生了有目的的"人类活动系统"成为一组有联系的活动的模拟想法，这些活动在一起可以展现目的性的凸显性质，他们也开发模型去处理这个概念。

第二，他们意识到，当你开始开发这样模型的时候，任何公开目的的一些解释是可能的。有巨大数量的人类活动模型能够被建立在任何复杂的人类问题上，并且，需要作一个决定，即在这些模型中哪些是相关的。因此，有必要关注哪些是有用的，以及哪些是反映这样的视角，通过这个视角我们可以看到结果将会被建立和查看。这个视角必须是很明确的。

第三，当他们远离一个很明显的需要一个解决方法的问题的时候，他们想到了用问题情境来替代的主意。他们用到了少数模型，这些模型从生产人类活动产生，使其作为真实情况问题的一个来源，而不是代表真实情况的问题来源。

最后的转变就是，来自有目的的活动的模型的学习能不能够产生一个在信息系统的工作中的一个入口存在质疑。

在这种性质的书中，是不可能辩论完整的案例，或者呈现这样的方法论，但所引用的 Checkland 的书将会提供在这方面有用的知识。这个方法是根据行动学习和研究，在这些行动里，参与成为这个过程里的一个基本方面。它远离了关于系统的争论，而是转向了一个系统性的方法。这个方法论是基于系统思考的，但是，以一种不同的方式重铸系统。系统从建模这个世界转向查询这个世界的过程。系统不再是这个被设计或者被优化的世界的一部分：系统就是查询过程本身。这允许了所采取的行动的反射，并且，这成了可分析的。

这样一个方法可能很好地成为长期的可持续发展的管理的合适方法。它允许我们建立一个模型，事实上，是一些模型，我们可以利用这些模型去调查可持续发展的进程，并且，我们可以通过这些模型学习。它处理目的的问题，这些问题构成陈述可持续发展的需求，而且它通过反射提供提高我们的理解的工具。这个潜能还没有被驾驭，因为我们还处在探索这个方法的前期，但是这似乎有很强的潜能在决策制定过程中帮助我们。最终，很有可能获得关于工具的确定的知识，比如，基于知识的系统和其他信息系统，通过这样方式，他们不会变得僵化和沉重，但这还有一段路要走。需要探索的模型的信息，它的知识包装起因于人类的反映和视角，且现在通过人类的经验，是最好的处理方法。

8.5　奇特问题

思考可持续发展问题的特征是有价值的，他们其实是策划艺术所涉及问题的一部分（Rittel&Webber，1973），又称"奇特问题"。

Rittel 和 Webber 认为规划师所面临的问题和工程师、科学家面临的问题最本质的区别在于后者属于"顺从者"，即后者解决的问题是被清楚定义过的、已确定目标且问题解决的指标也是定好的，二者之间的区别主要是以下几方面：

（1）奇特问题没有被定义化、公式化，相反被定义后的奇特问题才是有问题的。

（2）没有确定的准则去判定解决方法的可行性，最终解决方法是由问题的外部因素决定的，如时间或者成本限制。

（3）奇特问题的解决方法是基于价值评定的，即它们不存在对与错，而是好或坏。

（4）没有办法检测或完全评价解决方法的结果，因为做不到追溯全范围结果的反响。

（5）没有机会做到反复试验，每一种解决方案都会对系统产生迅速且不可逆的影响。

（6）对于奇特问题没有固定的数字或一套规定的可行方案，他们是特殊的且几乎没有相同的解决方法。

（7）奇特问题从某种意义上说是不同层次问题的症状，且横跨了各个层次。

（8）科学上通常采用的公式化猜想和一般解释差异的方法不能运用在奇特问题上，所以奇特问题的决策提议建立在分析师的"世界观"上。

（9）不像科学家提出的猜想还未等主要结果出来便经常遭到反驳，规划师绝不可出错，因为他或她的问题解决方法有直接且不可挽回的影响。

奇特问题和可持续发展领域的问题有很多相似之处。需考虑的变量的范围广阔性和复杂性、变量间相互依赖性、领域的特征随着时间变化而变化，这些都使传统意义上的解决方法难以实现解决问题的需要。

解决奇特问题的一条合理途径是从透明度和知情度切入，我们也需建立模型，但需要记住模型本身的特性是对世界事物的简化代表，在复杂系统中的某个关键点也发挥不到作用。

8.6　过程协议

不管是否为了咨询，创建系统是必要的，另外需要明确制定决策的过程（决策内容，决策制定时间和地点）。开发商、当地政府、个人应及时制定决策且保证是全部获取。他们都有需完成的目标，且这个目标是最后目的而不是过程。期望加入可持续发展的参与方应接受指导，应知道什么时候可持续发展原则当被考虑在他们所承担的决策中。这需要某个协议，即大家遵守的尽可能达到期望结果的规则框架。我们已陈述过，定义某个目标是困难的，但在某些情况下，目标是清晰的且能通过协议达到。

若我们观察建筑的建设过程，我们知道，在预算范围和一定时间内，要交付什么类型的质量合格的建筑给业主（某些程度上也称利益相关者），通常这没有弹性。我们也需知道，建设完工所做的各项活动。我们必须确定业主的要求，起草计划图，招标承建，然后再建设施工。这并不那么容易，但在某些方面这个过程是一般性的。英国索尔福德大学的研究人员探索这项协议有一定的时间了（Cooper et al，2004）。结果是一个建设项目活动的关联图，可用来反映什么样的决策内容，决策者和决策时间。每一项活动都可延伸到更深、更具体层次，从而揭示更多所需的信息和协议的复杂性。图 8.2 展示了协议的另一个在灾害管理过程中的用途。

这个过程也可运用于其他因素如风险管理（Ceric，2003）在每个高层次活动栏目下风险管理都被许多过程驱动，另一些情况的运用是可持续管理和可持续材料建议及资源工具（SMART）的结合，这用到了 Gilkinson 所阐述过的过程协议的一般性模型（Gilkinson，et al）。这保证了流程负责人在项目全生命周期内，在合适的时间点加快考虑对某个特殊事项的决策。

创建可持续发展的另一方面是应对社区发展全生命周期内可能发生的危机。索尔福德大学和皇家特许测量师协会共同提出了灾害管理过程协议（Fleming et al，2009），这为遭遇过大灾害的社区基础设施的重建提供了过程和知识获取的蓝图。在灾难面前，人们付出人道主义的努力，但是存在一个令人迷惑的情况，即人们的努力和知识获取来自世界各地，没有人确切知晓每个人具体做了什么。这项协议便提供解决此问题的详细流程图，每个参与方都采用流程图达到过程有序稳定的目的。举个例子，一场大海

图 8.2
高层次灾害管理过程协议 (Copyright: Fleming, Lee, Kagioglou, University of Salford, RICS, 2009.)

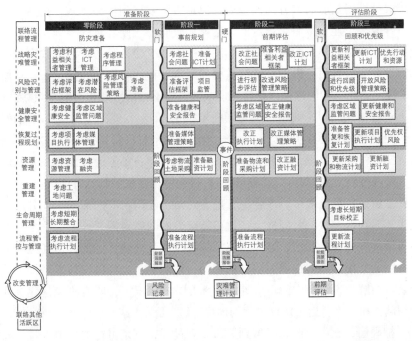

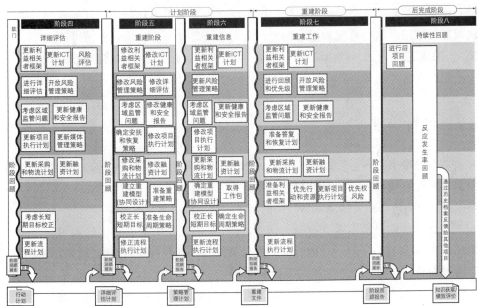

啸刚过，绘制当地地形图再采取措施是困难的。因为界线标志被冲毁，所以需要重新建立产权界限，建立劳动力响应组织形式，且政府当权者需立即达成工作计划的一致协议。这听上去简单，实施起来却很混乱。知识随时会灌入管理小组，正常的交流被打破，财务支持到账缓慢，但是核心服务设施需要紧急重建。如果没有某种地形图，想要整理新涌入的知识或决定采取相应行动、采购相关资源几乎是不可能的。

　　是否这样的灾难是可持续发展某方面的一个缩影仍存在争议。值得了解构成可持续发展的方方面面知识，但是不管发展到什么层次，把这些知识整合成一个连贯策略是艰难的。这就如政府在气候变化的事项上很难达成一致，或是如某人发现用可持续发展的原则改变自己的生活方式也是困难的。可能只有通过识别可持续需要的所有过程，我们才找到属于每一层次的连贯策略，我们也可以把每一层次的策略整合成协调相关的总策略。

过程协议的一个典型特征是硬门（hard gate）和软门（soft gate）的概念。硬门是指决策者在进行每个下一步前必然了解已获的知识并作出决策，且这些硬门在协议里是必要的。软门允许知识储备不够时作出决策，从而过程可以持续下去。对可持续发展而言，过程协议在决策制定方面优势明显，在任意建设环境过程中，这强迫管理者对每个硬门对应的活动考虑并制定决策。遇到每个软门时同样会产生可持续力的问题，需要人们对整个过程的可持续发展保持关注。这些并不意味每个决策都是良好的，但通过指向关键问题并用合适的技术方法评估辅助决策制定，过程协议大大增加了符合要求的解决方法产生的可能性。当然在某些情况下，所有决策是建立在知识储备和管理者运用协议本领的前提下。

把硬门、软门的概念拓展到城市规划过程中也是可行的，但大量产权和基础设施革新的各个阶段产生的问题将增加未来运用的复杂性，其他方法可能更适用于这种情况。无论如何，人们已经建立一套确认、评估可持续发展的概念化方法，这由温哥华市的一项研究发展起来，下文将作阐述，但我们首先需弄清为什么城市在评估工作中占有重要地位。

8.7 可行方法

本章已提出"谁规定政策"的问题，讨论了政府各部门权力分立的情况，但具体到政策被实施到何种程度并未提及，这也引发了可持续发展长期战略问题。究竟谁应负责行动发展战略的各个问题，谁又来实施战略呢？

在之前我们已提出这个有趣的问题。图8.3用几个例子展示了决策制定的位置，从而决定了每一方的责任被谁承担。然而，处在最高四层的"政策"有重要影响，而最下面三层指的是政策如何被实施。实际上"城市"在中枢位置，位于"政策"和"政策实施"的中间，意味着"城市"既要制定政策也要实施政策。

图8.4更清晰的指明了"城市"在"政策"和"政策实施"分界面发挥的重要作用。虽然在三角形的每一层次我们都需采取行动，但是聚焦"城市"和其两边的层次对可持续发展起作用。这样便结合了"政策"和"实施政策"两方面，更容易产生重大影响。

若"城市"确实在这个分界面上起有利作用，城市"如何"解决长期发展战略和行动纲领便值得考虑。就目前来看，几乎没有人考虑过这样的事情。由于影响决策者的因素太多，大多数城市是用短期视角考虑未来发

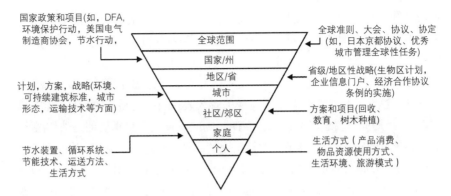

图 8.3
可持续力综合图（来源：Mathew Cullinan，MCA 计划师，南非，2003）

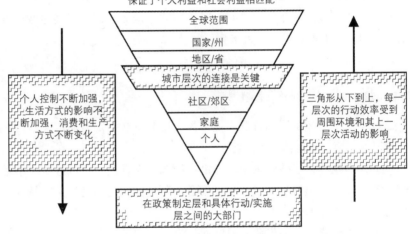

图 8.4
城市的重要程度是多大？（来源：Mathew Cullinan，MCA 计划师，南非，2003）

展。影响政客做决定的一个主要因素是到下一届选举还剩的时间长度。然而，温哥华市可能是可持续发展战略制定优秀典范，它把所有与可持续发展相关知识整合成一个每一方关系明确的连贯计划，其中包括从大量利益相关者手中购买股份的行动计划。

8.8　温哥华研究

近些年最有趣的一项挑战当属国际天然气联盟 IGU 关于猜想未来 100 年内可持续发展城市定义的比赛。2000 年千禧年拉开这个比赛序幕，九个城市被邀参赛，最终赢家是加拿大温哥华市。值得一提的是温哥华市可持续发展方法和它所震撼评委之处。让一个城市展望 100 年后的发展并不常见，这需要采用一种方法使尽可能多的利益相关者参与其中。

温哥华研究显示的是当时间段被提前了 20 年甚至更久，现在所承担的任务相对来说就退后了。人们对于可持续未来的需求更加广泛了，并开始形成一个共识，这促成了战略制定、政策制定和长期行动计划的制订。一百年相当于三代人的时间，或许算城市未来规划最长的合理时间跨度，但是必须认识到任何计划都应及时定期更新检测。没有谁可以预见很久以后的事情，但我们能落实可以作为参考点的系统工作，随着知识积累和事情演变，这个系统也要需及时修正。

温哥华研究中运用了"CitiesPLUS"（PLUS 指长期城市可持续发展规划）的概念，这个概念被 500 多个利益相关者代表执行了将近 18 个月。这些人在 18 个月期间里"思考，设想，交谈，画图，评估，最重要的是他们融入了计划制订过程中"，这算是当时最出众的成就，也是其他城市羡慕的结果。全面计划可以从 Sheltair Group Inc.，1100-111 Dunsmuir 街，温哥华，V6B 6A3 中获得（网址：www.sheltair.com），笔者对 Sheltair 成员提供计划详情帮助深表感激。简单的陈述不足以将计划报告中大量的想法呈现出来。这份报告确实为大温哥华地区发展提供了大纲计划，更重要的是对世界其他城市而言，即使报告大部分阐述的是温哥华的特殊需求，它对其他城市也有指导作用。该报告着重于三大步骤。

8.8.1 第一步：明确背景环境

总过程的第一步是明确背景环境、为实现愿景在一定时期内应该付出怎样的努力。第一步包括如下内容：

（1）技术改革：包括信息流动、机器能源效率提高、范围经济（不是规模经济）、结构/机件减负、小型化发展、制造技术的不连续性、从含碳燃料到含氢燃料的转变。

（2）气候变化：温哥华预计温度增长为 3℃~4℃，冬季平均降雨量增长 5%~20%，夏季平均降雨量下降到 20%。

（3）人口结构变化：人口统计学家预计全球人口数最高可达 90 亿，到 2100 年会下降至 60 亿。温哥华低生产力率和人口寿命提高终将导致成比例减少的工作人口数，劳动力短缺和对 21 世纪前二十年更高的依赖度，并建议政府鼓励进一步移民。

（4）资源短缺：资源短缺带来的全球市场动乱可能导致温哥华面临食物短缺，水资源需求增加，城市土地资源短缺，因森林采伐造成的木材减少，疾病，不可再生资源也受到影响。

（5）全球化：全球化将逐渐消除国家间和文化间的界限，这将导致基于"世界都市中心分布，偏僻地区周边分布"理念的全球新经济。

（6）世界观转变：不同于"开发自然界"的观念，将提倡重新发现我们的身心与生物圈的联系。我们需尊重地球上的生态极限。

这份报告继续着眼于与温哥华发展背景相关的控制力，包括地点、人物、经济和基础设施。报告阐述了研究中发现的三大挑战：

（1）需要改变思考模式，将城市看作一系列分隔的构件的城市规划视角应该转变为寻找按照城市规划标准共同解决方法的捷径，换句话说，建立整体模型而不是简化模型。

（2）100 年计划面临内在不确定性，如何应对这样的不确定性。

（3）当地单独行动如何与全球化相结合的挑战，研究团队否决了一切能解决一般性问题的万能方案，并决定寻找因地制宜的方法。

8.8.2　第二步：发展长期计划

定义完整发展背景环境，研究团队接着开始发展长期计划，包括三个阶段：

（1）第一阶段—设想未来：这涉及将温哥华地区看作"一个系统"，人，地，基础设施和政府管理保持持续的相互作用；明确构成愿景的中心主题（可持续力，恢复力和宜居性）；明确将要面临的限制；构建资产和过去成果看作"可持续力种子"，确定一个广义设想和狭义设想、为城市系统的每单个构件都设置结点目标。

（2）第二阶段—探索可选方案：预测技术用来确定下一世纪塑造力的影响，再为城市系统的每个构件设立可测定的 100 年发展目标，同时对他们的现状评估，决定为达目标所采取的关键路径。实行关键路径要求的变化程度先被评估，然后最早实现目标的那一条路径（首选路径）被确定，最后建立解空间。发现最佳实践方法并把它运用到最优路径中，再使用反推法决定进入解空间的分步方案。

（3）第三阶段—执行计划：一个 100 年的长期计划含有太多不确定因素，研究团队便着眼于找寻可指导计划执行的整合策略（而不是传统的简化方法）。他们明确了八个触媒策略，促进计划朝着正确的方向进行，并让集成设计工作室模拟整个转化过程。最后他们发现了一系列执行方案，在短期发展中，运用一套政策工具驱动变化过程的开始，然后在广阔的因素中确定关键点。

若将以上叙述的观点付诸实施并不足够，对某个城市地区制定类似的计划是个艰巨而值得称赞的任务，在较短的时间内，研究小组努力完成一份高质量计划也是值得称赞的。

8.8.3　第三步：遗产拥有量

城市遗产包括城市 / 地区的长期发展计划，可转让过程，人的社交网络。缺少了这些遗产，实践便是空谈。必然存在"传承"，需要当代和下一代"买进"这些遗产并获得操作权。这意味着社交网的人必须期望共同努力达到计划目的，这些人也希望教育他们的下一代遗产继承的过程，不仅是计划过程，还有执行过程。有必要出台一个所有利益相关者都遵守的议程，且此议程影响到他们当前的决策制定和未来偏好。

在温哥华案例中，长期发展计划凸显了整合的全面计划的过程。所有城市构件受到检测或再检测，再根据共享的愿景，目标，方案和战略实现转变。这包括了合作过程中的基于重点交流和信任建设的大量因素。这一直都是个有趣的实验，值得观察这个实验能否经得住时间的考验。已经有一些问题出现了，尤其值得观察当前述的全球变化对系统产生影响时，共享价值是否还能继续存在下去。

社交网在这项实验中起到关键性作用，温哥华研究小组建立了不同层次的关系网。刚开始建立的是区域性网络，随后扩张成包含其他城市组织的国家网络。一个国际网络建立后，超过 30 个相似的城市愿意共同分享经验、工具和才能。这个方式仍然具有可观利益，许多世界其他城市也参与联系网络中，共同分享已出现的各类知识。

8.9　温哥华研究结论

进行温哥华研究的过程似乎在城市层次上给予可持续发展问题意外的"附加值"，它允许温哥华研究小组建立新的合作关系，明确并促进达成可持续力的一直承诺，为未来建立新的拓展网络，研究小组的结论适合编进相关图书，结论包括以下内容：

（1）预测方案强调，如果某个地区希望保持宜居性和安全性，主要变化不可缺少。反推法方案认为 21 世纪即可能"关闭回路"（恶性循环）且通过减少生态足迹，地区在资源基础的承载力范围内能提供更适宜的居住环境。

（2）可持续发展既是过程也是目的，不论何时，把对可持续的清晰理解和政府、私企、公民的参与结合起来，其目的始终是好的。

（3）100 年的时间跨度允许各个参与方抛开当务之急和既得利益的眼光，去寻找强有力的统一合并方法并承担对下一代的责任。

（4）整合方式是可持续发展的关键，它要求同时着眼于各个维度，即社会、经济、环境、短期计划、中期计划、长期计划，从局部地区到全球的转变。

（5）一个城市的未来和其他城市的发展情况息息相关，物流、资源、财务和信息传递都影响着城市发展，可靠的规划包括这个城市和别的地区间对话联盟。

（6）制定大城市地区的计划比制定郊边地区或小城市的计划复杂多了，难度在于找到共同点后的行动要脱离抽象的普遍原理。

（7）适应性管理框架和整合的设计过程为长期计划提供了可转换模型。

（8）制定大计划需要更广阔的视角，用长远的眼光看发展，设想某个城市系统改变了其中的参与者看待这个城市和看待他们自己的方式的情况。

（9）与他人竞争往往获得更优结果，就像 SaskEnergy 的主席和首席执行官 Ron Clark 所说的：这个比赛过程产生了更多的选择，不是说关注未来或者保证某个结果必须出现，而是定义一个强大可靠的过程，赢、输、退出都不重要，关键是我们从中获取很多东西。

在温哥华研究的案例中，有很多值得所有城市学习调查的地方，发展一套普遍同时灵活的方法论是可能的，当允许在国家范围或者全球范围内城市间的对比评估。反过来与可持续发展相关的知识主体将形成对世界各国各个社区有益的强大信息源。

8.10　温哥华研究后续

十年过去了，是时候检测 CitiesPLUS 方法产生的问题和其成功之处了，温哥华研究是一个正式合作的过程，多方参与主导，但当地政府以书记、参与方、赞助方的角色在过程中起到关键作用。政府领导者起带头作用，遵守可持续发展原则，而且完全投入到实践过程中。温哥华地区资深专家建立了一个平行的内部过程"可持续地区创新法"，这个过程正在进行中，也采取了和 CitiesPLUS 项目的计划框架相同的计划框架。然而，当CitiesPLUS 项目研究即将结束，区域将建立起新的发展方向，当地选举将产生全新的委员会，这与 CitiesPLUS 项目的想法概念几乎不相干。作为新当选的委员会，他们认为应该做出新举动，温哥华研究和相关提议被搁置了近两年，委员会认为当地政府在制定长期计划时似乎是最合适的推动者和领导者（因为政府有最高的信誉度和最高授权能力），但是每次选举期间，政府的想法（在短期内）都反复无常，几乎全世界都在抱怨这个问题，这对需要长远眼光的可持续发展实施过程造成反作用。

然而，对温哥华市来说，CitiesPLUS 项目不算是失败之举，只是建立起项目需要很长时间，隐藏在后面的想法和过程有自身的驱动力。甚至研究团队创造的"语言"（最终状态目标，触媒项目，结合预测法和反推法的路径，设计弹性等）也成为当地计划文化的一部分。CitiesPLUS 项目为当前注入新的想法，帮助领导者在官僚政治中熟悉新方法的运用。近来有人实施完令人振奋的新区域发展战略，他们与 CitiesPLUS 项目息息相关，并持续把这种理念展示给参观团，同时把理念融入最近的计划中。优秀的温哥华市生态密度计划在 Sheltair（Sheltair 在 CitiesPLUS 项目发展过程中起主要作用）员工的帮助下精心制作完成，重视这个研究的市长也促成了CitiesPLUS 项目的继续执行。即使地区不以 CitiesPLUS 的名义执行计划，CitiesPLUS 的理念也渗透到该地区的各个方面。

可能最有趣、最令人震撼之处反而是温哥华研究对于温哥华市以外地区的影响，有时局外人反而比当局者对当局本身价值更具有洞察力。一些例子可能证实了以下几点：

（1）在加拿大，在温哥华研究进行期间及完成之后，CitiesPLUS 项目被介绍到许多城市、七个联邦各部门，随后 CitiesPLUS 成为进步式规划的新方法，它是所有参与方共同决定推广的方法，它完全被英属哥伦比亚大学中心运用到可持续设计中，并且成为整合式社区可持续规划（整合

式社区可持续规划几乎普及了全加拿大）的指定定义模型，其他城市在
CitiesPLUS 项目模型基础上在各方面做研究并取得可观成果，例如 Imagine
Calgary www.imaginecalgary.ca。

（2）在奥克兰，新西兰，当地政府调查了长期规划工具的使用情况，
对比了全球 26 个例子，最终缩小调查范围，选择其中 6 个继续研究，并选
择 CitiesPLUS 作为研究模型。这 6 个地区接受 CitiesPLUS 的指导，实施相
关计划，并修订发展 CitiesPLUS 模型，现在看来，似乎新西兰其他地区可
能会坚持这个模型指导。

（3）CitiesPLUS 在 2006 年世界城市论坛（WUF）中发挥重要作用，它
的社交网络理念从合作过程发展而来，CitiesPLUS 项目创建了长期计划的
国际城市间网络，即 PLUS30 网络，这与世界城市论坛的宗旨一致，世界
城市论坛包括世界范围各个城市间定期会议和示范工程。

（4）CitiesPLUS 计划的领导者，Sebastian Moffatt，在他的团队经验的基
础上发展方法和工具（预测法，影响图，愿景计划，合作过程，城市新陈代谢，
远见工作室等），同时获得国际天然气联盟 IGU 的支持和五个城市的合作，
这五个城市参与了最初的发展城市长期计划的比赛，中国和荷兰出版了长
期计划共识方法的书籍，几个大型项目被奖励给这些国家的大学继续探索，
相关信息可以从 www.bridgingtothefuture.org 中获取。

温哥华研究的许多成功方法和复杂主题使得 CitiesPLUS 的理念需要花
费多年甚至几十年贯彻当今城市发展进程中，被领导者采用，被公众理解
并加以实施，CitiesPLUS 项目的幕后团队更应因他们在较短的时间内所获
的成就而受到嘉奖。

8.11 恢复力

可持续章程中的一个重要方面是恢复力。当一些意外发生导致整个社
区不可持续，我们应该怎么做才能在问题解决之前（外部压力减少后）保
证社区的可恢复力？可恢复力很大程度上作用于大型灾难，如洪水、火灾、
地震等，也用于因黑客攻击或其他主要技术故障造成的社交网络攻击事件。
随着气候变化加速，我们见证了越来越多的非正常现象，这些现象无法预
测，反而会对可持续发展长期计划带来潜在危害。James Lovelock（Lovelock，
2009）认为当海平面上升、全球气候变化导致生物无法生存的情况到来时，
我们可能遇到他所说的 "救生艇小岛"。这些小岛的气候有益于人生存，有
益于世界人口总量减少（至少有人能通过经济和社会手段做到这样）。这样
的愿景会为许多国家制造主要问题，可持续力计划将变得毫无意义。据报道，
对于位于印度洋的地势较低的马尔代夫岛，其政府已经开始寻找并购买高
地势的土地，如果海平面按预计的速度上升，岛民可以迅速撤离。这算极
端情况了，但对于在马尔代夫工作一辈子的人们来说极有可能发生。大多

数灾难是间歇性和暂时的，例如在英国，发洪水的事件增多，虽然有些社区会遭受影响，但对大部分社区来说并不是永久性的大灾难。结果专家建议洪水带的房屋可能要特别设计，这样房屋在洪水到来时不至于被永久性破坏。这意味着电线结点应设置在地面墙的高处；铺置硬瓷砖地板以便洪水不受阻碍的流过、地面也不会遭到破坏；一旦洪水过去，房屋便尽快重新恢复了正常使用功能。

恢复力理论已经沿用了几十年，随着可持续问题成为世界议程的首要论题，在近二十年恢复力理论有了新的发展，Carl Folke 等人准备了基于恢复力的科学理论背景的论文，用于 2002 年可持续发展世界峰会（Folke et al，2002）恢复力联盟（www.resalliance.org）将恢复力定义为人或自然在整合系统中，(a)系统能吸收的干扰量，系统仍然保持不变的状态或吸引区域。(b)系统能够自我组织的能力程度（对比缺少组织性的，或者由外部因素控制组织性）。(c)系统能够学习适应变化的能力的构建程度。

因为可持续发展经常被许多人认为是创造或保持繁荣的社会经济增长的过程，可持续力章程和恢复力之间存在明显的联系。如果我们能够设计一个新的系统应对灾难或者灾难过后能及时恢复状况，那么完全惨败的情况将开始减少。如果我们有能力在遭遇灾害时保持功能性，那么在任何情况下尽快恢复原状也是有可能的，至少在一定参数范围内可以实现。

Folke 等人提出了一个解决可持续发展问题的新方法，即直接运用技术或者经济手段或社会调整手段。他们十分正确地指出这些因素将互相结合互相影响，以强调它们的复杂性。他们认为应在这些因素间建立协同作用，同时找到协同作用产生的适应潜能，这样可能减少甚至解决可持续发展问题。

适应潜能是指社会生态学在考虑未来发展的前提下解决新兴问题的能力，适应潜能高的系统可以在不减少关键功能的基础上对系统内部重置，这些关键功能与生产力、水文循环、社会关系、经济繁荣相关联。他们明确了反应适应潜能特征的四个关键因素，这四个因素在时间空间尺度上相互作用，且对于解决系统变化或重组时的自然资源动力问题也必不可少。四个因素是：

（1）学习适应变化和不确定性；

（2）恢复力所需的培育多样性；

（3）为学习综合各类型的知识；

（4）创造自我组织的机会以应对社会生态的可持续力。

Folke 等人继续探索并阐明人类和自然的关系，哪些事物需要可持续，为什么需要可持续。他们认为时间尺度很重要，某些事物靠着技术革新拥有一定时间内的恢复力，但可能在下一秒就会变成造成不稳定状态的因子，例如，铁斧在发展农业、清理森林的过程中起作用，但是过度开垦将导致土壤贫瘠，甚至导致二氧化碳的吸收力下降，于是整块地的恢复力遭到破坏。似乎每天系统恢复力被破坏的事情都引起我们的关注，存在各种破坏情况，因过度捕鱼造成的鱼群损耗，影响珊瑚礁的污染物，遭到化学毒素污染的土地，因免疫措施缺乏造成的人类疾病传染（从世界某地传播到另外的地方）。

恢复力是可持续发展的重要组成部分，这加强了人类对于可持续的世界观理解，即人类是自然的一部分，而不是主宰自然，然而，可持续发展也可被用于检测技术发展对人类的影响具体有多大。当机器越来越智能化，知识才能变得不再透明，人们作为自然界物种会因此变得更加脆弱吗？如果说可持续发展是一个保存自然界物种（包括人类）的过程，也许人类的生存更是受到他们自己创造的技术的威胁。面对科技的变化我们的恢复力到底如何？可以说我们面对变化的潜能不久就要被激发出来。

恢复力理念的发展对于决策制定和管理过程来说意味着，需要创造适应性管理系统来吸收并应对变化。我们不能随便说终有一天会解决这个问题，这个过程是反馈的良性循环，也是新环境的挑战中发展起来的。政客们发表"世界是可预知的，任何问题都能解决"的言论是可笑的，当他们改变想法，媒体便谴责他们的做法，此时整个真实的世界被忽视，机械化的可预知的世界得到发展。从恢复力的角度看待可持续发展问题，必须保证灵活性和学习系统的帮助，以及我们对假定的各种情况相互依赖性的理解。

第9章
教育和研究

本书将对评估可持续性过程中关键问题进行介绍和综述。正如前面提及，这只是一个起点而已。每一章都可以自立成书。该学科发展很快，并不断产生新见解和新技术。与其他许多科目相似，假设该学科在一段时间内会达到稳定是轻率的。早期某些学科被选为研究新领域后，会经过一个本质演变的考察过程，并形成定义和方法，成为大学和政策制定中公认的真正研究领域。

在可持续发展方面，我们已经取得了一些进步，并作为理论内容应用于广泛的教育研究体系之中，不再仅限于环境方面。在政府中，尤其是已签订可持续协议的政府，它作为各部门决策单位的一部分。然而，实事求是地讲，这些政策时常不被执行，随着时间推移才能判断是否具有实际意义。这些政策的存在必须鼓励相信这一课题对未来发展具有重要意义并值得大量研究的人。

这些想法和内容的转换指出了该课题的全部性质和可持续发展已经渗透并影响到我们生活的事实。尽管还有很长的路要走，但把该课题作为可持续科学也是一个里程碑。哈佛大学国际发展中心的可持续科学项目致力于：

提升人与自然系统动态化的基础理解；促进实际干预的设计、实现和评估，提升其在特定地点和环境中的持久性；改善相关研究和创新团体之间、政策和管理团体之间的联系。

基弗等人给出了更广泛的定义：

地球系统相关知识的培养、集成和应用主要从那些全面的基于史实的科学中获取，比如地质学、生态学、气候学、海洋学。还需要配合以从社会科学和人文科学中获取的人际关系方面的知识，以此来评估、缓解和减小地区性和全球范围内人类对行星系统和全社会的影响。于此，未来人类才能成为智慧的地球管家。

该定义简化了这一课题，并影响到本书前面章节中的讨论。

雷顿（2005）提出了新范例：必须包含不同规模尺度（时间、空间和功能），多重平衡（动态），多因素（利益）和多种失败（系统错误）。

Mjwara（2008），南非科学技术司司长，在《可持续科学》（伯恩斯和韦弗尔，2008）一书的引言中写到，南非的可持续发展对我们传统的研究方法造成了挑战。社会和我们生存系统之间复杂的相互作用需要协调响应，该响应跨越单学科边界，打破单独的研究体系，超出当前存在于知识生产者和使用者之间的代沟。杜普利西斯（2009）在该书一项权威研究中强调了为理解社会生态学系统而假设概念框架的复杂性，也正是这类研究帮助那些致力于可持续发展的人构建了处理关键问题的科学体系。

我们发现这些是非常复杂的问题，在这类书中很容易造成这样的假象，即所有问题都被解决，我们所要做的就是应用这些知识和技术处理可持续发展问题。这不是事实。在极少部分学者间仍存在诸如当前对环境可持续性的认知（仅是可持续性议程的一部分）是否恰当等的争论。

当面对由可持续社会有关方面引起的议题时，议程变得更加复杂。第一章提及的国际研讨会，选用该可持续发展概念，并使其具有高度优先性。但还没有详细制定用来理解和运用可持续社会的工具和政策。当我们强调团体时，我们处理人类社会和政策行为及他们对发展的影响。如果与环境因素结合，人与环境、人与人及人与所有现存物种之间的关系都需考虑。

这是一个巨大的研究项目，这里隐藏着潜在的衰落。研究范围过于广泛，以至于很难实现其自身意义，也难于控制。必须针对可持续发展研究的根源进行管理。假定出现问题，我们要能够干预、采取措施，换言之，能够控制事态！以往经验表明，每当人为干预时，没有考虑全面的影响，问题在此处解决，又在别处产生。我们已发展一种简化观点，处理总问题之下高度聚焦的子领域，因为作为人类，很难立即处理所有相互关系。该方法使我们在许多课题上取得进展，尤其是自然科学，但是在社会科学中却停滞不前，主要受限于参与者之间、参与者与众多变量之间的相关性。

我们不能预知未来会发生什么，也就不能在全球层面探讨问题。即使是经济或金融投资预测这类较为直接的方面，想预知其未来发展也十分困难（例如2008/2009的信贷紧缩）。模型使用依赖于以往经验，谁知道当前的新特征是什么？相互关系的数量如此庞大以至于以往经验的微小变化就会导致多米诺效应，出现模型无法处理的全新示例。模型本质上是真实世界的简化，目光短浅。如果模型是完美的，那些知情者可能操纵股票交易成为百万富翁。这是不会发生的。

在某种程度上这令人沮丧，并向全世界传播负面信息。我们如何了解这一重要事实？什么将会帮助我们？本书试图提供一些参数供我们使用。该书描述了调查研究的关键领域，提供了不单单是处理此问题指标列表的综合框架，提供用来衡量事件、进行明智决策（即使认识到自身不足）的更为常用的方法，建议处理问题的管理途径。这里每一个问题都需要大量的进一步调查，全世界有许多研究人员在从事这项研究。这就足够了吗？

当然，这些研究是有益的，并且对未来发展贡献显著。方案规划虽然受到限制，仍将帮助"试验"未来的发展。前瞻研究将帮助准备或影响未来，各种类型的模型将提醒我们未来逼近的问题。一些技术将以前所未有的方式影响我们。"零碳排放"政策可能改变很多事情。能源类型可能改变，形成一个全新的制造业和运输业基础。燃料电池技术，尽管潜力巨大，仍在相对初期，我们不知道能否适用于当地环境。使用当前技术，中国的三峡大坝是一项新的基础建设项目，用来提供很大比例由国家未来经济发展带来的能源消耗。发展中的水力发电相对"绿色"，但是为了建成这一450英里（约724km）长的水库，将近两百万人被迁移。对于那些依赖于此的人们，这些技术将对他们的行为方式和建成环境产生主要影响，会使他们在未来或多或少地变得脆弱，从而煽动有关自我保护的社会行为。是否会有其他国家利用大坝的弱点，对该国家或政策进行攻击或施压？大部分可持续模型的观点是这个"团体"行为可能极大改变，使其长期来看不再持续。

也许最未知的事情就是信息技术对我们行为方式的影响。我们之前从未面对这样的信息爆炸。长远来看，我们不知如何应对，我们也不知道人类之间、人与机器之间联系的增加将会对人们从建成环境中期望得到的有怎样的影响。目前，有迹象表明，那些致力于提供信息技术的人在世界各地，如西雅图和迪拜的秘密会议中紧密结合起来。大多数预言表明地理已不再是研究的屏障，这是违背直觉的。但当鼓励我们中的另一些人为一小部分利益工作时，地理上相近的最大市场占有者获得了主要利益！这也许是一种暂时的现象，但是谁知道呢？

因此，信息技术的哪些趋势将影响可持续发展？概括为以下几点：

（1）集中性：集中性的概念有两个标准。①技术本身的集中，通过数字处理以从未有过的方式相互影响。电视、音响、电话、照相机、乐曲如今可以通过单源的机器进行传送和接收，允许所有媒介进行合并。②内容的集中。正如当前运行的因特网几乎是无界的，信息也可以在世界范围内无缝传播。拥有这些信息分布的人可能发现他们处于有力的战略位置。这是一种有意无意地影响价值标准的方法。所有信息都会通过创造者和传播者进行有益或无益过滤。这会产生在正常事物进程中遭受争论和批评的偏见，使得政府机关之间相互制衡。但是当一条信息因便利而反复使用时会发生什么？会形成思考石化、方法压抑的"世俗认知"。效益取决于信息的良性或有害性。新技术的可重复性是为了帮助那些消息不太灵通的人。谁会为大规模信息提供者支付呢？对于那些反对独有信息过滤器的人，可能对他们的认知价值系统产生威胁，在极端情况下可能把恐怖活动作为唯一的出路。

（2）连通性：和集中性一起，我们需要建立连接，以了解共享不同媒介的潜力。近十年我们看到了发达地区人均电脑使用，外加广泛种类的信息传输和接收设备使用权的大量增长。除了它们最初开发的用途，移动电话如今是音乐、信息、图像、游戏和许多其他事情交换的关键点。我们正接近"知识网络"，其中计算机共同作用，网络变得更有力，知识则更易于得到。为我们提供前所未有信息共享手段。这些机器可以作为传感器收集数据的储藏库，可能成为一类像可持续发展这类复杂领域的知识获取器，而不必消耗巨大的人力。

（3）文化：由于技术变得容易使用、使用技术的训练变得普遍，人类之间的行为模式也将适应新环境。电子游戏产业已经改变了消遣类型，因特网已经改变了学生接受知识的方式，并使网上购物兴起。以上是所有行为变化的指标，而探知发展将于何处止步是困难的。对颠覆现时推断将会产生反应吗？可能会继续至外部观察者把种族看作一个完全相互依赖，可通过意愿操作的互相连接的整体吗？这些也许是极端的情节，但是可能发生。毫无疑问现在这一代人的生活方式已经发生了戏剧性变化。

（4）创造性：许多年计算机一直被看成束缚创造性的机器。操作计算机要遵守的规范被看成处理事务的限制。但这种观念正在加剧改变，因为技术模拟现实世界，使我们在现实世界体验的自由度在虚拟环境中同样有效。实际上这种改变可以更进一步，因为机器可能擅长人类不擅长的事情，这种人机结合可能带来创新突破。边界很可能消失，并且技术专家正在考虑通过向人脑"注入"机器提高人类绩效。目前该技术只能增强受损伤大脑功能，但是未来可以用来克服人类固有极限，延长寿命。如果不被明智使用，它会成为接下来的消遣性毒品。

（5）内容：知识网络的内容决定吸纳程度和使用方式，以及跟随这种知识增长产生的行为。知识能够通过驱散愚昧、鼓励自由交流将人们结合在一起。另一方面，它具有划分巩固偏见的能力，这是否能使社会更持续尚待分晓。他们会团结还是斗争？紧张局势已经在被强烈的宗教信仰所分解的群体中显现。当通过本技术传递某组织的价值体系时，会导致其他破坏吗？它是协调或者异议的工具吗？很可能两者都是，但我们并不知道哪个将在特定的时间点盛行。

（6）协同工作：随着世界一些地方致力于 IT 的人们不断聚集，跨地界的协同工作也在发展。飞机通过千里之外的图纸和组件进行设计和制造。产业供应链通过网络连接进行网络操作，轻松监督团队绩效。许多公司鼓励员工一周几天在家办公，避免支付办公楼费用并促进绩效。这是丰富还是破坏了可持续社会的观念？

以上所列给出一些与迄今世界上最大的技术驱动器相关的迹象。正在世界范围内讨论它带来的影响，并且争论将持续几年。信息技术可能描绘出非常积极的场景，从而为许多可持续发展问题提供解决方案。我们能使人们不再频繁旅行，就能消除愚昧、增进理解。我们能让第三世界参与进来，并为其提供所需的却支付不起的教育援助。另一方面，该技术也许被看成排斥贫困者的压迫工具，能够操作人类、危及隐私、使价值观念降至最低标准。

以此来看，未来掌握在我们手中，至少在那些控制技术的人手中。在此，政府也应该发挥作用。如果我们希望拥有促进可持续发展的有利技术，我们应该鼓励哪些方面呢？这是一个留给未来政府和每个人的非常关键的问题。

然而，将发挥作用的不仅是技术。那些有责任使流行文化及其知识相通的机构有义务解决这一问题，无论基于道德立场还是文化亟需的事实。大学、学校、学习机构及那些为我们社会高效运行提供基础知识的机构都在向前发展。他们肩负最大的责任，因为如果他们不装备那些学习者的思想，那么无论政府或市场如何鼓励，都不会有让这些"政策种子"成熟的肥沃土壤。

本书作者有权于 2009 年 4 月帮助起草针对可持续和负责任发展教育研究的都灵宣言。该宣言由 G8\G20 所有国家代表签字，大多数发展中国家也会负起责任，促进对可持续发展的理解和应用，将其贯穿到从课程内容到组织机构行为管理方式的所有工作之中。联合宣言引起了 2009 年 7 月国家首脑会议的注意。在 2008 年日本札幌会议的基础上，世界大学的带头人认可了教育研究在了解、促进和实行可持续可靠发展中的重要地位。他们认识到可持续仅依赖自然科学无法实现，必须同时依赖生命科学、社会科学和人文科学。经济学、伦理学、能源政策和生态学之间的相互依赖、相互作用是需要探寻的关键例子。

值得一提的是，2009 年宣言的关键要素转化成校长们致力于的，并根据他们关于教育研究政策（G8 大学峰会，2009）原则和组织构建的文稿。主要要素摘要如下：

第一节：原则

1. 新的社会经济发展模型要符合可持续原则

现存模型不能反映全人类的广泛幸福感，和用来维持不损害后代发展的持久基础设施。这不仅是经济问题，也是需要处理的社会问题。

2. 可持续发展的道德途径

在此校长们鼓励致力于可持续发展途径，这些途径充分运用自身体系中信任、分配公正、文化多样性和代际观念等道德因素。从表面上讲，他们认为大学应该鼓励广泛的团队协作，促进道德、平衡、可靠、公平的国际可持续发展政策。

3. 能源政策的新方法

在这一原则之下，大学同意提供专长和动力，有助于自然资源合理利用并积极开发除碳燃料之外的替代能源。然而，凭借对科学的现有了解，很难在短期内实现可替代能源的彻底转化。一些人会主张将核废料作为过渡时期的权宜之计，另一些人则会不赞成。新方案诸如吸收排放二氧化碳

（CO_2）的人造树和人造树叶开始出现。毫无疑问还会有其他的新方案。

大学同样鼓励开发节能技术，在这有已知实验的进展范围。许多政府对这些技术实施奖励措施，但是有时这种嵌入式能源在个人或公司消费者削减能源使用的驱动下常被遗忘。

4. 聚焦可持续生态系统

代表们赞成他们应该鼓励另一个焦点，关于知识的产生、传递、实践，和关注环境和人类活动相互依赖性的可持续生态系统的生活方式。他们认为大学应该鼓励那些有弹力、能够幸免于自然或是人为主要干扰的系统。这一准则的目标是帮助社会和决策者理解他们活动的影响，进行明智决策。

第二节：参与性

确立原则以后，大学代表认为需要开发策略，实施第一节提议的议程。没有行动的志向无法实现所追求的改变。因此，对于标题"参与性"，大学不能独自实行，并且他们的知识基础对于那些探寻改善人类可持续发展需求的人们是一笔巨大的资产。该议题定义如下：

1. 广泛的、全球的参与以提升可持续性问题的认知

于此，大学认识到他们在发达及发展中国家传播知识的责任。他们特别声明将为决策者、产业、团体和个人提供领导、主张和引导，这将培养对不同国家和地区间相互依赖性的认识和理解。他们声称将在可持续发展相关领域里对下一代领导者的教育中扮演相应角色，并提议所有学生都应该了解可持续发展相关议题，鼓励他们本着地球公民的精神参与创造可持续可靠社会。

2. 吸收整合前沿知识的教育研究重组

他们认为可持续社会需要最新知识重组去颠覆之前单一学科方法和教育与科研分离的趋势，去培养综合全面的决策和解决问题的方法，实现从单一学科到系统思考的转变。

3. 战略发展管理

本段探讨大学为决策者提供高水平的教育研究成果，使他们利用最新的知识进行决策。他们应同时提倡基于多参与者、多尺度、多中心的合理决策方法和管理、规范和法律。他们认为应该努力建立新的可持续道德基础和大学间特有的交流渠道以及确定决策者，以使政府有效回应研究成果和新知识。

4. 网络化

2008年峰会大学提议构建网络的网络，旨在连接已有的特定学科的研究网络。这将避免产生知识垄断和加剧学科交叉的匮乏。他们提倡建立可持续可靠发展的教育研究虚拟中心，作为综合自主的虚拟研究中心来贯彻确定的原则。

第三节：对G8领导人的建议

以上的原则和约定铭刻于一系列的行为中，大学同意通过"活实验室"

作为制度和组织上的回应。其中包括同私人及其他部门形成合作关系以传递知识、商业化有助于可持续发展的新技术。

随后为政府提供建议（牢记宣言提至 2009 年国家元首会议），包括分享良好的管理决策，鼓励发展中国家参与创造可持续经济，其中大学提供公共政策和科学方法。最后，他们提倡政府和大学共同行动，包括该领域内的认知、道德行为发展、整体思考和研究增长。

警告

一个严重的警告必须放入此宣言中。首先，因为这是一个没有法律效力的义务，如果没有适用的处罚或奖励，这将流于表面。CO_2 的排放也许是个例外。其次，目前除了民族国家和慈善资金援助机构，该义务没有任何物质资源做后盾。虽然全球协议很重要，但应对可持续发展看起来仍需要许多年（尽管气候变暖等问题正在被认同之中），即便如此建立国际资金来源也是不可能的。第三,资金基础的破裂将意味着很难协调实现国际合作。知识有可能支离破碎。

然而这些并不是难以克服的难题。对于许多学科来说，不论是理学、工学或医学，知识的产生总是源于新奇发现。可能区别在于可持续发展是整个国际社会必须拥有并遵守的，盈利的市场动机也许不再是这一积极性恰当的推动力。然而，作为获取经济优势、提供摆脱严重衰退的经济动力的方法，绿色经济是政府对民众的卖点。毫无疑问市场正在回应这一挑战，但问题是一定会分出胜负，贫穷国家很可能为此埋单，虽然正是他们的生活方式更有利于可持续发展。因此，对于所有人来说有这样一个道德规范，当我们面临的可能是人类有史以来存亡的最大威胁时，确保人类幸福是最重要的。

9.1　研究议程

本书提供了关于可持续发展评估知识现状的概述。在可持续发展标题之下的潜在活动范围庞大，因此无法进行详细介绍。社会、经济、政治和技术行为每一个方面的评估方法都与这个议题有关。对单一个体来说，全面地进行实践，从而拥有这些知识和技能几乎是不可能的。需要通过共同努力和类似第 8 章提供可控指标的温哥华研究项目。我们正处于学习过程中，为该问题带来正式和非正式获得的知识。并且我们致力于改进可持续发展的评估和管理办法。

本书中我们试图提供必须面对的工作规模大纲，同时试图提出处理方法。根本是稳定的能用于所有这类研究的结构。杜伊维尔结构（见第 6 章）是目前找到的，较为有意义的并能够回答所提出的集成化信息最接近的结构。可持续发展可"意味一切人的一切"，但是通过提供一种牢固理论结构，可以有力解决这一主题并构建知识"构造块"。然而，这并没有回答过程问题，而温哥华研究可以提供帮助。温哥华团队采用的过程回应杜伊维尔在整体分析中提出的一些问题，并继续建立实施方法。

准确地讲评估方法和评估进程没有对错之分。更规范化的方法在知识构建和进行比较方面存在优势。然而，既满足当代人的需要又不损害后代人的利益意味着需要灵活的适应性系统。这能否在一个能融入所有人的理解和价值体系的框架之内完成还未得到证实。以下是一个有助于理解复杂问题的研究议程（我们确定的众多中的一个）：

（1）开发、测试和评估可持续发展的处理框架，可以用来描述以不产生规定解决方案的方式而呈现的多种价值系统。隆巴迪和布兰登采用的杜伊维尔的"宇宙理论"（见第6章）可能是这项研究的很好起点。

（2）在国际上测试以上框架，开发一个普适的构成国际比较和决策基础的程序。但要时刻意识到即将产生可能改变相应评估流程的新技术和新项目。

（3）在框架内运用评估方法并研究他们如何共同作用来帮助实现行动上的一致。评估方法不应控制结果，只不过帮助各利益相关者把握自身行为的含义。如评估方法存在不足，那么应该寻找新方法。

（4）提供手册以指导不同水平上的（例如建筑物、地段、城市和地区）的有关人士，提供连贯稳健的方法进行可持续发展评估的整体分析。

极端的认为本书提出的问题可以通过新的框架来解决过于简单，但这是使各方达成共识的良好出发点。它必须以大量的理论发展和哲学为基础，所以我们开始更深入的理解为什么我们要协同合作。诸如复杂理论、混沌理论和知识大融通（知识的统一）等研究领域必须与这一重要问题有关，加之工程、科学和社会科学等有力技术。这是一项保证可持续科学生存和发展的充满挑战性有极大吸引力的议程。简言之它要求我们有一个改变行为和想法的新的世界观。

像艾尔伯特·爱因斯坦说的那样，我们的问题是我们总是首先试图用与引起问题同样的想法、手段和世界观来寻求解决方案。他还说到，想象比信息更重要。如果有一个迫切需要想象的问题，那么它就是可持续，我们需要鼓励这种想象。

9.2 小结

之前没意识到的读者，毫无疑问现在会意识到这一主题的复杂性。作者试图为未来提供这一领域基于他们经验和文献的概况指示。要求可持续发展完整系统面面俱到是不可能的，实际也不存在这种系统。可持续发展的参与者像彼得圣吉在《第五项修炼》（圣吉，1990）提出的学习组织那样行动。他开篇写道：

　　"从很早开始，我们就被教育分解问题，分解世界。这显然使复杂的任务和主题更易处理，但是我们却付出了潜藏的巨大的代价。我们不再能够看到我们行为的后果；我们失去了与整体联系的固有感知。当我们试图看到大局，我们试着重新集合、列举和组织脑海中的碎片。但是，像物理学家大卫博姆说的那样，这是徒劳的——就像试图破镜重圆来反映真实。因此，我们不久就放弃了顾全大局。"

　　他继续写道：

　　"当我们放弃了这种错觉——我们能够建立'学习组织'，在这一组织中，人们不断拓展创造他们真正想要的结果的能力，新的广泛的思考方式成熟，集体志向释放，人们不断共同学习。"

　　可持续发展不仅需要合作和承诺，还需要一种认知，即我们在随时间不断提高的进化过程中，我们的思想将产生许多解决方案。

　　的确如此，这本书仅仅是个起点，有太多需要去做、去学习的内容。我们希望本书内容能为读者提供更深入的见解，鼓励读者参与到共同学习的过程中，为了建成环境所有参与者的利益，实际上也就是为了我们自己！

附录 A
现实的宇宙律则哲学

注解：下面的文章概要总结了极为广泛的哲学基础——"现实的宇宙律则哲学"。它不够全面，但将为那些希望了解更多的人提供进一步研究的启示。然而，读者应该认识到，这不是一件容易驾驭的事。

该体系结构是基于 Dooyeweerd（1955）的宇宙律则理论，即多维度系统思想这一系统方法的基础（De Raadt、1991、1994、1997）。这种多维度系统思想方法旨在通过多层次视角的综合哲学研究使复杂系统由传统的笛卡尔坐标方法变的简明易懂。

与以前的系统学派相比，比如由 von Bertalanffy（1968）提出、Le Moigne（1994）进一步发展的开放式系统理论，多维度系统思想方法基于两个轴，一个多维度的纵轴和一个系统的横轴。具体地说，这种方法是基于宇宙律则哲学和 Ashby（1956，1976）、Beer（1967，1981）发展的控制论。通过适应与修改这两种理论，多维度系统思考的焦点由系统设计和使用转向多层次功能（即形态），研究在这种维度下的系统运作，而不是系统本身。

正如上述所说的，多维度系统思想的基础是荷兰哲学家赫尔曼 Dooyeweerd（1894 - 1975）提出的科学方法论思维，被称为"现实的宇宙律则"。这基于一个基本观点：任何事物和理论都没有绝对的，一切都与赋予事物意义的造物者的创造活动有关。

用 Basden 的话说（www.basden. dernon.co.uk/Dooy/summary，html）：

系统学派之间的比较（来源：Eriksson，1996）　　　　表 A.1

共同点	系统方法（le Moigne）	多式系统（de Raadt）
都提供了科学中有关否认客观独立的个人关系的再构想。都考虑了信息的循环和组织在社会科学中的基础性，有别于传统的自然科学的能量的定义。都反对普遍认同的社会科学的不精确和模糊性。都试图找到被认为是不充分的控制论范式的替代品。都承认最终信仰是选择的最后标准或者是多级台阶的最后一站	强调分析范式在理解复杂性上的不充分。构成主义让我们构建的知识更加能被理解。这既不是通过感知或通过沟通的方式得到的。而是通过积极建立目标实现的。 认知的功能是具有适应性的，并服务于实验世界的主体组织，而不是客观的发现本体论的现实。这并不是告诉我们构建了怎样的知识。这或许会陷入相对主义	强调隔离的规范和决定命令的不足。假设有一个绝对的真理，让现实独立于人类。这就通过专注于之前由信念证实的知识逃离了相对主义。我们的知识是有限的。然而，它企图使用控制论范式让社会系统可被理解

Dooyeweerd 的工作动机是建立一个有神论和自洽性的哲学框架。他想要它解释我们现实生活的同一性和差异性。Dooyeweerd 被圣经的思想不能够很好地适用于大多数理论所困扰，然而他对世俗论和原教旨主义者提出的宗教对于科学、技术、商业，尤其是思想毫无关系的解释都不满意。

在 Clouser（1991）and Kalsbeek（1955）上可以看到 Dooyeweerd 工作的总体描述，在 Dooyeweerd（1955）and Hart（1984）上可以找到全部的理论依据。当前的说明大量引用了 de Raadt（1991，1994，1997）和 Basden（unpublished，1996，2008）的阐述。

宇宙律则的理论承认一个独立于我们行为和已知的外部现实的存在。我们之间相互影响，并且通过观点和愿望连接起来。特别是，有关理论声称现实中有两个"面"：一边是规律，另一面是本质。

本质关注的是事物、系统和运动：例如，人、花、马、乡村、政府，乐章。规律关注的是事物运作的形态：例如，物理的、社会的、生物的，伦理的，技术的。

一个形态可以定义为一个系统功能无法消减的区域。其特点是领域主权的核心概念，它提供了独特的内部秩序，或者说是一套规律并被这套规律支配，例如，运算率、物理规律、美学规律，伦理学规律。这些并不仅仅只有引导的作用，还可以使实体（人、动物等）按照各种各样方式运作。

规律和实质可以被视为正交：一个实体与多个状态穿插。例如，一棵树有很多形态特征，包括空间的（占有限空间）、物理的（由材料组成）、生物的（活着的），但是和人比较，它的主动功能受到了更大的限制。它不能学习，也不能说话并且没有社会交往和经济往来。相反，树能够成为我们学习的对象，能够被作为礼物送给朋友，或者买卖（见图 A.1）。

图 A.1
不同维度间实体（人/树）
的二维展示

在日常生活中，实体可以说是摆在显要位置的，而状态退到了背景的位置，但是在科学研究领域，规律地位往往比实体更显要。所以在分析现实时，我们应该注重规律，而不是实体的表现。正是规律（例如形态）传递了事物的基本属性，并且规律是实体存在的必然要素。

规律（或秩序）通过两种方式应验。在更早（或低速的或绝对的）的形态中，诸如数值的、空间的以及在数学、几何、规则、定律方面的等价物在形态上比较确定，这就是所谓的"规律有其特有的运行方式"。

例如，在物理形态中，任何物体都服从万有引力定律；没有一个事物既是圆的又是方的，这是空间方面的一个定律。然而在后（高速的或相对的）一种形态中，例如，道德和司法，由于它们的实现形式因人而异，所以它们不能用限定词定义，更多的是规范。

规律是独特的和不可约的，形态之间各不相同，所以它不可能在一个形态的行为基础上完全了解另一种形态的规律（范围主权）。然而，他们之间有明确的关系，通过一个连贯而不是支离破碎的方式，实现事物的功能。这些关系的三种形式：

（1）依赖：后一种形态的规律依附于并且需要前一种形态规律的支持。因此，生物定律需要物理定律中关于运动的支持等等。"宇宙律则"的哲学没有把这15种形式放在一个武断的顺序中（Dooyeweerd称为"宇宙时间"），前者作为后者的基础。

（2）功能：一个独立结构（实体和系统）作为主体或客体发挥作用。而人类能够在任何方面充当主体，动物在一个相对有限的范围内充当主体。例如，一只绵羊可能成为经济客体，但不会成为经济主体，确切地说它可以被交易却不能做一个交易。这个运行中的个性结构充当各个方面的集成点。

（3）类比：每个方面的组成能够反映到其他独立的个体上。类比是在计算机上用特征符号表示知识的基础。不同形式的一致性允许其中的一种形态代表其他的一个或几个形态。例如，社会科学家经常从定量的角度（使用数值的方法）表现社会行为（以社会形态运行）。然后他们便可以使用数学的规律来操纵社会行为形态，并推导出没有这些规律很难得到的结论。在德拉特的话中（1991），还有很重要的一点是，"……这些结论是依赖于数字形式的而不是社会形式。因此，这些结论在算数的角度是有效的，不必要在社会的范围内有效。"

虽然每个形态可以是另外一个的代表，其代表性和一致性程度的有效性将随着两种形态间的距离增大而降低。例如，数字形态并不能很好的代表司法形态，这种情况下最好是用更加紧密的形态例如道德形态。德拉特认为（1991），与那些存在于绝对形态中的同态相比，相对的规范秩序不是源于任何的不确定性，而是源于存在于相对形态和逻辑形态以及数字形态的低同态中。

　　杜伊维尔列出 15 个形态的清单，其属性由人的经验体现。这 15 个方面和他们的核心含义（括号内部分）如下：数值方面（总量）；空间方面（连续沿拓）；动态方面（运动）；自然方面（能量、质量）；生态方面（生命功能）；敏感方面（光敏、触敏）；分析方面（实体辨别、逻辑梳理）；历史方面（形成力量）；沟通方面（提供情报、符号表征）；社会方面（社交礼仪、社会交易）；经济方面（节约、处理有限资源）；审美方面（和谐、美感）；司法方面（报偿、公平、权力）；伦理方面（爱、道德）和信义方面（信仰、承诺、信赖）。他们由哲学和科学的历史突出的各大型类属性得出。

　　然而不是所有作者都定义了形态及其顺序哈特仅定义了 14 个形态，不包括审美。此外，她将分析形态置于历史和交流形态之间。德拉特增添了两个新的方面：认知（其本质为智慧）和运作（其本质为产品）。他们分别被置于交际形态和社会形态附近。卡尔斯贝克讨论了运动学作为物理形态一部分的重大意义。

　　这项研究开发的框架保持了杜伊维尔给出的解释建成环境可持续发展进程的原始数据和逻辑顺序。这个计划的目的并不是要重新考虑现实，而是去提供有用的工具来帮助计划的决策。

引用文献

Adams, W.M. (2006) The future of sustainability: Rethinking the environment and development in the twenty-first century. *Report of the IUCN Renowned Thinkers Meeting*, 29–31 January 2006. www.iucn.org (accessed 27 May 2006).

Alberti, M. (1996) Measuring urban sustainability. *Environmental Impact Assessment Review*, **16**, 381–424.

Alwaer, H. & Clements-Croom, D.J. (2009) Key performance indicators (KPIs) and priority setting in using the multi-attribute approach for assessing sustainable intelligent buildings. *Building and Environment*, **45**, 799–807.

Archibugi, F. (2002) *Introduzione alia pianificazione strategica in ambito pubblico*. Centro di Studi di Piani Economici, Rome.

Ashby, R. (1956) *Introduction to Cybernetics*. John Wiley & Sons Inc., New York.

Ashby, R. (1976) *An Introduction to Cybernetics*. Methuen, London.

Ashworth, A. & Langston, C.A. (2000) Whole of life assessment and the measurement of sustainability. In: *Cities and Sustainability: Sustaining our Cultural Heritage* (eds P.S. Brandon, P.L. Lombardi & P. Srinath), pp. 42–52. *Proceedings of the Millennium Conference*, University of Moratuwa, Sri Lanka.

ATEQUE (1994) *Identification of Actors Concerned with Environmental Quality of Buildings*. Technical Document No. l, December, Paris.

Basden, A. (1996) Towards an understanding of contextualized technology. In: *Proceedings of the International Conference of the Swedish Operations Research Society on Managing the Technological Society: The Next Century's Challenge to O.R.*, University of Lulea, Sweden, 1–3 October, pp. 17–32.

Basden, A. (2008) *Philosophical Frameworks for Understanding Information Systems*. IGI Publishing, New York.

Beer, S. (1967) *Decision and Control*. John Wiley & Sons, Chichester.

Beer, S. (1981) *Brain of the Firm*. John Wiley & Sons, Chichester.

Bentivegna, V. (1997) Limitations in environmental evaluations. In: *Evaluation of the Built Environment for Sustainability* (eds P.S. Brandon, P. Lombardi & V. Bentivegna), pp. 25–38. E & FN Spon, London.

Bentivegna, V., Curwell, S., Deakin, M., Lombardi, P. & Nijkamp, P. (2002) A vision and methodology for integrated sustainable urban development: BEQUEST. *Building Research International*, **30**(2), 83–94.

BEQUEST (2001) *Final Report 2000–2001*, Contract N.ENV 4 CT/97/607, EC Environmental and Climate Programme (1994–1998) Research Theme 4: *Human Dimensions and Environmental Change*, University of Salford.

Bergh, J., Button, K., Nijkamp, P. & Pepping, G. (1997) *Meta-Analysis of Environmental Policies*. Kluwer, Dordrecht.

Bernstein, H. & Bowerbank, A. (2008) *Global Green Building Trends (SmartMarket Report)*. McGraw-Hill, New York.

Evaluating Sustainable Development in the Built Environment, Second Edition
By Peter S. Brandon and Patrizia Lombardi © 2011 Peter S. Brandon and Patrizia Lombardi

von Bertalanffy, L. (1968) *General System Theory*. Braziller, New York.

Birkeland, J. (2005) Building assessment systems: Reversing environmental impacts. *Website Discussion Paper*, Vol. 1. http://www.naf.org.au/nafforum/birkeland-2.pdf (accessed 28 August 2008).

Bizarro, F. & Nijkamp, P. (1997) Integrated conservation of cultural built heritage. In: *Evaluation of the Built Environment for Sustainability* (eds P.S. Brandon, P.L. Lombardi & V. Bentivegna). E & FN Spon, London.

Bossel, H. (1998) *Earth at a Crossroads*. Cambridge University Press, Cambridge.

Boulding, E. (1978) The dynamics of imaging futures. *World Futures Society Bulletin*, **12**(8), 1–8.

Brand, S. (2000) *The Clock of the Long Now: Time and Responsibility: The Ideas Behind the World's Slowest Computer*. Basic Books, New York.

Brandon, P.S. (1992) *Quantity Surveying Techniques*. Blackwell Science, Oxford.

Brandon, P.S. (ed.) (1998) *Proceedings of the CIB World Congress, Symposium D: Managing Sustainability – Endurance Through Change*, Gavle, Sweden, 7–12 June 1998.

Brandon, P.S. & Lombardi, P. (2005) *Evaluating Sustainable Development in the Built Environment*. Blackwell Science, Oxford.

Brandon, P.S., Lombardi, P. & Bentivegna, V. (eds) (1997) *Evaluation of the Built Environment for Sustainability*. Chapman & Hall, London.

Breheny, M.J. (ed.) (1992) *Sustainable Development and Urban Form*. Pion Limited, London.

Brooks, C., Cheshire, A., Evans, A. & Stabler, M. (1997) The economic and social value of the conservation of historic buildings and areas. In: *Evaluation of the Built Environment for Sustainability* (eds P.S. Brandon, P.L. Lombardi & V. Bentivegna). E & FN Spon, London.

Brown, P.F. (1996) *Venice and Antiquity: The Venetian Sense of the Past*. Yale University Press, New Haven, CT.

Brugmann, J. (1999) Is there method in our measurement? The use of indicators in local sustainable development planning. In: *The Earthscan Reader in Sustainable Cities* (ed. D. Satterthwaite), pp. 394–407. Earthscan, London.

Bryson, J.M. (1988) *Strategic Planning for Public and Nonprofit Organizations*. Jossey Bass, San Francisco, CA.

Burns, M. & Weaver, A. (eds) (2008) *Exploring Sustainability Science: A Southern African Perspective*. Sun Press, Stellenbosch, South Africa.

Capello, R., Nijkamp, P. & Pepping, G. (1999) *Sustainable Cities and Energy Policies*. Springer-Verlag, Berlin.

CER – Ministero dei lavori pubblici (1996) *Rapporto sulle condizioni abitative in Italia*. Paper presented at *United Nations Conference on Human Settlement (Habitat II)*, Istanbul, 3–14 June 1996.

Ceric, A. (2003) *A framework for process-driven risk management in construction projects*. PhD thesis, University of Salford, Salford.

Checkland, P. & Scholes, J. (1999) *Soft Systems Methodology in Action*. John Wiley & Sons Ltd, Chichester.

CIB – "Conseil International du Bâtiment" (International Council for Building). http://www.cibworld.nl/

Ciciotti, E. & Perulli, P. (eds) (1998) *La pianificazione strategica*. Daest, Venice.

Ciciotti, E., Dall'Ara, A. & Politi, M. (2001) Valutazione delle politiche territoriali e governance dello sviluppo locale: aspetti teorici e di metodo. In: *Crescita regionale ed urbana nel mercato globule. Modelli, politiche, processi di valutazione* (eds F. Mazzola & M.A. Maggioni). Angeli, Milan.

Città di Collegno (2005) Bando Regionale Programmi integrati per lo sviluppo locale, De Amicis – Certosa Reale Porta Ovest Dell'area Metropolitana, Relazione illustrativa, pp. 1–29. http://www.provincia.torino.it/sviluppolocale/pti/ for further details (accessed 24 July 2009).

Città di Collegno (2006) Studio di Fattibilità. Recupero e rifunzionalizzazione degli ex Laboratori dell'Ospedale Psichiatrico e alla riprogettazione degli spazi pubblici aperti della Certosa Reale, pp. 1–78. http://www.comune.collegno.to.it/aree-tematiche/territorio/programmi-complessi/pisl/fattibilita2.pdf (accessed 24 July 2009).

CLEAR (2001) *City and Local Environment Accounting and Reporting*. Life Environment Programme.

Clouser, R.A. (1991) *The Myth of Religious Neutrality*. University of Notre Dame Press, London.

Cole, R. & Lorch, L. (eds) (2003) *Buildings, Culture & Environment*. Blackwell, Oxford.

Collins English Dictionary, 5th edn (2000). Harper Collins Publishers, Glasgow.

Comune di Modena (2004) *Un decennio di scelte. Bilancio Sociale di Mandate per un Piano Strategico della città*. Tracce, Modena.

Construction Research and Innovation Panel Report (1999) *Sustainable Construction: Future R & I Requirements – Analysis of Current Position*, 23 March.

Cooper, I. (1997) Environmental assessment methods for use at the building and city scale: Constructing bridges or identifying common ground. In: *Evaluation of the Built Environment for Sustainability* (eds P.S. Brandon, P. Lombardi & V. Bentivegna). E & FN Spon, London.

Cooper, I. (1999) Which focus for building assessment methods? *Building Research & Information*, **27**(4), 321–331.

Cooper, I. & Curwell, S. (1998) The implications of urban sustainability. *Building Research & Information*, **26**(1), 17–28.

Cooper, I. & Palmer, J. (1999) Il programma di ricerca sulle città sostenibili nel Regno Unito. *Urbanistica*, **112**, 83–87.

Cooper, R.G., Aouad, G., Lee, A., Wu, S., Kagioglou, M. & Fleming, A. (2004) *Process Management in Design and Construction*. Blackwell Publishing Ltd, Oxford.

Costanza, R. (ed.) (1991) *Ecological Economics*. Columbia University Press, New York.

Costanza, R. (1993) Ecological economic systems analysis: Order and chaos. In: *Economics and Ecology* (ed. E.B. Barbier), pp. 29–45. Chapman & Hall, London.

CRISP – Construction and City Related Sustainability Indicators. http://crisp.cstb.fr/default.htm

Curwell, S. & Lombardi, P. (1999) Riqualificazione urbana sostenibile. In: *Analisi e valutazione di programmi e progetti di sostenibilità urbana. Alcune esperienze* (ed. P. Lombardi). *Urbanistica*, **112**, 96–103 (English version 114–115), June 1999.

Curwell, S., Hamilton, A. & Cooper, I. (1998) The BEQUEST network: Towards sustainable urban development. *Building Research & Information*, **26**(1), 56–65.

Curwell, S., Yates, A., Howard, N., Bordass, B. & Doggart, J. (1999) The green building challenge in the UK. *Building Research & Information*, **27**(4/5), 286–293.

Curwell, S., Deakin, M. & Symes, M. (eds) (2005a) *Sustainable Urban Development: The Framework, Protocols and Environmental Assessment Methods*, Vol. 1. Routledge, Oxford.

Curwell, S., Deakin, M., Cooper, I., Paskaleva-Shapira, K., Ravetz J. & Babicki, D. (2005b) Citizens' expectations of information cities: Implications for urban planning and design. *Building Research & Information*, **33**(1), 55–66.

D.M.LL.PP (1994) *Programma di requalificazione urbana a valere sui finanziamenti di cui all'art.2 comma delta leggem, 179 del 17 febbraio 1992 s.m.i.*

Daly, H.E. & Cobb, J.B. (1989) *For the Common Good: Redirecting the Economy Towards the Community, the Environment and a Sustainable Future*. Beacon Press, Boston, MA.

Davidson, S. (1998) Spinning the wheel of empowerment. *Planning*, **1262** (3 April), 14–15.

Davoudi, S. (1999) sostenibilità: una nuova visione per il sistema britannico, di pianificazione. *Urbanistica*, **112**, 78–83.

Davoudi, S. (2000) Sustainability: A new vision for the British planning system. *Planning Perspectives*, **15**(2), 123–137.

Deakin, M. (1997) An economic evaluation and appraisal of the effects land use, building obsolescence and depreciation have on the environment of cities. In: *Evaluation of the Built Environment for Sustainability* (eds P.L. Brandon, P. Lombardi & V. Bentivenga). E & FN Spon, London.

Deakin, M. & Lombardi, P. (2005a) The directory of environmental assessment methods. In: *Sustainable Urban Development: The Framework, Protocols and Environmental Assessment Methods*, Vol. 1 (eds S. Curwell, M. Deakin & M. Symes), pp. 175–192. Routledge, Oxon.

Deakin, M. & Lombardi, P. (2005b) Assessing the sustainability of urban development. In: *Sustainable Urban Development: The Framework, Protocols and Environmental Assessment Methods*, Vol. 1 (eds S. Curwell, M. Deakin & M. Symes), pp. 193–208. Routledge, Oxon.

Deakin, M., Curwell, S. & Lombardi, P. (2001) BEQUEST: Sustainability assessment, the framework and directory of methods. *International Journal of Life Cycle Assessment*, **6**(6), 373–390.

Deakin, M., Curwell, S. & Lombardi, P. (2002a) Sustainable urban development: The framework and directory of assessment methods. *Journal of Environmental Assessment Policy and Management*, **4**(2), 171–197.

Deakin, M., Mitchell, G. & Lombardi, P. (2002b) Valutazione della sostenibilità: una verifica delle tecniche disponili. *Urbanistica*, **118**, 28–34 (English version 50–53).

Deakin, M., Mitchell, G., Nijkamp, P. & Vreeker, R. (eds) (2007) *Sustainable Urban Development the Environmental Assessment Methods*, Vol. 2. Routledge, Oxon.

Derickson, R.G. (2006) We're not dumb enough to survive as a species, but are we smart enough? In: *Proceedings of the 50th Annual Meeting of the ISSS*, Sonoma State University, Rohnert Park, CA, 9–14 June 2006. http://journals.isss.org/index.php/proceedings50th/article/viewFile/293/84 (accessed August 2009).

DETR (Department of the Environment, Transport and the Regions) (1998) *Sustainable Development: Opportunities for Change. Sustainable Construction*. Stationery Office, London.

Devuyst, D. (1999) Sustainability assessment: The application of a methodological framework. *Journal of Environmental Assessment Policy and Management*, **1**(4), 459–487.

Devuyst, D., Hens, L. & De Lannoy, W. (1999) *Sustainability Assessment at the Local Level*. Columbia University Press, New York.

Ding, G.K. (1999) MCDM and the assessment of sustainability in construction. In: *The Challenge of Change: Construction and Building for the New Millennium*, Vol. 1 (eds D. Baldry & L. Ruddock). RICS, University of Salford, Salford.

Donne, J. (1623) *Devotions Upon Emergent Occasions, Meditation XVII*. http://en.wikisource.org/wiki/Meditation_XVII.

Dooyeweerd, H. (1955) *A New Critique of Theoretical Thought*, 4 vols. Presbyterian & Reformed Publishing Company, Philadelphia, PA.

Dooyeweerd, H. (1968) *In the Twilight of Western Thought*. Craig Press, Nutley, NJ.

Dooyeweerd, H. (1979) *Roots of Western culture: Pagan, Secular and Christian Options*. Wedge Publishing Company, Toronto.

Doughty, M.R.C. & Hammond, G.P. (2004) Sustainability and the built environment at and beyond the city scale. *Building and Environment*, **39**, 1223–1233.

Du Plessis, C. (2008) A conceptual framework for understanding social-ecological systems. In: *Exploring Sustainability Science – A Southern African*

Perspective (eds M. Burns & A. Weaver), pp. 59–90. Sun Press, Stellenbosch, South Africa.

Du Plessis, C. (2009) *An approach to studying urban sustainability from within an ecological worldview*. PhD dissertation, School of the Built Environment, University of Salford, Salford.

Dupuit, J. (1933) De l'utilité et de la mesure. La Riforma Sociale, Turin.

EA (2003) *Integrated Appraisal Methods. Final Report*. EA, Bristol.

Ecological Building Criteria for Viikki, Aaltonen-Gabrielsson-Inkinen-Majurinen-Pennane-Wartiainen, Helsinki City Planning Department Publication 1998:6.

EEA (1995) Europe's environment – The Dobris Assessment. *State of the Environment Report No. 1*. European Environment Agency, Copenhagen, Denmark.

EEA (2007) Halting the loss of biodiversity by 2010: Proposal for a first set of indicators to monitor progress in Europe. *Technical Report, 11*. European Environment Agency, Copenhagen, Denmark.

Eriksson, D. (1996) System science: A guide for postmodernity? A proposition. In: *Proceedings of the International Conference of the Swedish Operations Research Society, Managing the Technological Society: The Next Century's Challenge to O.R.*, University of Lulea, Sweden, 1–3 October 1996, pp. 57–71.

European Commission (1990) *Green Paper on the Urban Environment*. Commission of the European Communities, COM (90) 218 CEC. Office of Publications of the European Commission, Luxembourg, Brussels, 27 June 1990.

European Commission (2005) Attitudes of European citizens towards the environment. *Special Eurobarometer* 217. Wave 62.1 – TNS Opinion & Social, April 2005. http://ec.europa.eu/public_opinion/archives/ebs/ebs_217_en.pdf (accessed December 2010).

Eurostat (2007a) *Analysis of National Sets of Indicators Used in the National Reform Programmes and Sustainable Development Strategies*. Office for Official Publications of the European Communities, Luxembourg.

Eurostat (2007b) *Measuring Progress towards a More Sustainable Europe. 2007 Monitoring Report of the EU Sustainable Development Strategy*. Office for Official Publications of the European Communities, Luxembourg.

Expert Group on the Urban Environment, EGUE (1994) *European Sustainable Cities. Consultation Draft for the European Conference on Sustainable Cities and Towns*. First Annual Report, Aalbourg, Denmark, 24–27 June 1994. Commission of the European Communities, Directorate XI, XI/307/94-EN.

Faucheux, S. & O'Conner, M. (1998) Introduction. In: *Valuation for Sustainable Development* (eds S. Faucheux & M. O'Conner). Edward Elgar, Cheltenham.

Faucheux, S., Pearce, D. & Proops, J. (1996) Introduction. In: *Models of Sustainable Development* (eds S. Faucheux, D. Pearce & J. Proops). Edward Elgar, Cheltenham.

Ferry, D.J., Brandon, P.S. & Ferry, J.D. (1999) *Cost Planning of Buildings*, 7th edn. Blackwell Publishing Ltd, Oxford.

Finco, A. & Nijkamp, P. (2001) Pathways to urban sustainability. *Journal of Environmental Policy & Planning*, **3**, 289–302.

Fleming, A., Lee, A. & Kagioglou, M. (2009) *Generic Disaster Management and Reconstruction Process Protocol, Consultative Guide*. RICS/University of Salford, Salford.

Folke, C., Carpenter, S., Elmqvist, T., Gunderson, L., Holling, C.S. & Walker, B. (2002) Resilience and sustainable development: Building adaptive capacity in a world of transformations. *Ambio*, **31**(5), 437–440. Published by Allen Press on behalf of the Royal Swedish Academy of Sciences.

Forrester, J. (1969) *Urban Dynamics*. Productivity Press, Portland, OR.

Forte, C. & De Rossi, B. (1996) *Principi di economia ed estimo*. Etas Libri, Milan.

Foxon, T.J., Leach, M., Butler, D., *et al.* (1999) Useful indicators of urban sustainability: Some methodological issues. *Local Environment*, **4**(2), 137–149.

Francescato, G. (1991) Housing quality: Technical and non-technical aspects. In: *Management, Quality and Economics in Buildings* (eds A. Bezelga & P. Brandon), pp. 602–609. E & FN Spon, London.

G8 University Summit (2009) Torino Declaration on Education and Research for Sustainable and Responsible Development (Turin Declaration). http://www.g8university.com/contenuti/file/G8US%202009_FD_VER%203.0_2009%2005%2019_ultima-firmata.pdf (accessed December 2009).

GBS (2001) *I principi di redazione del bilancio sociale*, May 2001.

Gilkinson, N., Sharp, C., Curwell, S. & Cooper, R. (2002) SMART: Sustainable Material Advice and Resourcing Tool for the construction sector. In: *First Scottish Conference for Postgraduate Research of the Built and Natural Environment*, Glasgow Caledonian University, Scotland, p. 176.

Glasson, J., Therival, R. & Chadwick, A. (1994) *Environmental Impact Assessment*. University College, London.

Gordon, A. (1974) The economics of the 3 Ls concept. *Chartered Surveyor B & QS Quarterly*, RICS, Winter 1974.

Gore, A. (2006) *An Inconvenient Truth: The Planetary Emergency of Global Warming and What We Can Do about It*. Rodale, New York.

Graedel, T.E. (1998) *Streamlined Life-cycle Assessment*. Prentice Hall, New Jersey.

Green Building Challenge (1998) *An International Conference on the Performance Assessment of Buildings*, 26–28 October 1998, Vancouver, Canada.

Griffioen, S. (1995) The relevance of Dooyeweerd's 'Theory of Social Institutions'. In: *Christian Philosophy at the Close of the Twentieth Century* (eds S. Griffioen & B.M. Balk), pp. 139–158. Uitgeverij, Kampen.

Guy, S. & Marvin, S. (1997) Splintering networks: Cities and technical networks in 1990s Britain. *Urban Studies*, **34**(2), 191–216.

Haberl, H., Fischer-Kowalski, M., Krausmann, F., Weisz, H. & Winiwarter, V. (2004) Progress towards sustainability? What the conceptual framework of material and energy flow accounting (MEFA) can offer. *Land Use Policy*, **21**, 199–213.

Habitat (2001) *Cities in a Globalizing World: Global Report on Human Settlements*. Earthscan, London.

Hametner, M. & Steurer, R. (2007) Objectives and indicators of sustainable development in Europe: A comparative analysis of European coherence. *ESDN Quarterly Report*. December. http://www.sd-network.eu/?k=quarterly%20reports&report_id=7

Hamilton, A., Mitchell, G. & Yli-Karjanmaa, S. (2002) The BEQUEST toolkit: A decision support system for urban sustainability. *Building Research & Information*, **30**(2), 109–115.

Hardi, P. & Zdan, T. (1997) *Assessing Sustainable Development*. International Institute for Sustainable Development, Winnipeg.

Hart, H. (1984) *Understanding our World*. University Press of America, Lanham, MD.

Hart, M. (1999) *Guide to Sustainable Community Indicators*, 2nd edn. Hart Environmental Data, North Andover, MA.

Hinloopen, E., Nijkamp, P. & Rietveld, P. (1983) Quantitative discrete multiple criteria choice models in regional planning. *Regional Science and Urban Economics*, **13**, 77–102.

Hinna, L. (ed.) (2002) *Il Bilancio Sociale*. Il Sole 24 Ore, Milan.

Horner, R.M.W. (2004) *Assessment of Sustainability Tools. Building Research Establishment*, Glasgow, pp. 1–46. Report number 15961. http://download.sue-mot.org/envtooleval.pdf (accessed 26 July 2009)

IntelCities – Intelligent Cities project (No: IST 2002-507860) EU VI Framework, Information Society Technologies. http://www.intelcitiesproject.com (accessed 12 October 2007).

IntelCities – Intelligent Cities project (No: IST 2002-507860) EU VI Framework, Information Society Technologies. http://www.intelcitiesproject.com

Intelcity (2003) – Towards Intelligent Sustainable Cities Roadmap (No: IST 2001-37373) EU V Framework, Information Society Technologies. http://www.scri.salford.ac.uk/intelcity/ (accessed 12 January 2009).

IUCN (1980) *World Conservation Strategy: Living Resources Conservation for Sustainable Development*. International Union for Conservation of Nature, Section 1.2, Gland, Switzerland.

Jackson, T. (1996) *Material Concerns: Pollution, Profit and Quality of Life*. Routledge, London.

Jackson, T. (2009) *Prosperity without Growth: Economics for a Finite Planet*. Earthscan, London.

Jacobs, J. (1992) *The Death and Life of Great American Cities*. Random House Inc., New York (1st edn, 1961, Vintage Books).

Kahnemann, D. & Tversky, A. (1984) Choices, values and frames. *American Psychologist*, **39**(4), 341–350.

Kaib, W. (1994) Urban marketing as a third way between centrally planned economy and market economy. In: *Urban Marketing in Europe* (eds G. Ave & F. Corsico), pp. 877–881. Torino Incontra Edizioni, Turin.

Kalsbeek, L. (1975) *Contours of a Christian Philosophy*. Wedge Publishing Company, Toronto.

Kazmierczak, A., Curwell, S.R. & Turner, J.C. (2007) Assessment methods and tools for regeneration of large urban distressed areas. In: *Proceedings of the International Conference on Whole Life Urban Sustainability and its Assessment*, Glasgow, 27–29 June 2007. http://download.sue-mot.org/Conference-2007/Papers/Kazmierczak. pdf for further details (accessed 24 July 2009).

Khakee, A. (1998) The communicative turn in planning and evaluation. In: *Evaluation in Planning* (eds N. Lichfield, A. Barbanente, D. Borri, A. Khakee & A. Prat), pp. 97–111. Kluwer Academic Publishers, Dordrecht.

Kieffer, S.W., Barton, P., Palmer, A.R., Reitan, P.H. & Zen, E. (2003) Mega-scale events: Natural disasters and human behavior. *Geological Society of America, 2003 Seattle Annual Meeting*, Seattle, WA, 2–5 November 2003, Abstracts with Programs: 432.

Klinckenberg, F. & Sunikka, M. (2007) *Better Buildings through Energy Efficiency: A Roadmap for Europe*. Eurima, Brussels.

Kohler, N. (2002) The relevance of BEQUEST: An observer's perspective. *Building Research & Information*, **30**(2), 130–138.

Kohler, N. (2003) Presentation: Cycles of transformation for the city and its culture. In: *Intelcity Workshop*, Siena (under the auspices of the University of Salford).

Koster, A. (1994) Urban marketing – A new approach for town planning and a chance for reactivation of sites in old-industrial regions. In: *Urban Marketing in Europe* (eds G. Ave & F. Corsico), pp. 662–667. Torino Incontra Edizioni, Turin.

Lancaster, K.J. (1966) A new approach to consumer theory. *Journal of Political Economy*, **84**, 132–157.

Leadership in Energy and Environmental Design (LEED) (1998) *Green Buildings Rating System*. US Green Buildings Council, San Francisco, CA.

Le Moigne, J.L. (1994) *La théorie du systeme général*. PUF, Paris.

Lichfield, N. (1996) *Community Impact Evaluation*. UCL Press, London.

Lichfield, N. (1999) Analisi dello stakeholder nella valutazione di un progetto. *Sviluppo economico*, **3**(2–3), 169–189.

Lichfield, N. & Prat, A. (1998) Linking ex-ante and ex-post evaluation in British town planning. In: *Evaluation in Planning: Facing the Challenge of Complexity* (eds N. Lichfield, A. Barbanente, D. Borri, A. Kakee & A. Prat), pp. 283–298. Kluwer Academic Publishers, Dordrecht.

Lichfield, N., Kettle, P. & Whitbread, M. (1975) *Evaluation in the Planning Process.* Pergamon Press Ltd, Oxford.

Lichfield, N., Barbanente, A., Borri, D., Kakee, A. & Prat, A. (eds) (1998) *Evaluation in Planning: Facing the Challenge of Complexity.* Kluwer Academic Publishers, Dordrecht.

Lombardi, P. (1997) Decision making problems concerning urban regeneration plans. *Engineering Construction and Architectural Management*, **4**(2), 127–142.

Lombardi, P. (1998a) Managing sustainability in urban planning evaluation. In: *Proceedings of the CIB World Congress, Symposium D: Managing Sustainability – Endurance Through Change* (ed. P. Brandon), Gavle, Sweden, 7–12 June 1998, pp. 2041–2050.

Lombardi, P. (1998b) Sustainability indicators in urban planning evaluation. In: *Evaluation in Planning* (eds N. Lichfield, A. Barbanente, D. Borri, A. Kakee & A. Prat), pp. 177–192. Kluwer Academic Publishers, Dordrecht.

Lombardi, P. (1999) Agenda 21 e monitoraggio dello sviluppo urbano sostenibile. In: *Analisi e valutazione di progetti e programmi di sostenibilità urbana* (ed. P. Lombardi). *Urbanistica* (112), June, 104–110 (English version 115–116).

Lombardi, P. (2000) A framework for understanding sustainability in the cultural built environment. In: *Cities and Sustainability. Sustaining our Cultural Heritage* (eds P.S. Brandon, P. Lombardi & P. Srinath), IV, pp. 1–25. Conference Proceedings, Vishva Lekha Sarvodaya, Sri Lanka.

Lombardi, P. (2001) Responsibilities toward the coming generation forming a new creed. *Urban Design Studies*, **7**, 89–102.

Lombardi, P. (2007) The analytic hierarchy process. In: *Sustainable Urban Development: The Environmental Assessment Methods*, Vol. 2 (eds M. Deakin, G. Mitchell, P. Nijkamp & R. Vreeker), pp. 209–222. Routledge, Oxon.

Lombardi, P. (2008). REGEN assessment of the Porta Nuova District's Central Railway Station. In: *Sustainable Urban Development: The Toolkit for Assessment*, Vol. 3 (eds R. Vreeker, M. Deakin & S. Curwell). Routledge, Oxon.

Lombardi, P. (2009) Evaluation of sustainable urban redevelopment scenarios. *Proceedings of the Institution of Civil Engineers: Urban Design and Planning*, **162**, 179–186.

Lombardi, P. & Basden, A. (1997) Environmental sustainability and information systems. *Systems Practice*, **10**(4), 473–489.

Lombardi, P. & Brandon, P.S. (1997) Towards a multimodal framework for evaluating the built environment quality in sustainability planning. In: *Evaluation of the Built Environment for Sustainability* (P.S. Brandon, P. Lombardi & V. Bentivegna). Chapman & Hall, London.

Lombardi, P. & Brandon, P.S. (1999) BEQUEST: Building Environmental Quality Evaluation For Sustainability Through Time Network. *Information Sheet* 3, Spring 1999. http://research.scpm.salford.ac.uk/bqextra

Lombardi, P. & Brandon, P.S. (2002) Sustainability in the built environment: A new holistic taxonomy of aspects for decision making. *Environmental Technology & Management International Journal*, **2**(1–2), 22–37.

Lombardi, P. & Brandon, P. (2007) The multimodal system approach to sustainability planning evaluation. In: *Sustainable Urban Development: The Environmental Assessment Methods*, Vol. 2 (eds M. Deakin, G. Mitchell, P. Nijkamp & R. Vreeker), pp. 47–66. Routledge, Oxon. ISBN: 978-0-415-32217-1.

Lombardi, P. & Cooper, I. (2007a) eDomus vs eAgora: The Italian case and implications for the EU 2010 strategy. In: *Expanding the Knowledge Economy: Issues, Applications*, Vol. 1 (Case Studies) (eds P. Cunningham & M. Cunningham), pp. 344–351. IOS Press, Amsterdam.

Lombardi, P. & Cooper, I. (2007b) Progress toward sustainable development in a knowledge society in Italy and EU. In: *Proceedings of the International*

Conference on Whole Life Urban Sustainability and its Assessment (eds M. Horner, C. Hardcastle, A. Price & J. Bebbington), Glasgow, 27–29 June 2007.

Lombardi, P. & Cooper, I. (2009) The challenge of the eAgora metrics: The social construction of meaningful measurements. *International Journal of Sustainable Development*, **12**, 2/3/3, 210–222.

Lombardi, P. & Curwell, S. (2002) Il progetto BEQUEST: metodologia e quadro di riferimento. *Urbanistica*, **118**, 23–27.

Lombardi, P. & Curwell, S. (2005) A scenarios' evaluation of the European intelligent city of the future. In: *Bridging the Gaps in Smart and Sustainable Development* (eds J. Yang, P.S. Brandon & A.C. Sidwell). *Proceedings of the SASBE Conference*, Blackwell Science, Oxford.

Lombardi, P. & Marella, G. (1997) A multi-modal evaluation of sustainable urban regeneration: A case-study related to ex-industrial areas. In: *Second International Conference on Buildings and the Environment*, CIB-CSTB, Vol. 2, Paris, 9–12 June 1997, pp. 271–279.

Lombardi, P. & Nijkamp, P. (2000) A new geography of hope and despair for the periphery: An illustration of the Border Temple Model. In: *Launching Greek Geography on the Eastern EU Border*, Vol. 1 (ed. L. Leontidou), pp. 275–306. Department of Geography, University of the Aegean, Lesbos.

Lombardi, P. & Stanghellini, S. (2008) Assessment methods underlying the planning and development of Modena city's CSR. In: *Sustainable Urban Development: The Toolkit for Assessment*, Vol. 3 (eds R. Vreeker, M. Deakin & S. Curwell). Routledge, Oxon, UK. ISBN: 978-0-415-32219-5.

Lombardi, P. & Zorzi, F. (1993) Comparison between aggregated techniques for assessing the effects of decision-making processes in the environmental field. In: *Economic Evaluation and the Built Environment*, Vol. 4 (eds A. Manso, A. Bezega & D. Picken), pp. 126–138. Laboratorio Nacional de Engenheria Civil, Lisbon.

Lombardi, P., Cooper, I., Paskaleva, K. & Deakin, M. (2009) The challenge of designing user-centric e-Services: European dimensions. In: *Strategies for Local E-Government Adoption and Implementation: Comparative Studies* (ed. C. Reddick), pp. 460–477. IGI Global Books, Hershey, PA.

Lombardi, P., Huovila, P. & Sunikka-Blank, M. (2010) The potential of e-participation in sustainable development evaluation – Evidence from case studies. In: *Politics, Democracy and E-Government* (ed. C.G. Reddick), pp. 1–16. IGI Global Books, Hershey, PA.

Lovelock, J. (2009) *The Vanishing Face of Gaia: A Final Warning*. Penguin Press, London.

LUDA – Large Urban Distressed Areas. EU V Framework. http://www.luda-project.net/

Lundin, M. & Morrison, G.M. (2002) A life cycle assessment based procedure for development of environmental sustainability indicators for urban water systems. *Urban Water*, **4**, 145–152.

Marvin, S. & Guy, S. (1997) Infrastructure provision, development process and the co-production of environmental value. *Urban Studies*, **34**(12), 2023–2036.

Matsuo, T. (2006) The role of indicators in policy design and best practices in Japan. In: *Proceedings of SLT/CERT Workshop on Energy-Efficiency in Buildings*, Paris, 27–28 November 2006.

Mawhinney, M. (2002) *Sustainable Development. Understanding the Green Debates*. Blackwell Publishing Ltd, Oxford.

May, A., Mitchell, G. & Kupiszewska, D. (1997) The development of the Leeds quantifiable city model. In: *Evaluation of the Built Environment for Sustainability* (eds P. Brandon, P. Lombardi & V. Bentivegna). E & FN Spon, London.

Mazzola, F. & Maggioni, M.A. (eds) (2001) *Crescita regionale ed urbana nel mercato globale. Modelli, politiche, processi di valutazione*. Angeli, Milan.

Meadows, D. (1999) Indicators and information systems for sustainable development. In: *The Earthscan Reader in Sustainable Cities* (ed D. Satterthwaite), pp. 364–393. Earthscan, London.

Mitchell, G. (1996) Problems and fundamentals of sustainable development indicators. *Sustainable Development*, **4**(1), 1–11.

Mitchell, G. (1999) A geographical perspective on the development of sustainable urban regions. In: *Geographical Perspectives on Sustainable Development*. Earthscan, London.

Mitchell, G., May, A. & McDonald, A. (1995) PICABUE: A methodological framework for the development of indicators of sustainable development. *International Journal of Sustainable Development & World Ecology*, **2**, 104–123.

Mjwara, P. (2008) Introduction. In: *Exploring Sustainability Science: A Southern African Perspective* (eds M. Burns & A. Weaver). Sun Press, Stellenbosch, South Africa.

Munda, G. (2005) Multiple criteria decision analysis and sustainable development. In: *Multiple Criteria Decision Analysis* (eds J. Figueira, S. Greco & M. Ehrgott), pp. 953–987. Springer, New York.

Nath, V., Heans, L. & Devuyst, D. (eds) (1996) *Sustainable Development*. VUB Press, Brussels.

Newman, P.W.G. (1999) Sustainability and cities: Extending the metabolism model. *Landscape and Urban Planning*, **44**, 219–226.

Nijkamp, P. (ed.) (1991) *Urban Sustainability*. Gower, Aldershot.

Nijkamp, P. (2007) The role of evaluation in supporting a human sustainable development: A cosmonomic perspective. In: *Sustainable Urban Development: The Environmental Assessment Methods*, Vol. 2 (eds M. Deakin, G. Mitchell, P. Nijkamp & R. Vreeker), pp. 94–109. Routledge, London.

Nijkamp, P. & Pepping, G. (1998) A meta-analytic evaluation of sustainable city initiatives. *Urban Studies*, 35(9), 1481–1500.

O'Conner, M. (1998) Ecological-economic sustainability. In: *Valuation for Sustainable Development* (eds S. Faucheux & M. O'Conner). Edward Elgar, Cheltenham.

Odum, M.T. & Odum, E.C. (1980) *Energy Basis for Man and Nature*. McGraw Hill Inc., New York.

OECD (1994) *Report on Environmental Indicators*. Organisation for Economic Cooperation and Development, Paris.

OECD (2003a) *Composite Indicators of Country Performance: A Critical Assessment*. DST/IND(2003)5, Organisation for Economic Cooperation and Development, Paris.

OECD (2003b) *Environment Indicators. Development, Measurement and Use*. Organisation for Economic Cooperation and Development, Paris.

OECD (2008). *Key Environmental Indicators*. Organisation for Economic Cooperation and Development, Paris.

Pearce, D. (2005) Do we understand sustainable development?. *Building Research & Information*, **33**(5), 481–483.

Pearce, D. & Markandya, A. (1989) *Environmental Policy Benefits: Monetary Valuation*. OECD, Paris.

Pearce, D. & Turner, R. (1990) *Economics of Natural Resources and the Environment*. Harvester Wheatsheaf, Hemel Hempstead.

Pearce, D. & Warford, J. (1993) *World Without End: Economic, Environment and Sustainable Development*. Oxford University Press, Oxford.

Porter, G. (2000) Quoted in Mawhinney, M. (2002) *Sustainable Development. Understanding the Green Debates*. Blackwell Publishing, Oxford.

Powell, J., Pearce, D. & Craighill, A. (1997) Approaches to valuation in LCA impact assessment. *International Journal of Life Cycle Assessment*, **2**(1), 11–15.

Prior, J. (ed.) (1993) *Building Research Establishment Environment Assessment Method, BREEAM, Version 1/93, New Offices.* Building Research Establishment Report, 2nd edn.

Pugh, C. (1996) Sustainability and sustainable cities. In: *Sustainability, the Environment and Urbanisation* (ed. C. Pugh). Earthscan Publications Ltd, London.

Pugliese, T. & Spaziante, A. (eds) (2003) *Pianificazione strategica per le città: riflessioni dalle pratiche.* Franco Angeli, Milan.

de Raadt, J.D.R. (1991) Cybernetic approach to information systems and organization learning. *Kybernetes,* **20,** 29–48.

de Raadt, J.D.R. (1994) Expanding the horizon of information systems design. *System Research,* **2**(3), 185–199.

de Raadt, J.D.R. (1997) A sketch for human operational research in a technological society. *System Practice,* **10**(4), 421–442.

Rees, W. (1992) Ecological footprints and appropriated carrying capacity: What urban economics leaves out. *Environment and Urbanisation,* **4**(2), 121–130.

Rees, M. (2004) *Our Final Century: Will the Human Race Survive the Twenty-first Century?* Arrow Books Ltd, London.

Rees, W.E. & Wackernagel, M. (1996) Urban ecological footprints: Why cities cannot be sustainable – and why they are key to sustainability. *Environmental Impact Assessment Review,* **16,** 223–248.

Reitan, P. (2005) Sustainability science – And what's needed beyond science. *Sustainability: Science, Practice & Policy* **1**(1), 77–80. http://ejournal.nbii.org/archives/vol1iss1/communityessay.reitan.html (accessed December 2009).

Rittel, H. & Webber, M. (1973) Dilemmas in a general theory of planning. *Policy Sciences,* **4,** 155–169, Elsevier Scientific Publishing Company Inc., Amsterdam. (Reprinted in Cross, N. (ed.) (1984) *Developments in Design Methodology,* John Wiley & Sons, Chichester, pp. 135–144.)

Robert, K.-H. (2002) *The Natural Step Story: Seeding a Quiet Revolution.* New Society Publishers, Gabriola Island, Canada.

Rosen, S. (1974) Hedonic prices and implicit market: Product differentiation in pure competition. *Journal of Political Economy,* **82,** 34–55.

Roy, B. (1985) *Mèthodologie, multicritère d'aide á la dècision.* Economica, Paris.

Rydin, Y. (1992) Environmental impacts and the property market. In: *Sustainable Development and Urban Form* (ed. M. Breheny). Earthscan Publications Ltd, London.

Saaty, T.L. (1980) *The Analytic Hierarchy Process for Decision in a Complex World.* McGraw-Hill, New York.

Schendler, A. & Udall, R. (2005) *Leed is Broken...Let's Fix It.* Snowmass Skiing, Aspen, CO. Community Office for Resource Efficiency. http://www.aspensnowmass.com/environment/images/LEEDisBroken.pdf (accessed 27 February 2008).

Selman, P. (1996) *Local Sustainability.* Paul Chapman, London.

Selman, P. (2000) *Environmental Planning.* Sage, London.

Senge, P. (1990) *The Fifth Discipline.* Doubleday Publishers, New York.

SPARTACUS – System for Planning and Research in Towns and Cities for Urban Sustainability. Final Report. Submitted for approval to DG XII in October, 1998. The Executive Summary appears illustrated at www.ltcon.fi/spartacus

Stahel, W. (1996) The service economy: Wealth without resource consumption? In: *Clean Technology: The Idea and Practice,* Royal Society Discussion Meeting, 29–30 May 1996, London.

Stanner, D. & Bourdeau, P. (eds) (1995) The urban environment. In: *Europe's Environment: The Dobris Assessment,* pp. 261–296. European Environment Agency, Copenhagen.

Sunikka, M. (2006) *Policies for Improving Energy Efficiency if the European Housing Stock*. IOS Press, Amsterdam.

Suzuki, H., Dastur, A., Moffatt, S. & Yabuki, N. (2009) *Eco2 Cities. Ecological Cities as Economic Cities*. The International Bank for Reconstruction and Development/The World Bank, Washington, DC.

Sveiby, K.-E. (2004) *The Intangible Assets Monitor*. http://www.hanken.fi/staff/sveiby/blog/files/CVacadSveiby.pdf

Sveilby, K.E. & Armstrong, C. (2004) Learn to measure to learn! In: *Opening Key Note Address IC Congress*, Helsinki, 2 September 2004. http://www.hanken.fi/staff/sveiby/blog/files/CVacadSveiby.pdf

Therivel, R. (1998) Strategic environmental assessment of development plans in Great Britain. *Environmental Impact Assessment Review*, **18**(1), 39–57.

Therivel, R. (2004) *Sustainable Urban Environment – Metrics, Models and Toolkits: Analysis of Sustainability/Social Tools*. Oxford, North Hinksey Lane. http://download.sue-mot.org/soctooleval.pdf

Therivel, R., Wilson, E., Thompson, S., Heaney, D. & Pritchard, D. (1992) *Strategic Environmental Assessment*. Earthscan, London.

Tian, L. (2005) Some key issues about building environmental performance assessment system. In: *Proceedings of the 2005 World Sustainable Building Conference* (SB05Tokyo), Tokyo, 27–29 September 2005.

Toffler, A. (1985) *Future Shock*. Pan, London.

UNCED – United Nations Conference on Environment and Development (1992) *Earth Summit 92 (Agenda 21)*. Regency Press, London.

UNCSD – United Nations Conference on Sustainable Development (1996) *CSD Working List of Indicators*. United Nations Division for Sustainable Development. http://www.un.org/esa/sustdev/worklist.htm

UNEP Book. http://www.unep.fr/pc/sbc/documents/Buildings_and_climate_change.pdf

United Nations (2001) Report on the state of the indicators of sustainable development. *9th Session of the UN Commission on Sustainable Development*, New York, 16–17 April 2001.

United Nations (2007) *Indicators of Sustainable Development: Guidelines and Methodologies*. United Nations Publications, New York. http://www.un.org/esa/sustdev/natlinfo/indicators/guidelines.pdf

Vandevyvere, H. (2009) De beoordeling van duurzame wijken. *Ruimte*, **1**(1), 28–35.

Vandevyvere, H. & Neuckermans, H. (2009) Strategies for urban sustainability in Flanders. In: *From Problem to Promise: Building Smartly in a Changing Climate, Proceedings of the 3rd CIB International Conference on Smart and Sustainable Built Environments (SASBE 2009)* (eds M. Verhoeven & M. Fremouw), Delft, 15–19 June 2009, p. 99. ISBN: 978-90-5269-372-9.

Van Kooten, C. & Bulte, E. (2000) *The Economics of Nature*. Blackwell, Oxford.

Voogd, H. (1983) *Multi-Criteria Evaluation for Urban and Regional Planning*. Pion, London.

Voogd, H. (1995) Environmental management of social dilemmas. *European Spatial Research and Policy*, **2**, 5–16.

Vreeker, R., Deakin, M. & Curwell, S. (eds) (2008) *Sustainable Urban Development. The Toolkit for Assessment*. Routledge, Oxon.

Wackernagel, M. & Rees, W. (1995) *Our Ecological Footprint*. New Society Publishers, Philadelphia, PA.

Wackernagel, M., Mcintosh, J., Rees, W. & Woollard, R. (1993) *How Big is Our Ecological Footprint? A Handbook for Estimating a Community's Appropriated Carrying Capacity*. Taskforce on Planning Healthy and Sustainable Communities, University of British Columbia, Vancouver.

WCED (Brundtland Commission) (1987) *Our Common Future*. United Nations, New York.

Wood, C. (1995) *The Environmental Assessment of Plans, Programmes and Policies: A Comparative Review.* EIA Centre, Planning and Landscape Department, University of Manchester, Manchester.

Zeppetella, A. (1997) Environmental assessment in land use planning: A rhetorical approach. In: *Evaluation of the Built Environment for Sustainability* (eds P. Brandon, P.L. Lombardi & V. Bentivegna), pp. 344–362. E & FN Spon, London.

Websites

hqe2r.cstb.fr/

http://atlas.nrcan.gc.ca/site/english/maps/peopleandsociety/QOL/quality_of_life_model.jpg/image_view

http://crisp.cstb.fr

http://ec.europa.eu/environment/eia/eia-support.htm;

http://ec.europa.eu/information_society/eeurope/i2010/index_en.htm

http://esl.jrc.it/envind/index.htm

http://europa.eu.int/comm/eurostat

http://hutchinson@snw.org.uk

http://iisd.ca/measure/compendium.asp

http://iiSustainable Development.ca/measure/faqs.htm

http://iucn.org/info_and_news/press/wbon.html

http://lnx.ylda.org/sito/article.php3?id_article=234

http://research.scpm.salford.ac.uk/bqtoolkit/

http://research.scpm.salford.ac.uk/bqtoolkit/;

http://southeast.sustainability-checklist.co.uk/

http://urbanobservatory.org/indicators

http://upetd.up.ac.za/thesis/available/etd-02162007-151426/unrestricted/19thesbat.pdf

http://www.aggregain.org.uk/sustainability/sustainability_tools_and_approaches/index.html

http://www.wbcsd.org/templates/TemplateWBCSD5/layout.asp?ClickMenu=special&type=p&MenuId=MTUxNQ

http://www.basden.demon.co.uk/Dooy/summary.html

http://www.bfrl.nist.gov/oae/bees.html

http://www.bioregional.com/programme_projects/ecohous_prog/bedzed/bedzed_hpg.htm

http://www.bre.co.uk/

http://www.cambridge.gov.uk/ccm/content/policy-and-projects/sustainable-developmentguidelines.

http://www.ciesin.columbia.edu/indicators

http://www.ciesin.columbia.edu/indicators/ESI/

http://www.ciesin.columbia.edu/indicators/ESI/;

http://www.co.pierce.wa.us/services/family/benchmrk/gol.htm

http://www.edilone.it/attualita/index.php?page=details&id=1730

http://www.eea.eu.int

http://www.elsevier.com/locate/eiar

http://www.environment.detr.gov.uk/epsim/indics/

http://www.eucen.org/BeFlex/CaseStudies/UK_SalfordUPBEAT.pdf

http://www.foe.co.uk/campaigns/sustainable_development/progress

http://www.fsv.edu/~cpm/safe/safelis.html

http://www.hanken.fi/staff/sveiby/blog/files/CVacadSvei by.pdf

http://www.hanken.fi/staff/sveiby/blog/files/CVacadSveiby.pdf

http://www.iaia.org/Non_Members/Activity_Resources/Key_Citations/environm.doc

http://www.ibec.or.jp/CASBEE/english/index.htm
http://www.iisbe.org/index.html
http://www.iiSustainable Development1.ca/measure/bellagio1htm
http://www.inforegio.org/urban/audit/index.html
http://www.johannesburgsummit.org
http://www.kolumbus.fi/stoivan/Köln.htm
http://www.luda-europe.net/hb5/evaluation.php
http://www.meap.co.uk/meap/MEPLAN.htm
http://www.miniambiente.it
http://www.neweconomics.org
http://www.ocse.org/env/indicators/index.htm
http://www.oecd.org/statistics/
http://www.olywa.net/roundtable
http://www.panda.org/livingplanet/lpr00/
http://www.pebbu.nl/resources/allreports/
http://www.planum.net/topics/main/m-hab-documents-bbr.htm
http://www.progress.org/progsum/progsum.html
http://www.research.scpm.salford.ac.uk.bqextra
http://www.rprogress.org/programs/sustainability/ef/
http://www.rprogress.org/projects/gpi/
http://www.rsc.salford.ac.uk/bqextra/toolkit
http://www.scci.salford.ac.uk/intelcity
http://www.scn.org/sustainable/susthome.html
http://www.sd-network.eu/?k=quarterly%20reports&report_id=7
http://www.smartcommunities.ncat.org/landuse/tools.shtml
http://www.sue-mot.org.uk/
http://www.survery.ac.uk/CES/ee.htm
http://www.SustainabilityA-Test.net;
http://www.Sustainable Development-commission.gov.uk
http://www.theatlantic.com/atlantic/election/connection/ecbig/gdp.htm
http://www.un.org/Depts/unsustainable Development/
http://www.un.org/esa/sustdev/indi6.htm
http://www.un.org/esa/sustdev/iSustainable Development.htm
http://www.un.org/esa/sustdev/worklist.htm
http://www.unchs.org/gua/gui/guide.html
http://www.unchs.org/org/guo/gui/guide.html
http://www.unchs.org/programmes/guo
http://www.undp.org/hdr2001/
http://www.unep.ch/earthw/indstat.htm
http://www.unhabitat.org/programmes/guo/guo_guide.asp
http://www.unicef.org/pon98
http://www.vtt.fi/cic/eco/eng_prop.htm
http://www.vtt.fi/yki/yki6/master/master.htm
http://www.weforum.org/pdf/Gcr/EPMTGR/Contents.pdf
http://www.worldpaper.com/2001/jan01/ISI/2001%20Information%20Society%20Ranking.html
http://www.worldwatch.org/pubs/sow/sow98
http://www.worldwatch.org/pubs/us/us98
http://www1.oecd.org/publications /e-book/4201131e.pdf
http://www2.upc.es/ciec/

参考文献

Adams, D. (1994) *Urban Planning and the Development Process*. UCL Press, London.

Albers, L. & Nijkamp, P. (1989) Multidimensional analysis for plan or project evaluation: How to fit the right method to the right problem. In: *Evaluation Methods for Urban and Regional Planning*, Vol. 6 (ed. A. Barbanente), pp. 29–46. IRIS-CNR, Bari.

Allwinkle, S. & Speed, C. (1997) Sustainability and the built environment: Tourism impacts. In: *Evaluation of the Built Environment for Sustainability* (eds P.S. Brandon, P.L. Lombardi & V. Bentivegna). E & FN Spon, London.

Alwaer, H., Sibley, M. & Lewis, J. (2008a) Factors and priorities for assessing sustainability of regional shopping centres in the UK. *Architectural Science Review*, **51**(4), 391–402.

Alwaer, H., Sibley, M. & Lewis, J. (2008b) Different stakeholder perceptions of sustainability assessment. *Architectural Science Review*, **51**(1), 47–58.

Arrow, K.J. & Fisher, A.C. (1974) Environmental preservation, uncertainty and irreversibility. *Quarterly Journal of Economics*, **88**, 312–319.

Arrow, K.J. & Raynard, H. (1986) *Social Choice and Multicriterion Decision Making*. MIT, Boston, MA.

Ave, G. & Corsico, F. (eds) (1994) *Urban Marketing in Europe*. Torino Incontra Edizioni, Turin.

Banister, D. & Burton, K. (1993) *Transport, the Environment and Sustainable Development*. E & FN Spon, London.

Barbanente, A. (ed.) (1992) *Evaluation Methods for Urban and Regional Planning*, Vol. 6. IRIS-CNR, Bari.

Barbier, E.B. (ed.) (1993) *Economics and Ecology*. Chapman & Hall, London.

Barret, P. (1993) *Profitable Practice Management*. E & FN Spon, London.

Barret, P. & Holling, J. (1991) *The Future Direction of Quality Management for the Construction Professions in the UK*. Department of Surveying, University of Salford, Salford.

Barton, H. & Bruder, N. (1995) *A Guide to Local Environmental Auditing*. Earthscan, London.

Baumol, W.J. & Oates, W.E. (1988) *The Theory of Environmental Policy*. Cambridge University Press, Cambridge.

Becker, J. (2004) Making sustainable development evaluations work. *Sustainable Development*, **12**, 200–211.

Beerepoot, M. & Sunikka, M. (2005) The role of the EC energy certificate in improving sustainability of the housing stock. *Environment and Planning B: Planning and Design*, **32**(1), 21–31.

Bentivegna, V., Mondini, G., Nati Poltri, F. & Pii, R. (1994) Complex evaluation methods: An operative synthesis on multicriteria techniques. In: *Proceedings of the 4th International Conference on Engineering Management*, Melbourne, Australia, April, pp. 1–18.

Evaluating Sustainable Development in the Built Environment, Second Edition
By Peter S. Brandon and Patrizia Lombardi © 2011 Peter S. Brandon and Patrizia Lombardi

BEQUEST – Building Environment Quality Evaluation for Sustainability through Time Network (1999) *Report 1998–99*, EC Environment and Climate Research Programme, Theme 4: *Human Dimensions and Environmental Change*. Directorate D – RTD Actions: Environment – E.U. DG12.

Bettini, V. (1996) *Elementi di ecologia umana*. Einaudi, Turin.

Betty, M. (1976) *Urban Modelling*. Cambridge University Press, Cambridge.

Betty, M. (1995) Planning support systems and the new logic of computation. *Regional Development Dialogue*, **16**(1), 1–17.

Betty, M. (1998) Evaluation in the digital age. In: *Evaluation in Planning* (eds N. Lichfield, A. Barbanente, D. Borri, A. Khakee & A. Prat), pp. 251–274. Kluwer Academic Publishers, Dordrecht.

Betty, M. & Densham, P. (1996) Decision support, G.I.S. and urban planning. *Sistema Terra*, **1**(1), 72–76.

Bezelga, A. & Brandon, P.S. (eds) (1991) *Management, Quality and Economics in Buildings*. E & FN Spon, London.

Bezzi, C. & Palumbo, M. (eds) (1998) *Strategic di valutazione*. Gramma, Perugina.

Bichard, E. & Cooper, C.L. (2008) *Positively Responsible*. Elsevier, Oxford.

Birtles, T. (1997) Environmental impact evaluation of buildings and cities for sustainability. In: *Evaluation of the Built Environment for Sustainability* (eds P.S. Brandon, P.L. Lombardi & V. Bentivegna), pp. 211–223. E & FN Spon, London.

Bishop, R.C. (1982) Option value: An exposition and extension. *Land Economics*, **1**, 1–15.

Bishop, R.C. & Heberlein, T.A. (1979) Measuring values of extra-market goods: Are indirect measures biased? *American Journal of Agricultural Economics*, **12**, 926–932.

Boardman, A., Greenberg, A., Vining, A. & Weimer, D. (1996) *Cost-Benefit Analysis: Concepts and Practice*. Prentice-Hall, Upper Saddle River, NJ.

Bobbio, L. (1996) *La democrazia non abita a Gordio*. Angeli, Milan.

Bocchi, M. & Ceruti, M. (eds) (1994) *La sflda delta complessita*. Feltrinelli, Milan.

Bonnes, M. (ed.) (1993) Perception and evaluation of urban environment quality. In: *Proceedings of the MAB-UNESCO International Symposium*, Edigraf, Rome, 28–30 November.

Bonnes, M. & Bonaiuto, M. (1993) Users' perceptions and experts' evaluations of the quality of urban environment: Some comparative results from the MAB-ROME project. In: *Perception and Evaluation of Urban Environment Quality* (ed. M. Bonnes), pp. 179–193. *Proceedings of the MAB-UNESCO International Symposium*, Edigraf, Rome, 28–30 November 1991.

Boulding, K. (1956) General system theory: The skeleton of science. *Management Science*, **2**, 197–214.

Brandon, P.S. (1993) *Intelligence and Integration: Agenda for the Next Decade*. Department of Surveying, University of Salford, Salford.

Brandon, P.S. & Betts, M. (eds) (1995) *Integrated Construction Information*. E & FN Spon, London.

Brandon, P.S. & Lombardi, P. (1995) L'approccio multimodal per la valutazione della qualità dell'ambiente costruito nella pianificazione sostenibile. *Genio Rurale*, **12**, 57–63.

Brandon, P.S. & Lombardi, P. (2001) Structuring the problem of urban sustainability for holistic decision making. In: *Proceedings of the First International Virtual Congress on Ecology and the City*, Departament de Construccions Arquitectoniques, UPC, Barcelona, March 2001.

Brandon, P.S. & Powell, J.A. (eds) (1984) *Quality and Profit in Building Design*. E & FN Spon, London.

Brandon, P.S., Basden, A., Hamilton, I. & Stockley, J. (1988) *Expert Systems: Strategic Planning of Construction Projects.* The Royal Institution of Chartered Surveyors, London.

Brandon, P.S., Lombardi, P. & Srinath, P. (eds) (2000) *Cities and Sustainability: Sustaining our Cultural Heritage. Conference Proceedings,* Vishva Lekha Sarvodaya, Sri Lanka.

Bravi, M. (1998) Metodo del prezzo edenico. In: *La valutazione economica del patrimonio culturale* (ed. G. Sirchia). Carocci, Milan.

Bravi, M. & Lombardi, P. (1994) *Techniche di valutazione. Linguaggi e organizzazione de DATE-BASE.* Celid, Turin.

Breheny, M.J. & Rookwood, R. (1993) Planning the sustainable city region. In: *Planning for a Sustainable Environment* (ed. A. Blowers). Earthscan Publications Ltd, London.

Breheny, M.J., Gent, T. & Lock, D. (1993) *Alternative Development Patterns: New Settlements.* HMSO, London.

Bresso, M. (1982) *Pensiero economico e ambiente.* Loescher, Turin.

Bruinsma, F.R., Nijkamp, P. & Vreeker, R. (2002a) A comparative industrial profile analysis of urban regions in Western Europe: An application of rough set classification. *Tijdschrift Economische en Sociale Geografie,* **93** (4), 454–463.

Bruinsma, F.R., Nijkamp, P. & Vreeker, R. (2002b) Urban regions in an international competitive force field: A cross-national comparative study on planning of industrial sites. In: *Urban Regions: Governing Interacting Economic, Housing, and Transport Systems* (eds J. van Dijk, P. Elhorst, J. Oosterhaven & E. Wever). Nederlandse Geografische Studies, Utrecht.

Cadman, H. & Payne, G. (eds) (1990) *The Living City.* Routledge, London.

Camagni, R. (ed.) (1996) *Economia e pianificazione delta città sostenibile.* Il Mulino, Milan.

Camp, R.C. (1989) *Benchmarking: The Search for Industry Best Practices that Lead to Superior Performance.* ASQC Quality Press, Milwaukee, WI.

Cap Gemini (2004) *Online Availability of Public Services: How is Europe Progressing.* Cap Gemini Ernst & Young, London. http://www.capgemini.com/news/2003/0206egov.shtml (accessed 28 April 2009).

Castells, M. (1996) The rise of the network society. In: *The Information Age: Economy, Society and Culture,* Vol. I. Blackwell, Oxford.

CEC – Commission of the European Communities (1993) *Towards Sustainability.* Office for Official Publications of the European Communities, Luxembourg.

CEC (2000) Communication from the Commission to the Council, the European Parliament, the Economic and Social Committee and the Committee of the Regions. *Social Policy Agenda.* 28 June 2000. COM (2000) 379 final, Commission of the European Community, Brussels.

CEC (2002) *eEurope 2005: An Information Society for All.* COM (2002) 263, Commission for the European Community, Brussels.

CEC (2004) *eEurope 2005 Action Plan: An Update. eEurope Advisory Group.* COM (2004) 380, Commission for the European Community, Brussels.

Cecchini, A. & Fulici, F. (1994) *La valutazione di impatto urbano.* Angeli, Milan.

Checkland, P.B. (1981) *System Thinking, System Practice.* John Wiley, New York.

Checkland, P.B., Forbes, P. & Martin, S. (1990) Techniques in soft systems practice. Part 3: Monitoring and control in conceptual models and in evaluation studies. *Journal of Applied System Analysis,* **17**, 29–37.

Clark, B.D. (1995) Improving public participation in environmental impact assessment. *Built Environment,* **20**(4), 294–307.

Clark, D. (1997) Hedonic values of noxious activity: A comparison of US worker responses by race and ethnicity. In: *Evaluation of the Built Environment for Sustainability* (eds P.S. Brandon, P.L. Lombardi & V. Bentivegna), pp. 382–398.

E & FN Spon, London.

Clawson, M. & Knetsch, J.L. (1966) *The Economics of Outdoor Recreation*. John Hopkins University Press, Baltimore, MD.

Clementi, A., Dematteis, G. & Palermo, P.C. (eds) (1996) *Le forme del territorio italiano*. Laterza, Rome.

Clough, D.J. (1984) *Decisions in Public and Private Sectors: Theories, Practices and Processes*. Prentice-Hall, Englewood Cliffs, NJ.

Coccossis, H. & Nijkamp, P. (1995) *Planning for Our Cultural Heritage*. Avebury, Hants.

Colantonio, A. & Dixon, T. (2009) *Measuring Socially Sustainable Urban Regeneration in Europe*. Oxford Institute for Sustainable Development (OISD), Oxford Brookes University, Oxford. Obtained through the Internet: http://www.brookes.ac.uk/schools/be/oisd/sustainable_communities/resources/Social_Sustainability_and_Urban_Regeneration_report.pdf

Cole, R. (1997) Prioritising environmental criteria in building design. In: *Evaluation of the Built Environment for Sustainability* (eds P.S. Brandon, P. Lombardi & V. Bentivegna). E & FN Spon, London.

Cole, R.J., Rousseau, D. & Theaker, I.T. (1993) *Building Environmental Performance Assessment Criteria Version 1: Office Buildings*. The BEPAC Foundation, Vancouver.

Cole, R.J., Campbell, E., Dixon, C. & Vrignon, J. (eds) (1995) Linking and prioritising environmental criteria. In: *Proceedings of the International Workshop CIB TG-8*, Toronto, 15–16 November.

Commissione delle Comunità Europee (1994) *Orientamenti per l'UE in materia di indicatori ambientali e di contabilità verde nazionale*. COM(94) 670, Brussels.

Commissione Europea (2001) Direttiva 2001/42/CE del Parlamento Europeo e del Consiglio concernente la valutazione degli effeti di determinanti piani eprogrammi sull'ambiente, Luxemburgh. http://europa.eu.int/comm./environment/eia/full-legal-text/0142_it.pdf (accessed 27 June 2001).

Construction Industry Board (1997) *Constructing Success: Code of Practice for Clients of the Construction Industry*. Telford, London.

Cook, T.M. & Russell, R.A. (1989) *Introduction to Management Science*. Prentice-Hall, Englewood Cliffs, NJ.

Cooper, R.G. (1990) Stage-gate system: A new tool for managing new products. *Business Horizons*, **33**(3), 44–54.

Cooper, R.G. (1994) Third-generation new product processes. *Journal of Product Innovation Management*, **11**, 3–14.

Cooper, I. (2000) Inadequate grounds for a 'design-led' approach to urban design. *Building Research & Information*, **28**(3), 212–219.

Cooper, R.G., Kagioglou, M., Aouad, G., Hinks, J., Sexton, M. & Sheath, D. (1998) The development of a generic design and construction process. In: *European Conference, Product Data Technology (PDT) Days*, Building Research Establishment, Watford, March 1998.

Cooper, I., Hamilton, A. & Bentivegna, V. (2005) Sustainable urban development: Networked communities, virtual communities and the production of knowledge. In: *Sustainable Urban Development: The Framework, Protocols and Environmental Assessment Methods*, Vol. 1 (eds S. Curwell, M. Deakin & M. Symes), pp. 211–231. Routledge, London.

Corsi, P. (2006) Towards 2020: The eGovernment Research Trajectory, Intelligent Cities, *International Research Conference*, Siena, Italy. http://www.intelcitiesproject.com/wcmsite/jsps/index.jsp?type=page&lg=en&classId=5057&cid=5321&cidName=NEWS.

Cox, E. (1999) *The Fuzzy Systems Handbook*, 2nd edn. Academic Press, New York.

Cruickshank, H. & Fenner, R.A. (2007) The evolving role of engineers: Towards sustainable development of the built environment. *Journal of International*

Development, **19**, 111–121.

Cummings, R.G., Brookshire, D.S. & Schulze, W.D. (1986) *Valuing Environmental Goods: An Assessment of the Contingent Valuation Method*. Rowman & Allanheld, Totowa, NJ.

Curti, F. & Gibelli, M.C. (eds) (1996) *Pianificazione strategica e gestione dello sviluppo urbano*. Alinea, Firenze.

Dalkey, N.C. (1967) *Delphi*. Rand Corporation, New York.

Daly, H.E. (1990) Towards some operational principles of sustainable development. *Ecological Economics*, **2**(1), 87–102.

Dasgupta, P. & Pearce, D.W. (1972) *Cost-Benefit Analysis: Theory and Practice*. Barnes & Noble, London.

Dasgupta, P.S., Sen, A. & Marglin, S.A. (1972) *Guidelines for Project Evaluation*. United Nations Industrial Development Organisation, Vienna.

Davies, L. & Ledington, P. (1991) *Information in Action. Soft Systems Methodology*. Macmillan Education Ltd, Hong Kong.

Davoudi, S. (1997) Economic development and environmental gloss: A new structure plan for Lancashire. In: *Evaluation of the Built Environment for Sustainability* (eds P.L. Brandon, P. Lombardi & V. Bentivenga). E & FN Spon, London.

Deakin, M. (2000a) Developing sustainable communities in Edinburgh's South East Wedge. *Journal of Property Management*, **4**(2), 72–78.

Deakin, M. (2000b) Modelling the development of sustainable communities in Edinburgh's South East Wedge. *Property Management*, **4**(2), 72–88.

Deakin, M. (2005) Evaluating sustainability: Is a philosophical framework enough?. *Building Research & Information*, **33**(5), 476–480.

Deakin, M., Huovila, P., Rao, S., Sunikka, M. & Vreeker, R. (2002c) The assessment of sustainable urban development. *Building Research & Information*, **30**(2), 95–108.

Dente, B. (1989) *Politiche pubbliche e pubblica amministrazione*. Maggioli, Rimini.

Department of the Environment (1993) *Environmental Appraisal of Development Plan: A Good Practice Guide*. HMSO, London.

Directive 2001/42/CE: Commissione Europea, Direttiva 2001/42/CE del Parlamento Europeo e del Consiglio concernente la valutazione degli effeti di determinati piani e programmi sull'ambiente, Luxembourg. http://europa.er.int/comm/environment/eia/fulllegal-text.0142_it.pdf (accessed 17 June 2001).

Directive 85/337/EEC and amendment 97/11/EC.

Dixon, J., Carpenter, R. & Fallon, L. (1986) *Economic Analysis of the Environmental Impacts of Development Projects*. Earthscan, London.

Dixon, J.A., Fallon, S.L., Carpenter, R.A. & Sherman, P.B. (1994) *Economic Analysis of Environmental Impacts*. Earthscan Publications Ltd, London.

Du Plessis, C. (2006) Thinking about the day after tomorrow. New perspectives on sustainable building. In: *Rethinking Sustainable Construction 2006 Conference*, Sarasota, FL, 19–22 September 2006.

Du Plessis, C. & Holm, D. (1999) The process of sustainable development in the design and construction of the built environment. *Open House International*, **24**(2), 64–72.

Dupuit, J. (1844) De la misure de l'utilité des travaux publics. *Annales des ponts et chaussées*, (2), 332–375.

Edwards, S. & Bennett, P. (2003) Construction products and life-cycle thinking. *UNEP Industry and Environment* (joint edition combining Sustainable Building & Construction), **26**(2–3), 57–62.

EPA Pollution Prevention Information Clearinghouse: call +1 (202) 260-1023 ore-mail ppic@epamail.epa.gov

Eriksson, D. (1997) Postmodernity and system science: An evaluation of J.L. Le Moigne's contribution to the management of the present civilization. *System Practice*, **10**(4), 395–408.

European Commission (1993) *Toward Sustainability (The Fifth EC Environmental Action Programme)*. Commission of the European Community, CEC.

European Commission (1994) *Europe 2000+ Cooperation for European Territorial Development*. Office of Publications of the European Commission, Luxembourg, Brussels.

European Commission (1997) European spatial development perspective. First official draft paper presented to the *Informal Meeting of Ministers Responsible for Spatial Planning of the Member States of the European Union*, Noordwijk, 9–10 June 1997. Englewood Cliffs, NJ.

European Commission (1998) European spatial development perspective. Complete draft paper presented to the *Meeting of Ministers Responsible for Spatial Planning of the Member States of the European Union*, Glasgow, 8 June 1998. Office for the Official Publications of the European Commission, Luxembourg and Brussels.

European Commission (2002) *Visions and Roadmaps for Sustainable Development in a Networked Knowledge Society*. Office for the Official Publications of the European Commission, Luxemburgh and Brussels.

European Commission Regional Policy and Cohesion (1997) *The EU Compendium of Spatial Planning System and Policies*. Office for the Official Publications of the European Commission, Luxembourg and Brussels.

European Environment Agency Task Force (1995) *Europe's Environment: The Dobris Assessment*. Earthscan, Copenhagen.

European Union, EU (1997) The Göteborg resolution. In: *Third Environment Conference of Regional Ministers and Political Leaders*, Göteborg, Sweden, 18–20 June 1997.

Eurostat (2005) *Measuring Progress towards a More Sustainable Europe. Sustainable Development Indicators for the European Union*. Office for Official Publications of the European Communities, Luxembourg.

Evans, J.R. & Olson, D.L. (1998) *Introduction to Simulation and Risk Analysis*. Prentice-Hall, Englewood Cliffs, NJ.

Fenner, R.A. & Ryce, T. (2008) A comparative analysis of two building rating systems. Part 1 (Evaluation). *Proceedings of the Institution of Civil Engineers, Engineering Sustainability*, **161**(ES1), 55–63.

Figueira, J., Greco, S. & Ehrgott, M. (eds) (2005) *Multiple Criteria Decision Analysis*. Springer, New York.

Finnigan, J. (2002) Complexity: A core issue for sustainable development. *Sustainability Network Update* No 12E, July 2002. CSIRO, Glen Osmond, Australia.

Finsterbusch, K., Llewellyn, L.G. & Wolf, C.P. (eds) (1983) *Social Impact Assessment Methods*. Sage Publications, London.

Fischer, M.M., Scholten, H.J. & Unwin, D. (eds) (1996) *Spatial Analytical Perspectives on G.I.S.* Taylor & Francis, London.

Fishburn, P.C. (1970) *Utility Theory for Decision Making*. Wiley, New York.

Fishburn, P.C. (1982) *The Foundation of Expected Utility*. Reidel Publishing Co., Dordrecht.

Fisher, F. & Forester, J. (eds) (1993) *The Argumentative Turn in Policy Analysis and Planning*. Duke University Press, Durham, NC.

Flanagan, R. & Norman, G. (1993) *Risk Management and Construction*. Blackwell Science, Oxford.

Fleming, A., Lee, A., Aouad, G. & Cooper, R.G. (2000) The development of a process mapping methodology for the Process Protocol Level 2. In: *Third European Conference on Product and Process Modelling in the Building and Related Industries*, Lisbon, Portugal.

Florio, M. (1991) *La valutazione degli investimenti pubblici*. Il Mulino, Bologna.

Forrester, J. (1996) Argument, power and passion in planning practice. In:

Explorations in Planning Theory (eds S.J. Mandelbaum, L. Mazza & R.W. Burchell), pp. 241–262. Urban Policy Research Center, Rudgers State University, New Brunswick, NJ.

Frederick, K.D. & Rosenberg, N.J. (1994) *Assessing the Impacts of Climate Change in Natural Resource Systems*. Kluwer Academic Publishers, Dordrecht.

Friend, D. & Friend, J. (1991) *STRAD, The Strategic Adviser*. Stradsoft Ltd, Sheffield Science Park.

Friend, J.K. & Jessop, W.N. (1969) *Local Government and Strategic Choice*. Tavistock Publications, London.

Fusco Girard, L. (1987) *Risorse architettoniche e culturali*. Angeli, Milan.

Fusco Girard, L. & Nijkamp, P. (1997) *Le valutazioni per lo sviluppo sostenibile della città e del territorio*. Angeli, Milan.

Garrod, G. & Willis, K. (1991) *The Hedonic Price Method and the Valuation of Countryside*. Countryside Change Working Paper, 14, University of Newcastle Upon Tyne, Newcastle Upon Tyne.

van Geenhuizen, M., Banister, D. & Nijkamp, P. (1995) Adoption of new transport technology: A quick scan approach. *Project Appraisal*, **10**(4), 267–275.

Giaoutzi, M. & Nijkamp, P. (1993) *Decision Support Model for Regional Sustainable Development*. Avebury, Aldershot.

Glasser, H. (1998) On the evaluation of wicked problems: Guidelines for integrating qualitative and quantitative factors in environmental policy analysis. In: *Evaluation in Planning* (eds N. Lichfield, A. Barbanente, D. Borri, A. Khakee & A. Prat), pp. 229–250. Kluwer Academic Publishers, Dordrecht.

Grace, K. & Ding, C. (2008) Sustainable construction—The role of environmental assessment tools. *Australia Journal of Environmental Management*, **86**(3), 451–464.

Graham, A. & Bergvall, B. (1994) Performance indicators in soft systems methodology. In: *Proceedings of the 17th IRIS Conference on Information Systems Research*, Oslo, 6–9 August, pp. 890–910.

Graham, S. & Marvin, S. (1996) *Telecommunications and the City*. Routledge, London.

Gramlich, E. (1990) *Guide to Benefit-Cost Analysis*. Prentice-Hall, London.

Gray, J. & Tippett, H. (1993) Building quality assessment: A prerequisite to economic analysis. In: *Economic Evaluation and the Built Environment*, Vol. 4 (eds A. Manso, A. Bezelga & D. Picken), pp. 79–89. Laboratorio Nacional de Engenheria Civil, Lisbon.

Griffioen, S. & Balk, B.M. (eds) (1995) *Christian Philosophy at the Close of the Twentieth Century*. Uitgeverij, Kampen.

Griffioen, S. & Mouw, J. (1983) *Pluralism and Horizons*. Eerdmans Publishing Company, Grand Rapids, MI.

Grillenzoni, M., Ragazzoni, G., Bazzani, G. & Canavari, M. (1997) Land planning and resource evaluation for public investments. In: *Evaluation of the Built Environment for Sustainability* (eds P. Brandon, P. Lombardi & V. Bentivegna). E & FN Spon, London.

Guba, E.G. & Loncoln, Y.S. (1989) *Fourth Generation Evaluation*. Sage, London.

Haines, Y.Y. & Changkong, V. (eds) (1985) *Decision Making with Multiple Objectives*. Springer, Berlin.

Hall, P. (1994) *Cities of Tomorrow*. Blackwell, Oxford.

Hall, P. & Pfeiffer, U. (2000) *Urban Future 21*. E & FN Spon, London.

Ham, C. & Hill, M. (1986) *Introduzione all'analisi delle politiche pubbliche*. Il Mulino, Bologna.

Hammer, M. & Champy, J. (1993) *Re-engineering the Corporation*. Nicholas Brealey, London.

Hargreaves, H.S., Hillis, M., Lyons, B., Sugden, R. & Weale, A. (1992) *The Theory of Choice. A Critical Guide*. Blackwell Publishers, Oxford.

Hart, M. (2002) A better view of sustainable community. December 2004. http://

www.sustainablemeasures.com/Sustainability/ABetterView.html

Heijungs, R. & Guinée, J.B. (1992) *Environmental Life Cycle Assessment Method of Products*. Centre of Environmental Science, Leiden.

Helsinki Metropolitan Area Council (1998) Pääkaupunkiseudun liikenne-järjestelmän strategisen tason ympäristövaikutusten arviointi (The Strategic Environmental Assessment of the Helsinki Metropolitan Area Transport). *Plan Revision B* 1998:4.

Hotelling, H. (1949) *The Economics of Public Recreation*. US Department of the Interior, National Park Service, Washington, DC.

IntelCities – Intelligent Cities project (No: IST 2002-507860) EU VI Framework, Information Society Technologies. http://www.intelcitiesproject.com (accessed 12 October 2007).

INU (1998) La nuova legge urbanistica. Indirizzi per la riforma del processo di pianificazione della città e del territorio. *Urbanistica Informazioni*, **157**.

IPPC (Intergovernmental Panel on Climate Change) (2007a) *Climate Change 2007: Climate Change Impacts, Adaptation and Vulnerability. Summary for Policy Makers*. IPPC Secretariat, Geneva.

IPPC (Intergovernmental Panel on Climate Change) (2007b) *Climate Change 2007: The Physical Science Basis. Summary for Policy Makers*. IPPC Secretariat, Geneva.

ISO (2000) *Life Cycle Assessment – Principles and Guidelines*. ISO CD 14 0402. International Standard Organization, Geneva.

ITU (1999) *Challenges to the Network: Internet for Development*. International Telecommunication Union, Geneva. http://www.itu.org

Jackson, P. (1990) *Introduction to Expert Systems*. Addison-Wesley, New York.

Janssen, R. (1991) *Multiple Decision Support for Environmental Problems*. Kluwer Academic Publishers, Dordrecht.

Janssen, R. (1992) *Multiobjective Decision Support for Environmental Management*. Kluwer Academic Publishers, Dordrecht.

Johansson, P.O. (1993) *Cost-Benefit Analysis of Environmental Change*. Cambridge University Press, Cambridge.

Johnes, P., Vaughan, N., Cooke, P. & Sutcliffe, A. (1997) An energy and environmental prediction model for cities. In: *Evaluation of the Built Environment for Sustainability* (eds P. Brandon, P. Lombardi & V. Bentivegna). E & FN Spon, London.

Jowsey, E. & Kellett, J. (1996) Sustainability and methodologies of environmental assessment for cities. In: *Sustainability, the Environment and Urbanisation* (ed. C. Pugh). Earthscan Publications Ltd, London.

Kagioglou, M., Cooper, R., Aouad, G., Hinks, J., Sexton, M. & Sheath, D. (1998) *Final Report: Generic Design and Construction Process Protocol*. University of Salford, Salford.

Kagioglou, M., Cooper, R. & Aouad, G. (1999) Re-engineering the UK construction industry: The process protocol. *Second International Conference on Construction Process Re-Engineering* (CPR-99), Sydney, Australia, 12–13 July 1999.

Kallberg, V.-P. & Toivanen, S. (1997) *Framework for Assessing the Effects of Speed*. MASTER Working Paper (report 1.2.3).

Kallberg, V-P. & Toivanen, S. (1998) *Framework for Assessing the Impacts of Speed in Road Transport*. MASTER Deliverable 8 (report 1.2.4).

Kant, I. (1988) *Critique of Pure Reason*. J.M. Dent & Sons Ltd, London.

Keeney, R.L. & Raiffa, H. (1976) *Decisions with Multiple Objectives, Preferences and Value Tradeoffs*. John Wiley & Sons, New York.

Khakee, A. (1997) Evaluation and planning process: Methodological dimension. In: *Evaluation of the Built Environment for Sustainability* (eds P. Brandon, P.L. Lombardi & V. Bentivegna), pp. 327–343. E & FN Spon, London.

Klir, G.J. & Yuan, B. (1995) *Fuzzy Sets and Fuzzy Systems*. Prentice-Hall, Englewood Cliffs, NJ.

Kotler, P. (1986) Marketing management. In: *Analisi, pianificazione e controllo*. ISEDI, Turin.

Kozlowski, J. & Hill, J. (1993) *Towards Planning for Sustainable Development: A Guide for the Ultimate Threshold Method*. Avebury, Aldershot.

Krutilla, J.V. (1967) Conservation reconsidered. *American Economic Review*, **62**(4), 777–795.

Krutilla, J.V. & Eckstein, O. (1958) *Multiple Purpose River Development*. John Hopkins University Press, Baltimore, MD.

Krutilla, J.V. & Fisher, A.C. (1975) *The Economics of Natural Environments: Studies in the Valuation of Commodities and Amenity Resources*. John Hopkins University Press, Baltimore, MD.

Kuhn, T.S. (1970) *The Structure of Scientific Revolutions*. University of Chicago Press, Chicago, IL.

Kuik, O. & Verbraggen, H. (eds) *In Search of Indicators of Sustainable Development*. Kluwer Academic Publishers, Dordrecht.

Lahti, P., Kangasoja, J. & Huovila, P. (2006) Electronic and mobile participation in city planning and management. In: *Experiences from INTELCITIES – An Integrated Project of the 6th Framework Programme of the European Union: Cases Helsinki, Tampere, Garðabær, Frankfurt*, City of Helsinki Urban Facts, Helsinki, March 2006.

Lancashire County Council (1994) *Report 19: Environmental Appraisal of the 1991–2006 Lancashire Structure Plan*, December. Lancashire County Council Environmental Policy Unit, Preston.

Le Moigne, J.L. (1990) *La modération des systèmes complex*. Dunod, Paris.

Lichfield, N. (1988) *Economics in Urban Conservation*. Cambridge University Press, Cambridge.

Lichfield, N., Hendon, M., Njikamp, P., Realfonso, A. & Rostirolla, P. (1990) *Cost-Benefit Analysis in the Conservation of Built Cultural Heritage*. Ministero dei Beni Culturali, Rome.

Lindblom, C. (1965) *The Intelligence of Democracy*. Free Press, New York.

Lindblom, C.E. & Cohen, D. (1979) *Usable Knowledge*. Yale University Press, New Haven (CT) and London.

Linstone, H.A. & Turoff, M. (eds) (1976) *The Delphi Method: Techniques and Applications*. Addison-Wesley, Reading, MA.

Locket, A.G. & Islei, G. (eds) (1988) *Improving Decision Making in Organisations*. Springer, Berlin.

Lynch, K. (1960) *The Image of the City*. The Technology Press & Harvard University Press, Cambridge, MA.

Mak, J.P., Anink, D.A.F., Kortman, J.G.M., Lindeijer, E. & van Ewijk, H. (1996a) *Eco-Quantum, Final Report: Design of a Calculation Method to Determine the Environmental Load of a Building in a Quantitative Way* (in Dutch). Gouda, The Netherlands.

Mak, J.P., Anink, D.A.F., Kortman, J.G.M. & van Ewijk, H. (1996b) *Eco-Quantum 2, Final Report: Sensitivity Analysis* (in Dutch). Gouda, The Netherlands.

Mak, J., Anink, D. & Knapen, M. (1997) Eco-Quantum, development of LCA based tools for buildings. In: *Proceedings of 2nd International CIB Conference: Task Group 8 – Buildings and the Environment*, Paris, 9–12 June 1997.

Mandelbrot, B. (1983) *The Fractal Geometry of Nature*. W.H. Freeman, New York.

Marglin, S. (1967) *Public Investment Criteria: Benefit-Cost Analysis for Planned Economic Growth*. MIT Press, Cambridge.

Markandya, A. & Richardson, J. (eds) (1992) *Environmental Economics*. Earthscan, London.

Marshall, A. (1920) *Principles of Economics*. Macmillan, London.

Massam, B. (1988) Multi-criteria decision making (MCDM) techniques in planning. *Progress in Planning*, **30**(1), 1–84.

Maturana, H. & Varela, F. (1980) *Autopoiesis and Cognition*. D. Reidel,

Dordrecht.

Maturana, H. & Varela, F. (1987) *The Tree of Knowledge*. Shambhala, Boston, MA.

Meadows, H. (1972) *The Limits to Growth*. Universe Books, New York.

Mega, V. (1996) Our city, our future: Towards sustainable development in European cities. *Environment and Urbanisation*, **8**(1), 133–154.

Meijer, F., Itard, L. & Sunikka-Blank, M. (2009) Comparing European residential building stocks: Performance, renovation and policy opportunities. *Building Research & Information*, **35**(5), 543–556.

Merkhofer, M.W. (1987) *Decision Science and Social Risk Management*. D. Reidel Publishing Co., Boston, MA.

Merret, S. (1995) Planning in the age of sustainability. *Scandinavia Housing & Planning Research*, **12**, 5–16.

Miltin, D. & Satterthwaite, D. (1996) Sustainable development and cities. In: *Sustainability, the Environment and Urbanisation* (ed. C. Pugh). Earthscan Publications Ltd, London.

Misham, E.J. (1964) *Welfare Economics: Five Introductory Essays*. Random House, New York.

Mitchell, G. (2000) Indicators as tools to guide progress on the sustainable development pathway. In: *Sustaining Human Settlements: Economy, Environment, Equity and Health* (ed. R. Lawrence). Urban International Press, London.

Mitchell, G. (2001) Forecasting urban futures: A systems analytical perspective on the development of sustainable cities and urban regions. In: *Geographical Perspectives on Sustainable Development* (eds M. Purvis & A. Grainger). Earthscan, London.

Mitchell, R.C. & Carson, R.T. (1989) *Using Surveys to Value Public Goods: The Contingent Valuation Method*. Resources for the Future, Washington, DC.

Moffat, S. & Campbell, E. (1998) *Vision, Tools and Targets. Environmentally Sustainable Development Guidelines for Southeast False Creek*. The Sheltair Group-Inc., Vancouver. Submitted to Central Area Planning, City of Vancouver, 18 April 1998.

Moffat, S. & Kohler, N. (2008) Conceptualizing the built environment as a social ecological system. *Building Research & Information*, **36**(3), 248–268.

Montemurro, F. (2003) Il bilancio parla chiaro al cittadino. *Il Sole 24 Ore*, 27/01/03.

Morris, P. & Therivel, R. (eds) (1995) *Methods of Environmental Impact Assessment*. UCL Press, London.

Musgrave, R.A. (1995) *Finanza pubblica, equità, democrazia*. Il Mulino, Bologna.

Nannariello, G. (2000) *Environmental Management and Sustainable Development*, EUR 19721 EN. European Commission, Joint Research Centre (Hrsg.), Ispra.

Nasar, J.L. (1990) The evaluative image of the city. *Journal of the American Planning Association*, **56**, 41–53.

Nattrass, B. & Altomare, M. (1999) *The Natural Step for Business: Wealth, Ecology and the Evolutionary Corporation*. New Society Publishers, Gabriola Island, Canada.

Nattrass, B. & Altomare, M. (2002) *Dancing with the Tiger: Learning Sustainability Step by Natural Step*. New Society Publishers, Gabriola Island, Canada.

Neary, S.J., Symes, M.S. & Brown, F.E. (eds) (1994) The urban experience: A people–environment perspective. In: *Proceedings of the 13th Conference of the International Association for People–Environment Studies*, Manchester, 13–15 July 1994. E & FN Spon, London.

Neskey (NEw partnerships for Sustainable development in the Knowledge EconomY) Roadmap (2003). www.vernaallee.com/value_networks/Neskey_Exec_Summary.pdf (accessed 22 April 2009).

Nijkamp, P. (2003) Il ruolo della valutazione a supporto di uno sviluppo umano sostenibile: una prospettiva cosmonomica. In: *L'uomo e la città* (eds L. Fusco Girard, B. Forte, M. Cerreta, P. De Toro & F. Forte), pp. 455–470. F. Angeli, Milan.

Nijkamp, P. (2006) Review of the book "Evaluating sustainable development in the built environment" by P.S. Brandon, P. Lombardi. *Environment and Planning C: Government and Policy*, **24**, 473–474.

Nijkamp, P. & Perrels, A. (1994) *Sustainable Cities in Europe: A Comparative Analysis of Urban Energy and Environmental Policies*. Earthscan, London.

Nijkamp, P. & Sponk, J. (1991) *Multiple Criteria Analysis: Operational Methods*. Gower, Aldershot.

Nijkamp, P., Rietveld, P. & Voogd, H. (1990) *Multicriteria Evaluation in Physical Planning*. Elsevier, Amsterdam.

Norgaard, R. & Howarth, R. (1991) Sustainability and discounting the future. In: *Ecological Economics* (ed. R. Costanza). Columbia University Press, New York.

Nuti, F. (1987) *Analisi costi e benefici*. Il Mulino, Bologna.

OECD (1997) *Better Understanding Our Cities. The Role of Urban Indicators*. Head of Publications Service, Organisation for Economic Cooperation and Development, Paris.

OECD (2001) *Citizens as Partners: Information, Consultation and Public Participation in Policymaking*. Organisation for Economic Cooperation and Development, Paris.

OECD (2005) *Policy Brief: Public Sector Modernisation: Open Government*. Organisation for Economic Cooperation and Development, Paris.

Ombuen, S., Ricci, M. & Segalini, O. (2000) *I programmi complessi*. Il Sole 24 Ore, Milan.

Ostrom, E. (1990) *Governing the Commons*. Cambridge University Press, Cambridge.

Ott, W.R. (1978) *Environmental Indexes: Theory and Practice*. Ann Arbor Science, Ann Arbor, MI.

Palermo, P.C. (1992) Modelli di valutazione e forme di razionalità. In: *Interpretazioni dell'analisi urbanistica* (ed. P.C. Palermo). Franco Angeli, Milano.

Palmer, J., Cooper, I. & van der Vost, R. (1997) Mapping out fuzzy buzzwords – Who sits where on sustainability and sustainable development. *Sustainable Development*, **5**(2), 87–93.

Palmquist, R.B. (1991) Hedonic methods. In: *Measuring the Demand of Environmental Quality* (eds J. Brandon & C. Kolstad). North Holland, Amsterdam.

Pearce, D. (1983) *Cost Benefit Analysis*. Macmillan, London.

Pearce, D. & Nash, C.A. (1981) *The Social Appraisal of Project: A Text in Cost-Benefit Analysis*. Macmillan, London.

Pearce, D., Markandya, A. & Barbier, E.B. (1989) *Blueprint for a Green Economy*. Earthscan Publications Ltd, London.

Pearce, D.W., Atkinson, G. & Mourato, S. (2006) *Cost-Benefit Analysis and the Environment. Recent Developments*. OECD, Paris.

van Pelt, M.J.F. (1994) *Ecological Sustainability and Project Appraisal*. Averbury, Aldershot.

Pettersen, T.D. (1999) *Økoprofil for Næringsbygg* (*Ecoprofile for Office Buildings*). Norwegian Building Research Institute, Oslo, January (reference document).

Plattner, G.K., Stocker, T., Midgley, P. & Tignor, M. (eds) (2009) *IPCC Expert Meeting on the Science of Alternative Metrics. Meeting Report, Intergovernmental Panel on Climate Change*, UNEP, Oslo, Norway, May 2009. http://www.ipcc.ch/

Polanyi, M. (1967) *The Tacit Dimension*. Routledge & Kegan Paul, London.

Porter, A.L. (1980) *A Guidebook for Technology Assessment and Impact Analysis*. North Holland, New York.

Pratchett, L. (1999) New technologies and the modernization of local government: An analysis of biases and constraints. *Public Administration*, **7**(4), 731–750.

Pré Consultants B.V. (1997) *The New SimaPro 4 for Windows*. Amersfoort, The Netherlands.

Prigogine, I. & Stenger, I. (1984) *Order Out of Chaos*. Bantam, New York.

Prizzon, F. (1994) *Gli investimenti immobiliari*. Celid, Turin.

Repetto, R. (ed.) (1985) *The Global Possible*. Yale University Press, New Haven, CT.

Repetto, R., McGrath, W., Wells, M., Beer, C. & Rossini, F. (1989) *Wasting Assets: Natural Resources in the National Income Accounts*. World Resources Institute, Washington, DC.

Report from the Commission to the Council of 20 September 2002, Analysis of the "open list" of environment-related headline indicators COM(2002) 524 final, 25–28 October 2005, University of Stirling. ISBN: 1-85769-218-7.

Rietveld, P. (1979) Multiple objective decision methods and regional planning. In: *Studies in Regional Science and Urban Economics*, North-Holland, New York.

Rodgers, R. (1999) *Towards an Urban Renaissance*. E & FN Spon, London.

Roscelli, R. (ed.) (1990) *Misurare nell'incertezza*. Celid, Turin.

Rowe, D. (1991) Delphi – A re-evaluation of research and theory. *Technological Forecasting and Social Change*, **39**, 235–251.

Roy, B. & Bouyssou, D. (1993) *Aide multicritère à la dècision: mèthods et cas*. Economica, Paris.

Ruddock, L. (1992) *Economics for Construction and Property*. Edward Arnold, London.

Ruddock, L. (ed.) (1999) Information support for building economics. In: *Proceedings of the CIB-W55 Building Economics International Workshop*, Salford, 1–5 September1999, CIB Publication 210.

Saaty, T.L. (1995) *Decision Making for Leaders*, Vol. II, AHP Series. RWS Publications, Pittsburgh, PA.

Saaty. T.L. (1996) *Decision Making with Dependence and Feedback. The Analytic Network Process*. RWS Publications, Pittsburgh, PA.

Saaty, T.L. & Vargas, L.G. (1982) *The Logic of Priorities, Applications in Business, Energy, Health, Transportation*. Kluwer-Nijhoff, The Hague.

Saaty, T.L. & Vargas, L.G. (1984) Inconsistency and rank preservation. *Journal of Mathematical Psychology*, **28**, 205–214.

Scettri, M. (2000) La valutazione tassonomica. In: *Valutazione 2000. Esperinze e riflessioni* (ed. M. Palumbo), pp. 430–438, Franco Angeli, Milano.

Schultz, J. (1996) What has sustainability to do with ethics? In: *Sustainable Development* (eds V. Nath, L. Heans & D. Devuyst), pp. 137–157. VUB Press, Brussels.

Selman, P. (1995) Local sustainability. *Town Planning Research*, **66**(3), 287–302.

Simon, H.A. (1947) *Administrative Behaviour*. The Macmillan Co., New York.

Simon, H.A. (1982) *Models of Bounded Rationality*, Vol. 2. MIT Press, Cambridge, MA.

Simonotti, M. (1997) *La stima immobiliare*. Utet, Turin.

Sirchia, G. (1997) The economic valuation of cultural heritage. In: *Evaluation of the Built Environment for Sustainability* (eds P.S. Brandon, P. Lombardi & V. Bentivegna), pp. 426–434. E & FN Spon, London.

Sirchia, G. (1998) *La valutazione economica del patrimonio culturale*. Carocci, Milan.

Skitmore, M. (1989) *Contract Bidding in Construction*. Longman Group Ltd, Hong Kong.

Smith, V.K. (1974) *Technical Change, Relative Prices, and Environmental Resource*

Evaluation. John Hopkins University Press, Baltimore, MD.

Spendolini, M.J. (1992) *The Benchmarking Book*. American Management Association, New York.

Stanghellini, S. (ed.) (1995) La valutazione del piano: le istanze, gli approcci. *Urbanistica* **105**, 48–89.

Stanghellini, S. (ed.) (1996) *Valutazione e processo di piano*, INU (7). Allinea, Florence.

Stanghellini, S. & Mambelli, T. (2001) Evaluation of strategic programs for the local sustainable development: A case study. In: *Proceedings of the 7th Joint Conference on Food, Agriculture and the Environment*. Kluwer Academic Press, Dordrecht.

Stanghellini, S. & Stellin, G. (1996) Politiche di Riqualificazione delle Aree Metropolitane: domanda di valutazione e contributo delle discipline economico-estimative. In: *Proceedings of the XXVI CeSET Seminar*, Milan, 17–18 October 1996, pp. 34–52.

Stellin, G. & Rosato, P. (1998) *La valutazione economica dell'ambiente*. CLUP, Turin.

Stone, P.A. (1989) *Development and Planning Economy*. E & FN Spon, London.

Stoner, J.A. F. & Wanke, C. (1986) *Management*. Prentice-Hall, Englewood Cliffs, NJ.

Strauss, D.F.M. (1984) An analysis of the structure of analysis. *Philosophia Reformata*, **49**, 35–56.

Strauss, D.F.M. (1995) The significance of Dooyeweerd's philosophy for the modern natural sciences. In: *Christian Philosophy at the Close of the Twentieth Century* (eds S. Griffioen & B. Balk), pp.127–138. Uitgeverij, Kampen.

Strijbos, S. (1997) Wisdom, ethics, and information technology: Some philosophical reflections. *System Practice*, **10**(4), 443–457.

SWEHOL (1996) Managing our technological society. In: *Proceedings of the Second Working Conference*, Priorij Emmaus, Maarssen, 15–19 April 1996.

Therivel, R. & Partidario, M.R. (1996) (eds) *The Practice of Strategic Environmental Assessment*. Earthscan, London.

Thompson, P. (1991) The client role in project management. *Project Management*, **9**(2), 90–92.

Triplett, J. (2004) *Handbook on Hedonic Indexes and Quality Adjustments in Price Indexes: Special Application to Information Technology Products*. DSTI/ DOC(2004)9, OECD Publications, Paris. http://www.oecd.org/datao-ecd/37/31/33789552.pdf

Turner, R.K. (ed.) (1988) *Sustainable Environmental Management: Principles and Practice*. Westview Press, Boulder, CO.

UNCHS – United Nations Centre for Human Settlement (1996) *The Indicators Programme: Monitoring Human Settlements for the Global Plan of Action*. Paper at *United Nations Conference on Human Settlement (Habitat II)*, Istanbul, June 1996.

UNCHS – United Nations Centre for Human Settlement (2001a) *The State of the World's Cities Report*, New York, 6–8 June 2001. http://www/unchs.org/ista-mbul+5/statereport.htm

UNCHS – United Nations Centre for Human Settlement (HABITAT) (2001b) *Cities in a Globalizing World: Global Report on Human Settlement*. Earthscan Publications, London. www.un.org/ga/istambul+5/globalreport

UNCSD (2001) *Indicators of Sustainable Development: Guidelines and Methodologies*. United Nations Conference on Sustainable Development, New York.

UNDP (2004) *The Human Development Report*. United Nations Development Programme.

UNESCO (2002) *Measuring and Monitoring the Information and Knowledge Societies: A Statistical Challenge*. United Nations Educational, Scientific and

Cultural Organisation. www.uis.unesco.org

United Nations (1995) Work programme of indicators of sustainable development of the Commission on Sustainable Development. *Paper by United Nations Department for Policy Coordinator and Sustainable Development.*

United Nations (2008) *The Millennium Development Goals Report – 2008.* United Nations, New York.

United Nations (2009) *The Millennium Development Goals, Report 2009,* United Nations Department of Economic and Social Affairs (DESA), July 2009, New York. http://www.un.org/millenniumgoals/pdf/MDG_Report_2009_ENG.pdf

Vale, B. & Vale, R. (1993) Building the sustainable environment. In: *Planning for a Sustainable Environment* (ed. A. Blowers). Earthscan Publications Ltd, London.

Viviani, M. (2002) Il bilancio sociale in ambiente pubblico. In: *Il Bilancio Sociale* (ed. L. Hinna). Il Sole 24 Ore, Milan.

Voogd, H. (1998) The communicative ideology and ex ante planning evaluation. In: *Evaluation in Planning* (eds N. Lichfield, A. Barbanente, D. Borri, A. Khakee & A. Prat), pp. 113–126. Kluwer Academic Publishers, Dordrecht.

Wakely, P. & You, N. (2001) *Implementing the Habitat Agenda: In Search of Urban Sustainability.* Development Planning Unit, University College, London.

Walras, L. (1954) *Elements of Pure Economics* (trans. W. Jaffe). American Economic Association and Royal Economic Society, London.

Warner, M.L. & Preston, E.H. (1984) *Review of Environmental Impact Assessment Methodologies.* US Environmental Protection Agency, Washington, DC.

Waters, B. (1995) Christian theological resources for environmental ethics. *Biodiversity and Conservation,* **4**, 849–856.

Wegener, M. (1994) Operational urban model: State of the art. *Journal of the American Planning Association,* **60**(1), 17–29.

William, P., Anderson, P. & Kanaroglou, E. (1996) Urban form, energy and the environment: A review of issues, evidence and policy. *Urban Studies,* **33**(1), 7–35.

Willis, K., Beale, N., Calder, N. & Freer, D. (1993) *Paying for Heritage: What Price Durham Cathedral?* Countryside Change Unit Working Paper 43, London.

Winfield, M. & Basden, A. (1996) An ontologically based method for knowledge elicitation. In: *Managing the Technological Society: The Next Century's Challenge to O.R.* SWOT: *Proceedings of the International Conference of the Swedish Operations Research Society,* 1–3 October 1996, University of Lulea, Sweden, pp. 72–93.

Winpenny, J.T. (1991) *Values for the Environment.* HMSO, London.

Witte, J. (ed.) (1985) *Herman Dooyeweerd: A Christian Theory of Social Institutions.* The Herman Dooyeweerd Foundation, Canada.

Zavadskas, E., Peldschus, F. & Kaklauskas, A. (1994) *Multiple Criteria Evaluation of Projects in Construction.* Vilniaus Technikos Universitetas, Russia.

Zeleny, M. (1994) In search of cognitive equilibrium: Beauty, quality and harmony. *Journal of Multi-Criteria Decision Analysis,* **3**, 3–13.

Zeppetella, A. (1995) *Retorica per l'ambiente.* Angeli, Milan.

Zeppetella, A., Bresso, M. & Gamba, G. (1992) *Valutazione ambientale e processi decisionali.* La Nuova Italia Scientifica, Rome.

术 语

A

aesthetic modality 审美维度
Agenda 21（UNCED）21 世纪议程
analytical modality 分析维度
analytic network process（ANP）application 网络层次分析法
    decision-making problem 决策问题
    stages 阶段
    strengths and weaknesses 优劣势
assessment methods 评估方法
    analytic network process（ANP）网络层次分析法
    Building Research Establishment Environmental Assessment Method（BREEAM）建筑研究院环境评估法
    Comprehensive Assessment System for Building Environmental Efficiency（CASBEE）建筑环境功效综合评估体系
    cost-benefit analysis（CBA）成本效益分析
    Community impact evaluation（CIE）社区影响评估
    contingent valuation method（CVM）条件价值法
    directory 目录
        analysis levels 分析层次
        ECO^2 Cities study ECO^2 城市研究
        energy and material flows 能量和材料流
        environment in general and life-cycle assessment 总体环境和生命周期评估
        LUDA project 大型城市受损地区项目
        methods and tools, classification 方法和工具、分类
        pre-Brundtland 事前 - 布伦特兰

    time dimension 时间维度
    tools and procedures 工具和程序
    environmental impact analysis（EIA）环境影响分析
    environmental 环境的
    evaluation，definition 评价、定义
    gaps 差距
    hedonic price model（HPM）特征价格模型
    ife cycle assessment（LCA）生命周期评估
    multi-criteria analysis（MCA）多准则分析
    measurement 度量
    strategic environmental assessment（SEA）战略环境评估
    statutory instruments 法条
ATEQUE classification system ATEQUE 分类体系

B

biological modality 生态维度
Brundtland commission 布伦特兰委员会
Brundtland Report 布伦特兰报告
Building environmental quality evaluation for sustainability through time（BEQUEST）时间维度的可持续性建筑环境质量评估
    framework 框架
    survey 调查
    timescale 时间维度
    urban development 城市发展
建筑研究院
    environmental labelling 环境标签
    issues 问题
    similar schemes 类似的计划
    strengths and weaknesses 优劣势
built capital 建设资本

business 商业
    Green Building 绿色建筑
    learning organizations 学习型组织
    long-term view 长远观点

C

case studies 案例研究
    health and eco-protection 健康和常态保护
    urban sustainability 城市可持续性
cities 城市
    globalization and transnational integration 全球和跨国融合
    solution corridor, urban regeneration 解走廊、城市再生
    spatial attributes 空间属性
Clock of the Long Now 永久时钟
Club of Rome 罗马俱乐部
co-evolutionary interdependence 协同进化依存关系
commission on sustainable development (CSD) 可持续发展委员会
communicative modality 社区维度
community capital 社区资本
community impact evaluation (CIE) 社区影响评估
    description 描述
    planning balance sheet (PBS) 规划平衡表
comprehensive assessment system for built environment efficiency (CASBEE) 建成环境功效综合评估体系
    certification 证书
    description 描述
    environemental quality (Q) and load (L) 环境质量和载荷
computer-based models 计算机模型
conservastion 保存
construction industry 建筑业
contingent valuation method (CVM) 条件价值评估法
    description 描述
    public goods 公共商品
    welfare change 福利变化
'Cosmonomic Idea of Reality theory' 现实宇宙论
    built environment 建成环境
    description 描述

modalities 维度
modal order 维度顺序
philosophy 哲学
    Biblical ideas 圣经的思想
    Dooyeweerd's 15 modalities 杜伊维尔的 15 个维度
    entities, two-dimensional representation 实体、二维展示
    idioms 习语
    law and entity sides 规律和本质
    modalities relationship 维度关系
    modal laws 规律
    multi-modal system 多维度系统思想
    order, modalities 顺序、维度
    system schools 系统学派
cost-benefit analysis (CBA) 成本收益分析
    capital budgeting tools 资本预算工具
    description 描述
    human actions 人类行为
    project costs and benefits 项目成本与收益
    strengths and weaknesses 优劣势
        community impact analysis (CIA) 社区影响分析
        non-market measurements 非市场化度量
    types 类型
credal modality 信念
critical failure points 关键失败点
cybernetics 控制论

D

data capture 数据捕捉
decision-making 决策
    cost-benefit analysis (CBA) 成本效益分析
    generations impact 世代影响
    multi-criteria analysis (MCA) 多准则分析
    modality approach 维度方法
    multi-modal framework 多维度框架
    multi-stakeholder, urban regeneration 多参与方、城市再生
    participation 参与
    SEA 战略环境评估
demographic change 人口变化

pressure groups 压力组织
Process Protocol generic model 过程协议一般模型
process protocols 过程协议

Q
quality of life 生活质量
    community capital 社区资本
    critical failure points 关键失败点
    sustainability 可持续性

R
research 研究
    agenda 议程
    assessment methods 评估方法
    BREEAM 建筑研究院环境评估法
    restructuring 重建
Rio+10 Conference 里约 +10 会议
Rio Earth Summit（UNCED）里约地球峰会
risk 风险
    assessment 评价
    aversion 厌恶
    management 管理

S
sensitive modality 敏感性维度
social analysis 社会分析
social capital 社会资本
social, legal, economic, political and technical（SLEPT）社会、法律、经济、政治和技术的
social modality 社会维度
social reporting 社会报告
    graphical representation 图解展示
    indicators 指标
    information base 信息库
    issue 问题
    legal framework 法律框架
    multi-modal framework, re-classification 多维度框架、再分类
    performance indocators 性能指标
    steps 步骤
  soft system methodology 软系统方法论
    human activity systems 人类活动系统

    models 模型
    real world management situations 现实世界管理情况
    systemicity 系统
spatial modality 空间维度
sphere sovereignty 范围主权
stakeholders 利益相关者
    decision-making 决策
    description 描述
    Green Building 绿色建筑
    local knowledge 地方性知识
    time period 期间
strategic axes 战略维度
strategic environmental assessment（SEA）战略环境评估
    description 描述
    phases 阶段
    strengths and weaknesses 优劣势
strategic planning 战略规划
structuring planning 结构规划
structuring tool, framework 结构工具、框架
    comprehensiveness 全面性
    Cosmonomic Idea of Reality 现实宇宙论
    decision-making process and social reporting 决策过程和社会报告
    Modena city strategic plan 摩德纳城市战略规划
    multi-stakeholder, urban regeneration 多利益相关者、城市再生
    decision-making 决策
    municipal waste treatment system 城市垃圾处理系统
    selection 选择
    redevelopment 再发展
sustainability 可持续性
sustainable redevelopment 可持续再发展
SUSPLAN project 可持续规划项目
sustainable development 可持续发展
    assessment and measurement 评价和度量
    characteristics 特征
    actors classification 角色分类
    citizens 市民

译后记

　　人类的工程建设行为是人类不断用智慧和劳动改造自然环境的过程，该过程的产物即为供人们居住、生活和生产的住房、医院、文化设施、道路、桥梁、大坝、电站、工厂等物理设施，这些人造设施并不是相互孤立的，它们通过人们的生活和生产行为联系在一起，形成了具有明显系统特征的"建成环境"（即本书英文版书名中的 Built Environment）。在一定意义上，人类社会所处的地球环境可以分为自然环境（Nature Environment）和建成环境（Built Environment）。自然环境通过自组织和系统演化形成其特有的生态循环系统。建成环境由于受各种主客观因素的影响，其可持续发展问题仍然是人类面临的巨大挑战。

　　可能是看英文资料较多的原因，笔者不是特别喜欢将英文著作翻译成中文，我也经常鼓励学生直接阅读英文原著。这是因为总感觉有些地方很难描述清楚原文中那些"只可意会（英文），不可言传（中文）"的内容。但是，从知识传播的角度，为了让更多的读者能够了解当前的前沿方向并切合国家重大战略需求的国际最新研究成果，觉得还是非常有必要尽自己的一点力量，将这本好书以中文版的形式呈现给中国的读者。

　　这本书是笔者 2009 年至 2011 年在香港理工大学做博士后期间，合作导师沈岐平教授推荐的一本书。可持续建设理论与方法是本人的主要研究方向之一。当时，笔者利用香港理工大学图书馆（世界藏书最丰富、更新速度最快、服务最好的图书馆之一。2015 年到斯坦福大学做高级访问学者时，特意留意对比了一下，虽然斯坦福大学的图书馆藏书丰富，但香港理工大学笔者觉得也不逊色，特别是在工程建设领域）查阅了所有和可持续建设相关的书籍，通过对比，总体感觉这本书论述得较为系统、深入和全面，文风严禁，值得细细品味。而且，本书的作者英国 Salford 大学的 Peter Brandon 教授在英国工程管理界影响力非常大，培养了许多工程管理学术界的精英。沈老师就是他的得意弟子之一，现在已经成为香港理工大学工程管理方向的讲席教授，曾荣获香港理工大学的杰出科研成就奖。

　　由于种种原因，这本书翻译了很长时间。期间，我的学生们为本书中文版做了大量基础性工作，这里特别感谢王璐琪、吴迪、王亮、李彦、王亚新、陈翔、朱潇、王琪、刘锐、李彩霞、时玥等。王璐琪、吴迪还进行了文稿的整理、中英文校对等工作。特别邀请了澳大利亚皇家墨尔本理工大学（RMIT）的高级讲师杨静（Rebecca Yang）博士一起参与书稿翻译工作。Yang 博士为中文版著作付出了大量的辛勤工作。中国建筑工业出版社的董苏华、李成成等编辑为本书的顺利出版开展了卓有成效的工作。感谢家人的无私支持。

翻译工作得到了国家自然科学基金重大项目：重大基础设施工程管理基础理论创新研究（71390522）、"十二五"国家科技支撑计划：村镇区域抢险救灾与应急救援关键技术（2014BAL05B06）和国家重点研发计划：工业化建筑发展水平评价技术、标准和系统（2016YFC0701808）的支持。

书中难免有误，请读者不吝指正。

薛小龙

2016.7.25

这是一本真正出色的书。它成功地将不同作者的想法和技术融合成一个统一的理论和实践体系。这个体系用于评估实现建成环境可持续性的各种计划和过程。它不仅成为学术界研究可持续发展方案的标准教科书，而且被普遍接受为专业实践领域实施可持续城市发展政策的必备手册。最重要的是，它有助于证明可持续不仅是责任和道德的事情，也是经济和盈利的事情。

——约翰·拉特克利夫，都柏林理工学院荣誉教授和前任总监、未来研究院院长，亨利商学院研究员

对第一版的评价：

"这本书……激发思想……是可持续城市发展规划理论中的一个里程碑。"

——彼得·尼茨坎普教授，阿姆斯特丹自由大学经济学系

可持续发展是建成环境中所有利益相关者面对的一个重要挑战。自从本书第一版出版以来，可持续发展问题逐渐被全球重视，但是很少有人解决如何测量的问题。如果可持续发展不能被测量，这个过程如何被评估呢？这是一个基础性问题。

第一版非常受欢迎，它以全面且易于阅读的形式提供了对这个重要主题的介绍和见解。它被选择颁发给出席 2009 年在都灵举行的大学峰会的八国集团（G8）和二十国集团国家（G20）的代表。这些代表讨论了教育和研究如何促进可持续发展的问题。

第二版完全更新，突出自第一版出版以来取得的重大进展和新见解，重点关注两个问题：1）促进所有利益相关者之间的对话，以便问题的复杂性得到显现、结构化和便于沟通；2) 理解如何评估可持续发展的过程。

第二版以严谨的方式继续对用于评估可持续发展的技术提供总的指导框架。书中的插图和案例研究，以及相关网站和文献可以帮助读者理解相应的方法，获取更多相关信息。对于那些试图了解可持续发展的人，以及那些希望对建成环境的可持续发展进行结构化和系统化评价的人，这是一本非常理想的参考资料。

关于作者

彼得·S·布兰登（Peter S. Brandon） 教授曾是索尔福德大学研究院和研究生院的副校长，以及该大学 Think Lab 实验室主任。现在是建成环境学院荣誉教授。

帕特里齐亚·隆巴尔迪（Patrizia Lombardi） 教授来自都灵理工大学城市和住房系。她既是环境评估方法研究与应用领域的专家，也是可持续发展评估领域的专家，在该领域积极工作了 20 余年。

可持续设计译丛
- 为可持续而设计—— 实用性方法探索
- 建成环境可持续性评价—— 理论、方法与实例（原著第二版）

建工出版社微信

WILEY

责任编辑：董苏华　李成成
封面设计：嘉泰利德

上架建议：工程管理、城市规划、
可持续发展

经销单位：各地新华书店、建筑书店
网络销售：本社网址 http://www.cabp.com.cn
　　　　　中国建筑出版在线 http://www.cabplink.com
　　　　　中国建筑书店 http://www.china-building.com.cn
　　　　　本社淘宝天猫商城 http://zgjzgycbs.tmall.com
　　　　　博库书城 http://www.bookuu.com
图书销售分类：建筑工程管理（M20）

ISBN 978-7-112-20047-4

9 787112 200474 >

（29391）定价：45.00元